大气污染防治
与经济高质量发展研究

陈诗一　著

科学出版社

北　京

内 容 简 介

本书主要研究我国大气污染防治与经济高质量可持续发展问题,内容涉及大气污染演化与经济成因分析、能源要素错配与全要素生产率变化、雾霾治理与经济发展理论模型构建、纳入大气污染防治的绿色发展评估指数、洁净空气的经济价值与大气污染的经济影响、大气污染物影子价格与环境税和排污权交易定价、大气污染防治政策及其效果评估、区域雾霾治理联防联控与环保垂直化管理改革案例分析等内容。

本书可供经济学、管理学、能源与环境科学等领域的研究生、科研人员、高校教师参考使用,也可以供政策界和管理界的相关人士阅读和参考。

图书在版编目(CIP)数据

大气污染防治与经济高质量发展研究 / 陈诗一著. —北京:科学出版社,
2021.12
　　ISBN 978-7-03-070903-5

Ⅰ. ①大… Ⅱ. ①陈… Ⅲ. ①空气污染–污染防治–研究–中国 ②中国经济–经济发展–研究 Ⅳ. ①X51 ②F124

中国版本图书馆 CIP 数据核字(2021)第 254692 号

责任编辑:王丹妮 / 责任校对:贾娜娜
责任印制:张 伟 / 封面设计:有道设计

科学出版社 出版
北京东黄城根北街 16 号
邮政编码:100717
http://www.sciencep.com
北京捷退佳彩印刷有限公司 印刷
科学出版社发行　各地新华书店经销
*
2021 年 12 月第 一 版　开本:720×1000　1/16
2021 年 12 月第一次印刷　印张:17 1/4
字数:350 000
定价:176.00 元
(如有印装质量问题,我社负责调换)

作 者 简 介

陈诗一，男，1970年出生。复旦大学特聘教授，安徽大学党委副书记、常务副校长，长江学者，国家杰出青年，博士生导师，韩国庆北国立大学计量经济学博士。复旦大学经济学院可持续发展研究中心主任、复旦大学泛海国际金融学院绿色金融研究中心主任、香港中文大学和复旦大学共建的沪港发展联合研究所联席所长。长期从事中国经济转型与金融发展、能源环境与气候变化经济、风险识别与管理以及应用计量经济研究，取得了一系列重要成果，先后荣获孙冶方经济科学奖、张培刚发展经济学奖、教育部高等学校科学研究优秀成果奖、上海市哲学社会科学优秀成果奖，主持国家自然科学基金创新研究群体项目、国家社会科学基金重大项目等课题。目前还兼任国家自然科学基金委员会中韩基础科学联委会中方委员、未来地球计划中国国家委员会委员、中国工业经济学会副会长、中国数量经济学会副理事长、中国"双法"研究会能源经济与管理分会副理事长、上海市数量经济学会副理事长、*Journal of Asian Economics* 主编以及《复旦金融评论》执行主编。

前　言

环境与发展是当今世界普遍关注的问题，保护环境与可持续发展也是我国的基本国策。党的十九大报告明确中国特色社会主义事业总体布局是"五位一体"，把生态文明建设提升到了与经济、政治、文化和社会建设融于一体的战略高度，在全面建成小康社会的基础上，分两步走在 21 世纪中叶建成富强民主文明和谐美丽的社会主义现代化强国。因此，保护环境与实现经济持续健康发展将是我国在今后较长一段时期内面临的重要任务，尤其是在我国提出碳达峰、碳中和目标以及进入全面建设社会主义现代化国家、向第二个百年奋斗目标进军新征程的重要时刻。本书主要聚焦 2013 年雾霾污染全面爆发以来我国大气污染防治与经济高质量发展主题，从消除环境污染负外部性的视角来探讨如何更好地发挥政府与市场在我国环境污染治理与经济高质量发展中的作用。

全书由十章构成。第一章为导论，探讨了大气污染与经济发展的重要性以及现有研究，并对我国大气污染演变、防治及政策效果评估进行了梳理。第二章首先从化学机制、气象条件、物质来源、区域溢出效应四个方面综述了我国雾霾污染的形成原因，然后着重从能源结构、产业结构、交通运输等经济因素视角来量化分析我国雾霾污染成因，为后续分析提供依据。第三章在两阶段最小二乘（two stage least squares，2SLS）的统一框架内为估计政府环境治理的减霾效果和对经济发展质量水平的影响提供了一个理论模型，本章创新之处在于我国地级及以上城市长时段 $PM_{2.5}$ 浓度这一独特雾霾数据的使用、雾霾污染变量内生性的处理以及政府环境治理指标的选择。研究发现，合理且有效的政府环境治理有助于减霾和推动经济发展质量提升，促进环境与经济的双赢发展。

环境污染产生的根源在于能源生产与使用效率的低下以及一直以来的粗放式经济增长模式。第四章基于资源配置经济理论模型量化分析了我国能源要素配置的扭曲程度，发现除了关注资本与劳动要素扭曲之外，当前提高全要素生产率（total factor productivity，TFP）过程中更为重要的是矫正能源要素配置扭曲，充分发展能源要素市场，推动能源要素配置效率提升。该章还基于减霾和稳增长双重约束目标模拟了我国能源结构的优化路径。发挥市场配置能源要素的基础性作用，推动能源要素优化重置与能源结构演化升级，需要政府提供配套的财政政策支持。第五章研究分析了大气污染与经济增长的理论模型，即非参数方向性距离函数行为分析模型，该模型的主要优点在于可以刻画环境污染的负外部性以及合理地度量要素的投入效率和环境全要素生产率。基于该模型，第五章度量了我国 73 个大气污染重点监测城市的环境全要素生产率，构建了经济高质量绿色发展转型评估指数，该指数可以作为引领绿色发展的地方政府考核指标。

　　第六章扩展了第五章理论模型，提出了度量我国环境污染物影子价格或边际减排成本的方法，并对我国二氧化硫、氮氧化物和烟粉尘的影子价格进行了估算，这解决了大气污染物的市场价格缺失问题，为后续分析环保税税率和排污权交易定价提供依据。本章还使用工具变量估计量化分析了洁净空气的经济价值和大气污染的经济影响。可见，完善大气污染定价机制将是实施有效环境规制政策的关键一步。第七章和第八章分别探讨了基于经济机制的环境规制以及我国通常执行的行政命令式的环境政策及其执行效果。前者通过与影子价格对比，分析了我国现行的环境税额的优化改革方向，并分析了我国施行的二氧化硫排污权交易试点的污染减排和经济影响，一般认为基于市场机制的环境规制能带来长效的减排效果。后者主要分析了诸如环境约谈、关停转并等行政命令式环境政策的效果，一般认为这样的环境政策的减排效果是短期性的，不利于经济的长期持续发展。第九章为案例分析，讨论了陕西省环保管理体制垂直化改革的雾霾治理效应，评估了长三角城市雾霾治理水平与区域一体化绿色发展，对雾霾治理的区域联防联控政策进行了分析。第十章对全书的基本内容和主要观点进行了总结，并对未来进一步的理论研究和政策实践给出了一些基本思考。

　　本书是笔者主持的国家社会科学基金重大项目"雾霾治理与经济发展方式转变机制研究"（项目批准号：14ZDB144）的研究成果，该项目已经免鉴定结项。其中，部分成果已经在《中国社会科学》《经济研究》《中国工业经济》《学术月刊》《环境经济研究》《中国人口资源环境》《中国环境管理》、*Energy Policy*、*Journal of Cleaner Production* 等期刊发表，详见书后参考文献。笔者在此对课题组主要成员邵帅教授、涂正革教授、郭峰副教授以及主要合作者陈登科、石庆玲、武英涛、张云、程时雄、王建民、金浩、赵琳、谢振、刘婉琳、杨茜等表示感谢！感谢科学出版社及魏如萍编辑！感谢教育部长江学者特聘教授奖励计划、国家杰出青年科学基金（项目批准号：71525006）以及上海市领军人才培养计划的资助！由于笔者水平有限，成书匆匆，难免存在不足之处，欢迎读者批评指正。

　　最后，我要把这本书献给爱妻陈梅女士和儿子陈骁禹同学！并以此书缅怀我的爷爷陈印先生和奶奶丁成训女士！

陈诗一

2021 年 5 月于上海

目　　录

第一章 导　　论

第一节　大气污染与经济发展研究的重要性

党的十九大报告进一步明确新时代中国特色社会主义事业的总体布局是"五位一体"，即经济建设、政治建设、文化建设、社会建设以及生态文明建设，把生态文明建设提升到了与经济、政治、文化和社会建设融于一体的党和国家战略高度，这关系到决胜全面建成小康社会和第二个百年把我国建成富强民主文明和谐美丽社会主义现代化强国奋斗目标的实现。而污染防治尤其是以"雾霾"为代表的大气污染防治问题则是我国决胜全面建成小康社会的三大攻坚战之一，也是从全面建成小康社会到基本实现现代化，再到全面建成社会主义现代化强国征程中始终要不断推进的重要工作，更有助于推动新中国成立一百年时我国经济文明、政治文明、精神文明、社会文明、生态文明的全面提升。因此，在到 21 世纪中叶的历史战略征程中，在我国经济从高速增长迈向高质量发展的关键阶段，大气污染防治与经济高质量发展正是贯彻绿色发展新理念、实现美丽中国目标以及统筹推进"五位一体"总体布局的必然要求。

改革开放以来，我国经济经过多年持续高速增长，2010 年经济总量已经跃居世界第二，根据世界银行标准，同年我国人均收入也步入了世界中高收入经济体行列，正处于向高收入经济体迈进的关键阶段。然而多年来粗放式经济增长与注重 GDP（gross domestic product，国内生产总值）的传统思维，导致我国经济增长出现了诸如投入要素浪费、经济效率不高、环境污染严重等一系列问题，这与人民群众生活水平不断提高，对经济社会环境品质的要求越来越高、对日益增长的美好生活需要相互矛盾。比如，雾霾自从 2013 年爆发以来就成为大家十分关心的环境污染问题，对国民生活质量乃至社会稳定构成很大威胁。除对生活质量方面的影响外，雾霾也已成为中国吸引外资、引进海外优秀人才以及发展旅游服务业等方面的重要障碍。近年来，雾霾污染虽经国家和地方政府的多方治理有所改善，但应该说仍然没有得到根本解决，仍然是我国经济向高质量发展转型的拦路虎。环境污染背后的原因主要在于能源生产与消费效率的低下，而这根本上又是由传统的粗放式的经济增长模式所造成，这在我国表现尤甚。所以治霾绝不仅仅是为了打赢蓝天保卫战，也不能仅仅落脚于治霾本身，应该把包括雾霾治理在内的大气污染防治与新时代我国经济高质量发展紧密联系起来。本书的研究主题就是大气污染防治与我国经济高质量发展之间的转变机制。

第二节　我国大气污染演变、防治及政策效果评估

一、我国大气污染演变与现状分析

与水污染、固体废物污染一样，大气污染一直是我国过去二三十年来环境污染的主要治理对象，而爆发于 2013 年的全国严重雾霾污染更使得大气污染成为近年来大家最为关心的环境污染问题。环境保护部[①]公布的数据显示，长三角地区 2014 年 25 个代表性地级或以上城市中，$PM_{2.5}$ 浓度超标的有 24 个。同年，京津冀 13 个地级或以上城市空气质量平均达标天数仅为 156 天。2015 年 11 月，沈阳市 $PM_{2.5}$ 浓度一度达到 1155 微克/米^3，局地甚至突破 1400 微克/米^3，北京市 $PM_{2.5}$ 浓度也一度飙升到 1000 微克/米^3，中国的雾霾污染水平已经飙升到了全球高位，"十面霾伏"波及全国大多数省及城市，对国民生活质量乃至国家形象构成很大威胁。

图 1-1 描绘了 1995~2015 年我国雾霾污染主体污染源 $PM_{2.5}$ 的年平均浓度变化趋势。整个时间段可以分为 3 个阶段：1995~1999 年、1999~2009 年及 2009~2015 年。在 1995~1999 年，$PM_{2.5}$ 浓度在波动中有所下降，达到了 40 微克/米^3 的最低点。对于 1999~2009 年这段时间，正好对应了中国再次重工业化与土地财政集聚发展时期，$PM_{2.5}$ 浓度以每年 5.4% 的增长率激增。在 2009 年以后，略有下降，我国 $PM_{2.5}$ 浓度基本维持了接近 70 微克/米^3 的年均浓度高位，这也正是我国雾霾污染严重高发和艰难治理的阶段。

从国家统计局提供的其他大气污染物数据来看，我国的 SO_2 排放也于 2006 年达到 2588.8 万吨的高位，此后则一路下降，到 2016 年只剩下了 1102.9 万吨的排放量。但是工业废气和烟粉尘排放量则居高不下。工业废气排放量一路增长，于 2011 年达到 67.45 万亿立方米，此后一直保持在此高位波动，2015 年排放量达到

---

① 2018 年 3 月，第十三届全国人民代表大会第一次会议批准了《国务院机构改革方案》，组建生态环境部，不再保留环境保护部。

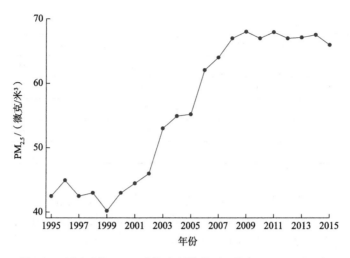

图 1-1 中国平均 $PM_{2.5}$ 浓度发展趋势（Chen and Jin，2019）

68.52 万亿立方米。而工业烟粉尘排放在世纪之交有所下降，此后在波动中增长，2012 年达到较低的 1029 万吨，2014 年又上升到 1456 万吨。以 $PM_{2.5}$ 浓度为例来看雾霾污染在中国各个城市存在的异质性。表 1-1 报告了我国主要城市 2013 年 $PM_{2.5}$ 浓度的分布情况，从表中可以看到，污染最严重的地区是京津冀区域。这个区域的钢铁产量占了全国钢铁产量的 40%~50%，并且每年这个区域的煤耗超过了 10 亿吨。这可以解释为什么这个区域污染如此严重。三亚和呼伦贝尔是中国污染最小的城市，$PM_{2.5}$ 平均浓度只有 20 微克/米^3，大约是全国平均浓度（67 微克/米^3）的 1/3（Chen and Jin，2019）。

表 1-1 2013 年中国主要地级及以上城市 $PM_{2.5}$ 年平均浓度

城市	$PM_{2.5}$ 浓度/（微克/米^3）	城市	$PM_{2.5}$ 浓度/（微克/米^3）
北京	68	武汉	80
天津	95	长沙	70
石家庄	113	广州	48
太原	63	南宁	57
呼和浩特	44	海口	29
沈阳	62	重庆	63
长春	35	成都	88
哈尔滨	35	贵阳	53
上海	70	昆明	33
南京	79	拉萨	27
杭州	60	西安	76

续表

城市	PM$_{2.5}$浓度/（微克/米^3）	城市	PM$_{2.5}$浓度/（微克/米^3）
合肥	84	兰州	59
福州	34	西宁	59
南昌	71	银川	40
济南	103	乌鲁木齐	60
郑州	101	标准差	21

注：这里主要地级及以上城市是指直辖市与省会城市

以上分析的是我国大气污染的年度平均数据，再看看我国雾霾爆发以来的日度雾霾数据变化情况。这些雾霾指标包括空气质量指数（air quality index，AQI）以及参与空气质量评价的六项主要污染物，即细颗粒物（PM$_{2.5}$）、可吸入颗粒物（PM$_{10}$）、二氧化硫、二氧化氮（NO$_2$）、臭氧（O$_3$）、一氧化碳（CO），时间跨度从2014年5月13日至2019年4月27日。AQI是定量描述空气质量状况的指数，取值范围为0~500，其数值越大说明空气污染状况越严重。此外，AQI还根据其区间将空气质量划分为六个等级：优（0~50）、良（51~100）、轻度污染（101~150）、中度污染（151~200）、重度污染（201~300）和严重污染（301~500）。

图1-2绘制了2014年5月13日至2019年4月27日北京市和上海市的日度AQI的变化趋势图。由图1-2可知，北京市的AQI数值平均来看要大于上海市，说明北京市的空气污染更为严重。无论北京还是上海，大气污染都显示出周期性特征，即一般12月~2月的秋冬季要高，而春夏季偏低。北京市的日度AQI数值最高时候达到470左右，同期上海市的日度AQI数值为270左右，也是历史最高值。整体来看，北京市和上海市的AQI日度数值都有平缓的下降趋势，显示空气质量在改善之中。

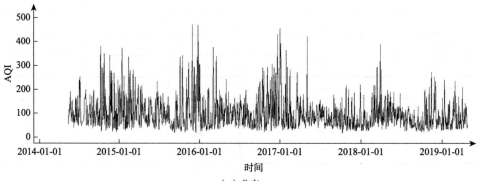

（a）北京

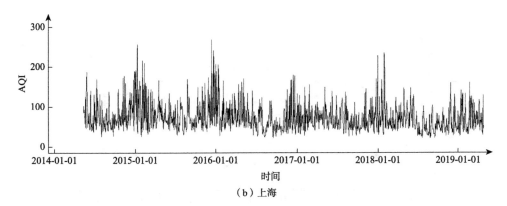

（b）上海

图 1-2　2014 年 5 月 13 日至 2019 年 4 月 27 日北京市与上海市日度 AQI 指标变化图

表 1-2 报告了 2014 年 5 月 13 日至 2019 年 4 月 27 日北京市和上海市日度 AQI 以及参与其评价的六项主要大气污染物指标的描述性统计分析。根据均值和中位数指标，北京市的 $PM_{2.5}$、PM_{10}、CO 浓度一般都要高于上海市，两市的 NO_2 浓度相仿，而北京市的 SO_2 和 O_3 浓度却要低于上海市。除了 O_3，其他五项大气污染物浓度也显示出随时间而减缓的趋势，说明我国的大气污染防治逐步取得成效。图 1-3 绘制了 2014 年和 2015 年我国地级及以上城市不同月份的雾霾平均变化趋势，从图中也可以看出，雾霾污染显示出明显的季节特征。对于 AQI 和大部分单项大气污染物浓度数据，都是冬季较夏季更高，只有臭氧浓度，夏季明显高于冬季。

表 1-2　2014 年 5 月 13 日至 2019 年 4 月 27 日北京与上海 AQI 及六类大气污染物统计描述

城市	污染物类型	均值	中位数	标准差	最小值	最大值	样本数
北京	AQI	98.97	80.74	66.2	17.91	472.4	1795
上海	AQI	71.66	63.25	33.96	20.75	268.1	1795
北京	$PM_{2.5}$	64.66	48	59.08	3.957	470.9	1795
上海	$PM_{2.5}$	44.28	37.25	28.92	5.125	217.2	1795
北京	CO	1.033	0.816	0.837	0.199	7.991	1795
上海	CO	0.769	0.71	0.259	0.362	2.205	1795
北京	NO_2	44.56	40.08	22.16	6.25	152.3	1795
上海	NO_2	43.11	39.5	19.58	4.917	142.8	1795
北京	O_3	59.52	54.25	37.67	2	182	1795
上海	O_3	72.36	71.95	29.67	9.417	177.9	1795
北京	PM_{10}	95.34	78.24	72.3	7.273	858.6	1795
上海	PM_{10}	63.33	54.46	35.62	8.333	258.3	1795
北京	SO_2	8.904	5.25	10.11	1.421	81.92	1795
上海	SO_2	12.92	11	7.597	3.333	74.87	1795

注：AQI 无量纲，CO 单位为毫克/米^3，其他所有大气污染物单位都是微克/米^3

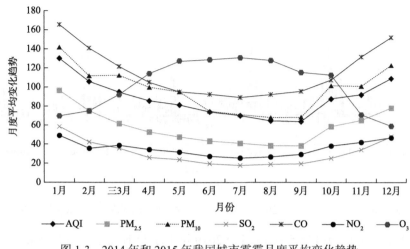

图 1-3　2014 年和 2015 年我国城市雾霾月度平均变化趋势

为便于比较趋势，本图中 CO 浓度放大了一百倍

2013 年以来，我国制定实施了以《大气污染防治行动计划》("大气十条") 为主的一系列大气污染防治措施，雾霾治理取得了重大阶段性成果，京津冀、长三角、珠三角全部超额完成了"大气十条"的目标。但相对世界卫生组织对环境空气质量的指导水平，我国大气污染治理仍有很大差距。随着能源结构与产业结构优化空间及企业技术提升潜力的逐渐减小，未来污染减排成本将越来越高，我国雾霾治理将进入新的攻坚阶段，探索制定更为行之有效的防治措施将是当前和今后急需关注的问题。

二、我国大气污染防治政策梳理

早在 20 世纪 50 年代，我国政府就已开始关注大气污染问题，但将环境保护写入《中华人民共和国宪法》(简称《宪法》)，正式开展环境保护工作则与改革开放同步。1978 年，我国第一次将"国家保护环境和自然资源，防治污染和其他公害"的规定写入《宪法》。1979 年，《中华人民共和国环境保护法（试行）》(简称《环境保护法（试行）》) 正式颁布，这标志着我国的环保立法征程自此正式拉开序幕。四十多年来，我国的环境立法和大气污染防治政策的历程，可大致分为四个阶段。

第一阶段：1979~1992 年。这一阶段属于我国的大气污染防治政策立法阶段，环保法律从无到有，不断完善，先后颁布了《环境保护法（试行）》《环境空气质量标准》《中华人民共和国大气污染防治法》(简称《大气污染防治法》) 及《中华人民共和国大气污染防治法实施细则》(简称《大气污染防治法实施细则》)，至此我国的大气环境质量标准在全国范围内实现了统一，大气污染防治工作正式纳入法治化轨道。

第二阶段：1993~2002 年。这一阶段主要施行了"双控区"政策，并对《大气污染防治法》和《环境空气质量标准》进行了修订。该阶段的大气污染防治以政府行政命令式举措为主，同时开始探索市场化的污染防治机制。

第三阶段：2003~2012 年。这一阶段颁布了《排污费征收使用管理条例》、《排污费征收标准管理办法》、《"十一五"期间全国主要污染物排放总量控制计划》和《国家环境保护"十二五"规划》，并对《环境空气质量标准》进行了修订。在此期间，环境污染治理强度显著升级，行政命令式与基于市场机制的环境政策得到有机结合，地方环境治理绩效纳入政府官员的绩效考核，我国主要污染物排放总量（包括大气污染）快速上升的态势得到了遏制，某些污染物排放达峰，甚至开始下降。

第四阶段：2013 年至今。这一阶段的环境治理政策的出台最为密集，先后通过了"大气十条"、《"十三五"生态环境保护规划》、《中华人民共和国环境保护税法》（简称《环境保护税法》）和《打赢蓝天保卫战三年行动计划》（新"大气十条"）等环保法律法规，并对《环境保护法》和《大气污染防治法》进行了修订。在此期间，大气污染防治方式由属地管理模式向区域联防联控转换，大气污染防治实现由总量控制向提高质量的转变。

表 1-3 梳理了这四个阶段所涉及的重要环境法律法规和大气污染防治政策及其所包含的主要内容和意义。

表 1-3　我国主要大气污染防治政策

时间	事件	内容及意义
1978 年	环境保护条款首次写入《宪法》	《宪法》中加入"国家保护环境和自然资源，防治污染和其他公害"，这是第一次将环境保护上升到宪法地位
1979 年	《环境保护法（试行）》颁布	这是新中国成立以来第一部综合性的环境保护基本法，标志着中国的环境保护开始迈向法治化轨道，大气环境质量管理标准在全国层面实现统一，对有害气体排放标准、机器设备消烟除尘、生产设施和生产工艺等方面做出了规定，提出了排污费收取、在建工程环境影响评价和"三同时"老三项制度
1982 年	《环境空气质量标准》发布	这是我国第一个关于大气环境空气质量的标准，所囊括的大气污染物包括 SO_2、NO_x、总悬浮颗粒物(total suspended particulate，TSP)、PM_{10}、CO 和光化学氧化剂这六项，并详细规定了大气环境质量的分级，提出了分区管理体系
1987 年	《大气污染防治法》颁布	提出防治大气污染的一般原则，对烟尘、粉尘、废气和恶臭污染的防治、监督管理以及法律责任做出相应的规定，如提出二氧化硫总量控制、污染许可证制度和排污费制度
1989 年	《环境保护法》颁布	明确规定了污染防治的具体政策措施和法律责任，将大气污染列入环境污染防治范畴，提出制定环境质量标准、污染物排放标准和环评等方面的环境监督管理要求；对环境保护责任的主体进行了界定，确定地方政府辖区内环境保护的"统一监督管理"责任，具体提出了技术改造、限期治理、对污染严重的企业实行"关停并转迁"等措施
1991 年	《大气污染防治法实施细则》公布	对地方政府环境管理以及大气污染排放单位的行为制定详细的规则，并对大气污染物的排放总量和排放浓度同时做出规定

时间	事件	内容及意义
1995 年	《大气污染防治法》修订	提出对已经产生、可能产生酸雨或二氧化硫污染的区域，经国务院批准后划定为酸雨或者二氧化硫控制区；要求企业加强清洁生产工艺，对落后的生产工艺及设备进行淘汰，针对燃煤型大气污染进行控制
1996 年	《环境空气质量标准》修订	大气污染物种类在原来的基础上增加了二氧化氮、铅（Pb）、苯并芘（B[a]P）和氟化物四项，将光化学氧化剂调整为 O_3
1998 年	"双控区"政策实施	国务院批复同意酸雨和二氧化硫"双控区"划分方案，将 175 个城市列入双控区；要求到 2000 年，对二氧化硫实行总量控制，直辖市、省会、经济特区等城市二氧化硫排放达到国家环境治理标准，酸雨控制区恶化趋势缓解；到 2010 年，二氧化硫排放总量控制在 2000 年排放水平之内，城市二氧化硫浓度达到国家标准，酸雨控制区酸雨面积比 2000 年明显减少
2000 年	《大气污染防治法》修订	对机动车船排放的污染进行防治，对城市扬尘（包括施工场所粉尘）的防治做出规定，排污收费改为按照向大气排放污染物的种类和数量进行征收；确立大气污染防治重点城市、区域管理制度及臭氧保护制度等
2000 年	《环境空气质量标准》修订	取消 NO_x 标准，将 NO_2 二级标准放宽至三级；将 O_3 一级标准浓度限值调整为 0.16 毫克/米^3，二级标准浓度限值调整为 0.2 毫克/米^3
2003 年	《排污费征收使用管理条例》和《排污费征收标准管理办法》颁布	《排污费征收标准管理办法》完善了排污费征收管理和使用制度体系；《排污费征收使用管理条例》进一步对二氧化硫排污费的征收范围进行了扩展，提高了排污收费标准，由 0.2 元/千克提升至 0.63 元/千克
2006 年	《"十一五"期间全国主要污染物排放总量控制计划》批复实施	对化学需氧量和二氧化硫排放制定总量控制计划，要求这两种污染物排放在"十一五"期间各减 10%，并要求各省（区、市）将这一计划分解落实到基层和重点排污单位
2011 年	《国家环境保护"十二五"规划》发布	约束性污染物指标新增氨氮和氮氧化物，"十二五"期间，要求这两种污染物排放总量下降 10%，原有的约束性污染物化学需氧量和二氧化硫排放总量下降 8%；大气环境质量评价标准提高，并将评价范围由原来的 113 个城市扩大至 333 个地级及以上城市
2012 年	《环境空气质量标准》修订	将"空气质量指数"替换原来的"空气污染指数"；与国际标准接轨，增加 $PM_{2.5}$、臭氧 8 小时浓度限值等指标；恢复之前标准所删除的 NO_x 污染物项目
2013 年	《重点区域大气污染防治"十二五"规划》和《大气污染防治行动计划》相继发布实施	政策着重强化以 $PM_{2.5}$ 为重点的大气防治工作，要求到 2017 年，全国地级及以上城市 PM_{10} 下降 10%以上，京津冀、长三角、珠三角等区域 $PM_{2.5}$ 浓度分别下降 25%、20%、15%左右，北京 $PM_{2.5}$ 浓度控制在 60 微克/米^3 左右；建立区域大气污染管理联防联控机制，范围涉及包括京津冀、长三角和珠三角在内的 19 个省、自治区、直辖市；为实现防治大气污染的目标，"大气十条"分别从产业结构调整、淘汰落后产能等十个方面详细阐述了具体措施，它被称为中国有史以来最为严格的大气防治行动计划，作为我国大气污染治理的纲领性文件，在环保政策史上具有里程碑意义
2013~2014 年	京津冀、长三角大气污染协同防治实施	2013 年，《京津冀及周边地区落实大气污染防治行动计划实施细则》发布；2014 年，长三角区域大气污染防治协作机制正式启动，这标志着区域协调治理空气污染正式迈入正轨
2014 年	《环境保护法》修订	引入了生态文明建设和可持续发展的理念；明确了保护环境的基本国策和基本原则；对环境管理基本制度进行了完善补充；突出强调政府监督管理职责；新加入了信息公开和公众参与专门章节；对违法排污的责任进行了加强

续表

时间	事件	内容及意义
2015 年	《大气污染防治法》修订	强化了地方政府大气污染防治的职责和所要达到的目标；完善坚持源头治理的制度，合理控制机动车保有量，对机动车车检做出新要求；抓住主要突出问题，尤其对重点区域联防联治、重点污染天气的应对措施做出明确规定；加大了污染违规行为的震慑及处罚力度
2016 年	《"十三五"生态环境保护规划》	至 2020 年末，相比于 2015 年，化学需氧量、氨氮排放减少 10%，二氧化硫、氮氧化物减少 15%；地级及以上城市空气优良天数比率达到 80% 以上，细颗粒物未达标城市浓度下降 18%，重度污染及以上城市下降 25%
2016 年	《环境保护税法》颁布	实现排污费制度向环保税制度的平衡转移，征税对象包括大气污染物、水污染物、固体污染物和噪声四类，以现行排污费收费标准作为环境保护税的税额下限，允许各省、自治区、直辖市根据自身情况在此基础上进行调节
2017 年	《京津冀及周边地区 2017 年大气污染防治工作方案》	要求产业结构调整取得实质性进展，加大化解钢铁产能过剩力度；全面推进冬季清洁取暖，加强工业大气污染综合治理，工业企业采暖季错峰生产；严格控制机动车尾气排放等；提高城市管理水平，加强重污染天气应对措施
2018 年	《打赢蓝天保卫战三年行动计划》	至 2020 年，$PM_{2.5}$ 未达标的地级及以上城市浓度比 2015 下降 18% 以上，城市空气质量优良天数比率达到 80%；强调对臭氧进行控制，挥发性有机物（volatile organic compounds，VOCs）排放下降 10% 以上，氮氧化物下降 15% 以上；重点治理区域不再提及珠三角，新加入汾渭平原
2018 年	《有毒有害大气污染物名录（第一批）（征求意见稿）》（简称《大气名录》）	这是新《大气污染防治法》实施以来第一次发布《大气名录》，共 11 种（类）化学物质，包括 6 种挥发性有机物和 5 种（类）重金属类物质

三、我国大气污染防治政策评估研究

关于评估我国大气污染政策成效的文献，由于统计数据可得性等，最近几年才有少量研究涉及。包群等（2013）基于 1990 年以来中国各省地方人大通过的 84 件环保立法这一独特视角来探究地方环境立法对二氧化硫排放的影响，研究发现，单纯的环保立法并不能显著地抑制当地的污染排放，只有在环保执行力度严格的情况下，环保立法才能起到明显的环境改善效果。而环保法律能否有力执行有赖于环保、司法部门的改革和地方政府官员的激励行为。范子英和赵仁杰（2019）基于中国 2003~2014 年 283 个地级市数据的研究发现，以环保法庭为代表的环境司法专业化改革能够推动环境纠纷司法处理水平的提升，使得所在地区工业二氧化硫的排放总量、人均排放量显著降低。韩超等（2016）从地方官员的激励行为视角对环境规制执行程度进行探究，他们发现，环保部门官员到任年龄与环境规制的执行力度之间存在倒"U"形的关系，49 岁前被任命的官员出于晋升考虑，会更加积极地执行环境规制。Chen 等（2018a）研究中国政府针对酸雨和二氧化硫的双控区政策时也发现地方官员的激励是否适当对污染治理起着举足轻重的作用，他们发现 1998 年就已在全国开始执行的双控区政策并未产生效果，二氧化硫排放在"十五"期间高速攀升。这背后的原因在于，在以 GDP 为主要考核依据的官员晋升体制下，地方政府有足够的动力去竞争流动性资源来发展经济，为了吸引流动性资源，有些地方政府往往未完全执行中央政府制定的环境标准（Wang et al.，2003）。中央政府也意识到规制政策的不完全执行，因此在"十一五"规划中将地方的环保法律实施情况、污染治理水平纳入官员的政绩考核体系。这一考核激励的变化使得实施双控区的城市二氧化硫减排效果明显，整个"十一五"规划期间全国二氧化硫排放下降 10%的目标超额完成，二氧化硫排放总量下降幅度达到 14.29%（Chen et al.，2018a）。

通过梳理大气污染防治政策效果的文献，我们发现这支文献存在以下三方面的问题。首先，面临共同的难点就是如何选取或构建恰当的环境规制指标。政府环境治理的内涵丰富，往往针对多种污染物同时进行规制，而现有环境规制指标多侧重于某一类污染物或者某一项政策，难以刻画政府环境治理的全貌。其次，环境规制程度的强弱往往内生于经济增长，经济发展到一定程度，人们的环保意识、政府环境规制力度的增强才导致了污染水平的下降，这也是环境库兹涅茨曲线（environmental Kuznets curve，EKC）得以形成的原因。因此，在探究环境规制治理效果，或环境规制对其他经济活动的影响时，环境规制的内生性问题必须加以重视，而这也是以往多数文献所忽略的。最后，目前国内关于大气污染治理的相关研究依然停留在行业或者地区层面，其研究的边界未能拓展到更加微观的企业层面。微观数据研究的匮乏极大地阻碍了我们所关心的变量间因果关系的识别，从而在较大程度上限制了这一支文献的发展。在第三章对政府环境治理的雾霾治理效果与经济质量效应进行研究时，再来讨论这个问题。

第三节　大气污染与经济发展相互关系研究

粗放式的经济增长方式催生了大量能源密集型和污染密集型企业的发展，导致了严重的环境污染，而无节制的环境污染本身又会通过对自然资源的消耗以及降低环境承载容量对经济产出产生或正或负的影响。图 1-4 也揭示出我国大气污染与经济增长之间这种高度相似和互相影响的关系。2007 年之前，GDP 增长与 SO_2、$PM_{2.5}$ 排放保持着相同的增长趋势，其后都进入了下降模式，只是 GDP 和 SO_2 排放增速下降较多，而 $PM_{2.5}$ 浓度增速下降较缓而已。到底大气污染与经济产出之间有着怎样的相互影响，这是文献中研究较多的话题，下面做简要的综述。

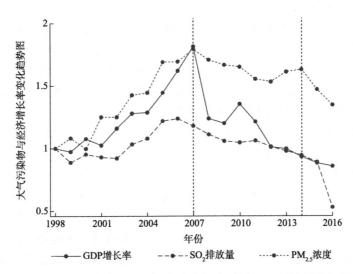

图 1-4　我国主要大气污染物与经济增长率变化趋势图（将 1998 年数值标准化为 1）

一、经济对大气污染的影响

　　伴随着我国过去几十年经济的快速发展，我国的环境污染问题也变得愈发严重。随着我国经济发展进入新阶段，未来我国经济的增长是否会持续对环境产生负面影响，已成为研究的热门话题。

　　事实上，在环境经济学中，"经济增长是否会对环境持续产生负面影响"是一个经典的问题。Grossman 和 Krueger（1991）使用跨国数据实证研究发现大气污染物（二氧化硫与烟尘）浓度与人均收入之间存在着一种倒"U"形关系后，对于该问题的讨论演变成对这种倒"U"形关系的检验。在文献中，经济增长与环境水平之间的这种倒"U"形关系被称为环境库兹涅茨曲线，它描绘了这样一幅图景：在经济发展的初始阶段，环境质量随经济增长而恶化；不过当经济发展迈过某个转折点后，环境质量则随经济增长不断改善。对此，学者从理论和实证两方面进行讨论。在理论方面，学者主要关注引起倒"U"形曲线拐点到来的因素是否存在，以及有哪些？ 具体而言，一部分学者通过在包含环境偏好的经济增长模型中引入绿色技术进步、环境管制加强、要素投入变化等驱动机制，从而对 EKC 进行解释，而另一部分学者则从统计方法、指标选取、技术的双向影响等角度对经济增长过程中环境改善拐点的到来进行质疑。在实证研究方面，学者使用跨国或地区数据进行检验，然而研究结论却并不一致。在对我国大气污染库兹涅茨曲线的研究中，包群和彭水军（2006）以及 Shen（2006）得出了相反的结论：前者发现三种大气污染物（烟尘、粉尘以及 SO_2）排放量与人均 GDP 存在倒"U"形或"N"形关系，而后者发现工业粉尘和 SO_2 人均排放量与人均 GDP 存在正相关和"U"形关系。类似地，王敏和黄滢（2015）使用我国 2003~2010 年全国城市大气污染面板数据进行研究，发现三种大气污染物（PM_{10}，NO_x 和 SO_2）监测浓度与人均收入存在"U"形关系。这些研究结论常常由于实证方法、大气污染物指标构建或者样本选择范围差异而存在差异。

虽然 EKC 曲线为人类描绘了一幅充满希望的图景：当经济增长发展到一定程度时，环境污染的局面会逐渐改善，但正如 Grossman 和 Krueger（1995）所强调的，经济增长本身不一定会带来环境改善，只有在经济增长的同时出现技术进步、产业结构变迁或者合理的环境管制时，环境改善才有可能出现。这提示我们，在理解 EKC 曲线或者理解经济增长与环境质量之间的关系时，传统的用收入指标衡量经济增长的方式是不足的，"经济-环境"的发展轨迹更多地还受到经济发展模式和发展质量的影响。事实上，我国过去几十年的发展历程充分说明了该结论。要理解过去以及未来我国经济增长对大气污染的影响问题，需要深入分析过去几十年我国经济的发展模式。对此，国内外学者从几个方面进行了相关研究。比如基于投入-产出经济增长框架的研究。涂正革（2008）使用方向性距离函数对我国过去的经济发展模式进行了分析，研究发现区域经济发展差异是造成我国大气污染的重要原因。比如从城市化角度进行的研究。邵帅等（2019）通过研究发现，我国东部地区城市化水平与雾霾污染之间存在显著的倒"U"形关系，且紧凑集约型的城市化推进模式对地区雾霾污染具有显著的促降效应，而规模扩张型的城市化推进模式则没有。张可和豆建民（2015）使用全国地级市面板数据，研究发现工业二氧化硫排放强度与城市内部集聚程度存在显著的倒"U"形关系。还有从贸易与外商投资角度的研究。比如有大量文献检验了对外贸易对我国大气污染物排放的影响。但与 EKC 曲线一样，对外贸易加剧还是改善大气污染仍然存在很大争议。然而，关于外商直接投资（foreign direct investment，FDI）对我国大气污染排放影响的研究，却得到比较一致的结论，即 FDI 能够显著降低我国大气污染排放强度，其中的原因为 FDI 通过技术引进与扩散带来的正向技术效应超过了负向的规模效应和结构效应（盛斌和吕越，2012）。当然，还有从制度和激励角度进行的研究。魏巍贤和马喜立（2015）认为某些地方政府对高能耗、高污染重工业的偏好以及较弱的环境管制两者共同作用使得我国绿色环保产业发展大大落后于当前大气污染防治的技术需求。黄寿峰（2017）使用全国省级 $PM_{2.5}$ 面板数据证实了地方财政分权度与大气污染之间的显著相关性。第二章还从能源结构、产业结构、交通运输结构视角综述了我国大气污染的经济影响因素。

通过对以上文献的梳理，可以获得的启示是，经济增长如何作用于大气环境是与经济增长的模式以及所处的阶段相关的。EKC 与其说是发展的一种基本规律，还不如说是一种我们所希冀的美好愿景。当前我国经济迈入高质量发展阶段，只有转变发展方式，坚持对外开放，继续推进经济体制改革，实现产业结构升级，才能最终实现绿色发展的美好愿景。

二、大气污染对经济的影响

绝大多数文献都关注经济对环境污染的影响，而从相反的方向来研究环境污染特别是大气污染对经济发展的文献则相对较少（陈诗一和陈登科，2018）。文献主要针对大气污染影响经济发展的机制进行了相关研究，这些机制可以概括为四个方面，即大气污染对劳动力、城市化、健康、人力资本的影响。关于大气污染对健康影响的文献众多，下一小节专门讨论。这里讨论大气污染对劳动力、城市化及人力资本的影响。

大气污染对劳动力市场的影响无疑会直接反映到该国的经济上。具体来说，大气污染会通过影响劳动力的供给和效率两种方式来改变工人的劳动状况。从劳动力供给角度看，Pönkä（1990）发现 SO_2 排放和工人因生病而导致的旷工之间存在显著的正向关系。Hanna 和 Oliva（2015）发现二氧化硫排放水平每上升一个百分点，工人的工作时长会下降 0.72 个百分点。从工作效率角度看，Zivin 和 Neidell（2012）研究了臭氧污染对户外农业工人的影响，研究发现臭氧每上升 10 μg/L 会导致工人的工作效率下降 5.5%。He 等（2019）使用我国某地区两座造纸工厂的日度生产数据，研究 $PM_{2.5}$ 污染对工人生产效率的影响，发现雾霾污染在当期对工人的生产效率没有显著影响，但在一个月后对工人的生产效率有显著但微小的负面影响，$PM_{2.5}$ 浓度每增加 10 微克/米^3，25 日后工人的日均产量平均下降 1%。与 He 等（2019）所不同的是，Chang 等（2019）则基于携程网电话客服中心工作人员接听电话数量来研究大气污染对工作效率的影响，研究发现，空气污染指数（air pollution index，API）每提高 10 单位，客服人员的当日平均接线数量显著降低 0.35%。Fu 等（2017）利用中国工业企业数据库全面考查了空气污染对工业生产的影响，发现 $PM_{2.5}$ 和 SO_2 污染每增加 1 微克/米^3，将分别导致工人的劳动生产率下降 0.011% 和 0.036%，全国范围内 $PM_{2.5}$ 和 SO_2 每下降 1%，企业产出提升所带来的收益高达 118 亿元和 111 亿元。

雾霾会对城市化进程造成影响。在经济发展的同时，城乡之间和城市之间的劳动力流动也越来越频繁与自由，城市的环境质量成为劳动者选择工作和生活所在地的重要考量因素（Kahn and Walsh，2015）。Zheng 等（2010）指出劳动力流动的提高使得中国城市越来越趋向于一个开放统一的城市系统，在这种相对开放的城市体系中，劳动者会通过"用脚投票"的机制在考虑实际工资与环境等要素的情况下迁移到合适的城市。进一步地，Chen 等（2017a）基于中国 1996~2010

年的人口普查数据和大气污染卫星数据发现，大气污染的恶化会显著降低城市的宜居性，减少居民的效用从而导致所在地区的人口流出，这种效应主要由高人力资本的人群所驱动，原因在于高人力资本的人群对空气质量最为敏感，对清洁空气的支付意愿最高，且有能力进行移民。大气污染正是通过这种显著降低城市的吸引力、促进高技能人才不断流出、城市化水平停滞不前甚至倒退的方式限制了城市规模报酬递增效应和集聚效应的发挥，最终减缓了经济的发展（Zheng and Kahn，2013，2017；Hanlon，2016）。

大气污染影响人力资本积累，而一国的人力资本发展程度是决定经济高质量、可持续发展的重要因素之一。接受学校教育被广泛认为是提升人力资本的有效途径，而空气污染会导致孩子因生病而旷课的次数增加、削弱孩子的注意力、直接干扰孩子大脑的发育，这些都会阻碍人力资本的积累。Ham 等（2014）和 Ebenstein 等（2016）的研究发现短期内的空气污染对在校学生的成绩表现会有显著的负向影响。Bharadwaj 等（2017）则发现空气污染不仅会短期内影响到学生的成绩表现，长期内它的负向作用依然存在。有关中国的研究中，Chen 等（2017b）以及 Zhang 等（2018）使用 2010、2012 和 2014 年中国家庭调查（Chinese family panel studies，CFPS）数据研究空气污染（用城市 AQI 数据衡量）对调查对象语文和数学测试成绩的影响，结果发现，空气污染会显著降低调查对象的语文和数学测试成绩，且长期影响更大。在异质性分析中他们还发现，男性、老年人或者文化程度低的人的认知能力受空气污染影响更大。

三、大气污染对健康的影响

大气污染引起全社会广泛关注的主要原因还在于其对人体健康存在极大危害。关于大气污染对人体健康的影响机理，生物医学、流行病学和环境科学等学科对其进行了大量研究。环境科学研究发现，雾霾的根本成因是空气中与人类活动有关的 $PM_{2.5}$ 的显著增加，而 $PM_{2.5}$ 是包含多种有毒化学成分的复杂混合物，其中的苯并芘是已知人类致癌性最强的物质之一（张小曳等，2013）。同时，$PM_{2.5}$ 还可以作为一种载体，吸附细菌、病毒等病原微生物和气态污染物（陈仁杰和阚海东，2013）。$PM_{2.5}$ 除了具有极强的毒性外，还由于其本身颗粒直径小，很容易通过人体的鼻腔、咽喉径直进入人体体内，对人体的呼吸系统、心血管系统、免疫系统以及大脑功能造成不同程度的损害（李红等，2002；陈仁杰和阚海东，2013）。具体而言，当 $PM_{2.5}$ 通过呼吸进入人体内的细支气管、肺泡时，会堵塞、刺激或腐蚀肺部组织使其产生系统性炎症和过氧化反应等，呼吸系统的发病率和病死率均会显著提高，严重时可导致癌症产生。一项来自美国癌症协会对超过 18 万名美国非吸烟成年人的长期（1982~2008 年）追踪调查研究发现，空气中 $PM_{2.5}$ 浓度每升高 10 微克/米^3，肺癌病死率将升高 15%~27%（Turner et al.，2011）。而进一步地，$PM_{2.5}$ 还会穿过肺泡壁进入毛细血管，并随血液流动扩散至整个血液循环系统，诱导心血管产生系统性炎症反应和氧化应激反应，引起血压升高、血栓形成等，从而对人体血管系统产生健康危害。国内外流行病学研究表明，短期或长期暴露于 $PM_{2.5}$ 环境后人群中的心血管疾病事件（如冠心病、心肌梗死、心衰、中风等）的就诊率和病死率显著增加（Brook et al.，2010；谢元博等，2014）。此外，$PM_{2.5}$ 还会诱导人体脑部产生与中风、阿尔茨海默病（老年痴呆症）等相关的脑部神经炎症和活性氧，从而对认知功能产生影响；$PM_{2.5}$ 还会对胎儿发育产生不良影响，引起早产、出生缺陷等（陈仁杰和阚海东，2013）。

前述众多文献通过医学和流行病学研究发现了 $PM_{2.5}$ 对人体健康的种种危害。而在经济学领域，自 Grossman（1972）将健康视为个人的一种可选投资品时起，健康经济学兴起。近年来，由于经济学科学研究范式的发展，以及数据收集、存储和传播技术的快速发展，许多经济学学者在健康经济学方面做出了独特的贡献，大致可以分成两类：第一类是在充分考虑地区污染水平内生性情况下，采用准实验框架识别大气污染对健康的影响，这是其他学科研究时所没有解决的；第二类是考虑居民的污染规避行为，从而将大气污染对居民的健康效应和行为效应区分开来，这能更全面地考量大气污染对社会福利的影响（Zivin and Neidell，2013）。面对大气污染，不同的人会做出不同的污染防护措施，从而最大化自己的福利，而采取污染预防措施需要支付一定的成本，因此不同个体最终面临不同的污染暴露水平。祁毓和卢洪友（2015）通过匹配中国综合社会调查 2006 年的居民问卷数据与地方年鉴数据，研究发现大气污染（PM_{10}、SO_2、NO_2）会对人体健康程度产生显著负面影响，而经济地位较高的人可以通过污染规避行为弱化环境污染的负面影响。因此，当考虑污染规避能力后，环境污染是加剧社会不平等的重要渠道。苗艳青和陈文晶（2010）通过地区调查数据构建居民总体健康指数，研究大气污染物（PM_{10} 和 SO_2）对居民健康的影响。研究同样发现，较低经济地位居民的健康需求更容易受到空气污染等外界因素的影响，而处在中上层经济地位的居民由于能采取更多避免污染的措施，其健康需求并没有受到空气污染等外界因素的影响。上述健康经济学研究带给我们的启示是：①污染防护行为能够大幅减轻大气污染对人体健康的影响，因此在考虑污染对居民健康状况的影响时，应考虑居民的污染防护行为；②在地区收入差距比较大的情况下，大气污染的效应除了对个人健康层面产生影响，还可能在社会层面影响社会公平和经济发展；③在我国经济发展不平衡仍较高的情况下，进行大气污染防治不仅能解决人与自然的矛盾，还能缓解社会矛盾。

第四节 本书研究逻辑与主要创新

本书主要研究大气污染防治与经济高质量发展主题。由于环境污染的负外部性和经济政策的时效性和有偏性，因此需要更好地发挥政府的作用，设计更为合理有效的经济政策和环境政策，确保市场机制在污染治理与经济发展中充分发挥作用。本书共十章内容，基本围绕该逻辑来展开分析。全书主要内容包括第二章大气污染的经济成因以及经济政策应对、第三章政府环境治理对雾霾治理与经济高质量发展的短期和长期影响、第四章能源要素配置扭曲、煤炭消耗偏高的能源结构对我国大气污染与经济高质量发展的影响、第五章和第六章大气污染物定价、环境全要素生产率与经济高质量发展评估、第七章基于经济机制的环境税制改革与排放权交易机制研究、第八章行政命令式环境规制、环保约谈对大气污染防治与经济发展的效应分析、第九章环保垂直化管理改革、大气污染区域联防联控与区域经济协调发展研究。

相对于现有研究文献来看，本书研究主要创新简介如下。

一、理论创新

本书主要理论创新有二。一是对能够纳入能源要素特别是环境污染包括大气污染变量的经济理论模型进行创新性研究。该模型把能源要素和资本、劳动等一起作为投入要素，其多产出设定可以把诸多污染变量处置为非期望产出，以捕捉其负外部性特征，与期望的 GDP 产出一起引入模型。借助于该模型，可以计算能源效率、污染物影子价格和环境全要素生产率。二是创新性地将能源要素这一重要投入变量纳入现有的资源配置效率分析模型，由此设定微观、中观和国家总量层面的三类生产函数，引入资本、劳动、能源市场的要素配置扭曲参数和商品市场的产品生产扭曲参数，基于不同市场的出清条件求解经济主体的优化问题，从边际上拓宽了现有资源配置效率研究的界限。

二、方法创新

本书主要方法创新也有二。一是在大气污染作为非期望产出的方向性距离函数理论模型和环境全要素生产率计算基础上，构建了能够替代传统 GDP 指标的更为科学且操作方便的地方政府官员考核指标体系。该指标既能够横向比较不同地区之间污染治理与经济转型差异，还能够纵向比较同一地区污染治理与经济发展的演化进展与努力程度。二是研究了对各类环境政策的大气污染减排效果进行评估的方法。
这些方法从根本上来说就是识别环境规制对污染治理的因果效应，一般可以通过解
决污染变量的内生性问题或反事实框架来实现，包括工具变量估计、双重差分
（difference-in-difference，DID）、断点回归、随机化实验、倾向得分匹配等，这在
本书的许多章节都进行了具体探讨。

三、数据创新

本书研究构建了如下几套特色数据库。一是经过清理加工后的 1998 年至 2013
年的中国工业企业数据，观测值数量高达 420 万家企业，该数据可匹配到任意
地级市和细分行业层面。二是根据卫星监测到的 $PM_{2.5}$ 浓度 0.1°×0.1°经纬度栅格
源数据并利用 ArcGIS 软件解析到城市层面的 2004~2016 年中国 286 个地级及
以上城市 $PM_{2.5}$ 浓度数据。三是根据欧洲中期天气预报中心（European Centre for
Medium-Range Weather Forecasts，ECMWF）所发布的 0.1°×0.1°经纬度栅格气象
数据解析的 2004~2016 年中国 286 个地级及以上城市空气通风系数数据。四是
1998~2015 年中国省级 $PM_{2.5}$ 浓度、PM_{10} 浓度、氮氧化合物等大气污染物数据。

四、观点创新

本书研究有下列主要发现。一是核算了诸多经济社会因素对我国大气污染的
影响，研究发现以煤为主的能源结构与二产畸高的产业结构是我国大气污染的罪
魁祸首，大气污染防治根本上需要减少煤炭使用与降低重工业比重。二是大气污
染降低了我国经济发展的质量水平，房价、城市化以及人力资本是大气污染影响
我国经济发展的三个重要传导渠道，合理有效的政府环境治理能够降低大气污染，
从而促进经济发展质量水平的提升。三是考虑能源投入要素后，我国资源配置效
率并未出现显著改善迹象。能源要素目前已经超越资本要素成为我国资源配置扭
曲的首要贡献者，矫正能源要素配置扭曲成为当前和今后我国提高全要素生产率
的重中之重。四是基于新构建的经济绿色发展动态评估指数研究发现，在考虑大
气污染的情况下，此前我国大部分城市的经济绿色发展指数呈下降趋势，大部分
城市的经济增长是以牺牲环境为代价的，只有 2013 年之后大部分城市的经济绿色
发展指数上升，才开始走出一条绿色发展的道路。五是临时性行政治霾、环保约
谈等行政命令式方法只能收取短期之效，长期来看应该执行基于市场经济机制的
环境规制政策，包括排放权交易政策、环保税制政策等。由于大气污染的空间流
动性，这些政策的执行需考虑区域协调治理。

第二章 基于经济学视角的我国大气污染成因分析

第一节 我国大气污染的形成机制研究

大气污染指自然过程或人类活动排入大气的物质浓度达到了有害的程度，对人类正常生存发展和生态环境系统造成了危害。当大气中有害物质进一步累积，在特定气象条件下将出现雾霾污染。可以说，雾霾是一种严重的大气污染状态。

大气污染物的分类有很多方式，可分为一次污染物和二次污染物，前者指直接从污染源排放的污染物质，如 SO_2、NO_2、CO、颗粒物等（又有反应物和非反应物之分），后者指由一次污染物在大气中互相作用经化学反应或光化学反应形成的与一次污染物的物理、化学性质完全不同的新的大气污染物，其毒性比一次污染物还强，比如硫酸及硫酸盐气溶胶、硝酸及硝酸盐气溶胶、光化学氧化物如臭氧等。大气污染物也可根据其存在状态分为气态污染物和气溶胶态污染物，前者如 SO_2、NO_2、CO、$VOCs$（如碳氢化合物）等，后者指液态或固态微粒在空气中的悬浮体系，包括烟粉尘、大气中粒径小于 $100\mu m$ 的所有固体颗粒即总悬浮颗粒物（包括 PM_{10}、$PM_{2.5}$），其中粒径较小的可吸入细颗粒物如 $PM_{2.5}$ 是雾霾的元凶，危害最大。

过去，大气污染物主要源于自然过程，但人类活动的增加显著提高了大气污染物的形成。近年来，我国严重的雾霾污染引起了广泛关注，到底是何种因素导致我国出现严重的大气污染现象，国内外不同领域的学者对雾霾污染的形成机制进行了大量深入研究，发现化学机制是雾霾形成的内在机理，气象条件是雾霾形成的外部因素，而燃煤、土壤粉尘及汽车尾气等污染物是雾霾形成的物质来源，同时一个地区的雾霾形成也受到周边区域雾霾的溢出效应影响。因此，本节分别从雾霾形成的化学机制、气象条件、物质来源、区域溢出效应四个方面来分析我国雾霾污染的形成机制。

一、雾霾形成的化学机制

气溶胶在雾霾的形成过程中起到关键作用，大量的气溶胶颗粒可以充当凝结核，以增强雾滴的形成，导致极低的可见度（Quan et al.，2011）。气溶胶按其来源也可分为一次气溶胶与二次气溶胶，其中一次气溶胶多为汽车尾气与工厂排放出的废气，二次气溶胶由一次气溶胶在大气中经过化学反应转化而成，比如硫酸盐、硝酸盐、铵盐等。一般而言，一次气溶胶在大气中粒径较大，不太稳定，浓度较低，对雾霾形成贡献有限，而二次气溶胶平均占到了 PM_{10} 质量浓度的 50%以上，而且比较稳定，因此研究二次气溶胶的化学形成机制对雾霾治理有着重要作用（Zhang et al.，2009a；Zhang et al.，2012）。

Wang 等（2006）发现硫酸盐主要通过预先存在颗粒上的水性表面层中的非均相反应形成，而硝酸盐主要通过春季的均相反应形成。灰尘和雾霾天会加速硫酸盐和硝酸盐的形成，从而形成恶性循环。朱彤等（2010）对大气气态污染物二氧化氮、二氧化硫、臭氧、高岭石、蒙脱石、氯化钠、海盐、三氧化二铝和二氧化钛等大气主要颗粒物表面的反应进行了系统的反应动力学和机制研究，发现反应主要产物为硫酸盐、硝酸盐或甲酸盐，它们可极大改变颗粒物吸湿性和消光性质，从而促使雾霾的产生。

另一部分学者研究了外部条件对二次气溶胶形成的化学过程的影响。Liu 等（2012）指出酸性环境对二次气溶胶的反应具有催化剂的作用，氧化剂的存在也可以提高化学反应速率，促进二次有机气溶胶的形成。Wang 等（2014a）也发现化石燃料燃烧和车辆排放产生的硝酸氧化物在燃煤二氧化硫快速二次转化为硫酸盐中起直接或间接作用。Wang 等（2014b）使用化学模型模拟雾霾产生的机制，发现相对的高湿度会导致二氧化硫转化为硫酸盐的比率增加70%，$PM_{2.5}$ 中硫酸盐占比增加120%。Han 等（2015）发现高浓度的气溶胶和水蒸气有利于二氧化硫转化为硫酸盐和二氧化氮转化为硝酸盐，这加速了气溶胶的积累，并导致雾霾的形成。

以上研究表明气溶胶是导致雾霾形成的内在因素。其中硫酸盐与硝酸盐等二次气溶胶可极大改变颗粒物的吸湿性和消光性质，在大气中有较强的稳定性，是导致雾霾形成的主要化学物质。另外相对高的湿度、酸度以及氧化剂的存在也会为以上化学反应提供适宜的条件。

二、雾霾形成的气象条件

张小曳等（2013）发现，严重的气溶胶污染是我国雾霾污染的重要来源，而雾霾会使到达地面的辐射减少，大气层稳定度增加，从而有利于气溶胶进一步积聚，形成持续性雾霾。Zhao 等（2013）对 2010 年 1 月京津冀地区的持续性雾霾事件进行分析，指出较弱的地表风速帮助污染物在大气层浅层中积聚，产生了严重的雾霾现象。Liu 等（2013）研究了北京等特大城市区域雾霾形成和演化机制，发现雾霾形成和演变的关键因素是使地表大气稳定的反气旋气象条件、城市地区重污染排放、气溶胶数量和大小以及气溶胶吸湿性的增长。

张人禾等（2014）对 2013 年 1 月中国东部区域的严重雾霾现象进行了分析，发现东亚季风在冬天异常偏弱，同时对流层中低层的异常南风将水蒸气向该地区运输，抑制了对流现象，且不利于近地面附近的雾霾对外扩散，使得大气近地层变得更加稳定，从而促进了雾霾的形成和发展。吴国雄等（2015）发现东亚季风可以为由气溶胶引起的持续性强雾霾天气的形成和发展提供适合的大气环流背景场。近几十年季风的减弱也为区域气溶胶浓度增加提供了有利条件，同时，中国大气排污量的大量增加也很可能会降低纬向差异及海陆温差，进一步导致季风的减弱。

总的来看，反气旋天气条件与较弱的地表风速共同促进了气溶胶的积聚，导致了雾霾的发生，近年东亚季风的减弱对我国东部地区雾霾的形成也起到了辅助作用。此外气溶胶的形成会降低到达地面的太阳辐射，反过来又促进大气层的稳定，形成持续性雾霾。可见，气象条件是雾霾形成的外部因素。

三、雾霾的物质来源

全国来看，燃煤与汽车尾气污染是雾霾形成过程中最重要的两大物质来源。Zhang 等（2009b）发现人为硫排放（主要来自发电厂）强烈影响陆地颗粒物的形成，从而导致雾霾现象的发生。Huang 等（2012）对 2009 年 6 月上海的雾霾现象进行了分析，发现燃煤和车辆排放是主要来源。吕效谱等（2013）对我国 2013 年 1 月出现的全国大范围雾霾事件进行了分析，发现此次雾霾的来源主要是汽车尾气污染，同时煤燃烧对雾霾也有较大贡献。Wang 等（2016）利用 2014 年中国兰州市郊区石化工业区和市中心的每日 $PM_{2.5}$ 样品，测定了 $PM_{2.5}$ 中的主要化学成分，并采用正矩阵分解模型分析了 $PM_{2.5}$ 的潜在来源，判断雾霾主要来源于煤炭燃烧、土壤粉尘与交通排放。

另外部分学者也发现不同的区域，不同的季节，雾霾的物质来源也有所差异。安静宇（2015）对 2013 年 12 月长三角地区严重的大气污染进行了颗粒物来源追踪分析，发现长三角地区 $PM_{2.5}$ 组分以硫酸盐、硝酸盐为主，工业燃烧是该地区二氧化硫最大贡献源，而燃煤电厂对氮氧化物的贡献最高，氨气与 PM_{10} 分别主要来自农业源及扬尘。Yu 等（2013）利用北京 2010 年全年的观测数据，发现扬尘在春季对雾霾的贡献率最高，是其他季节的两倍，相反，燃烧形成的颗粒物的贡献在秋季和冬季显著高于春季和夏季，次级硫在夏季贡献最大，而汽车尾气和金属加工形成的颗粒物没有显示任何明显的季节性特征。

综合来看，雾霾主要来源于燃煤、汽车尾气、土壤粉尘等，其中不同污染物对雾霾的贡献在季节上或空间上存在异质性的特点。在北京，粉尘在春季对雾霾的贡献最高，而燃煤对雾霾的贡献在秋冬季节显著大于春夏季节，汽车尾气并没有表现出明显的季节模式。对于长三角地区，燃煤和汽车尾气是雾霾形成的主要因素。

四、雾霾的区域溢出效应

不少学者发现，雾霾的形成除了与自身城市的污染排放有关，也受到周边区域的影响。Guo 等（2014）利用北京 2013 年的雾霾观测数据，分析得出颗粒的区域运输对北京雾霾的贡献很小，来自本地的挥发性有机化合物和氮氧化物的气体排放以及来自工业的二氧化硫是雾霾形成的重要原因。但 Li 等（2015）研究发现了不同的结论，他们认为 $PM_{2.5}$ 的区域运输是北京严重雾霾的主要来源。Tao 等（2014）对 2013 年 1 月中国北方广泛的极端雾霾污染的特征和形成过程进行了区域分析，同样发现北京的严重雾霾很大程度上来源于河北省严重的 PM_{10} 污染。Gao 等（2015）对北京城市秋冬季节空气中的颗粒物进行收集和分析，发现经过北京的西风夹带了较大量的原始地壳污染物，而南风带来较多人为污染物。雾霾天气溶胶浓度升高是由气象条件下积累的综合效应和北京市周边人为污染物的迁移排放造成的。

安静宇（2015）发现不同的季风对雾霾的区域溢出效应作用不同。在冬季，西北风成主导风向时，江苏北部地区受到的远距离区域溢出效应较强，而长三角中部区域则更多地受到区域内部传输影响。封艺等（2016）对 2013 年 11~12 月长三角区域的严重雾霾事件进行了数值模拟分析，发现总体来看，本地贡献与周边运输对长三角地区的颗粒物污染作用相当，而对于气体污染，本地贡献高于周边运输。王春梅和叶春明（2016）对 2013 年 11 月至 2015 年 10 月长三角区域的 $PM_{2.5}$ 日数据进行了分析，发现长三角区域内部存在雾霾的区域运输效应，当区域局部出现雾霾污染，污染会在长三角整个区域进行传播。以北京、上海和天津为例，机动车尾气排放的 $PM_{2.5}$ 分别约占 $PM_{2.5}$ 总排放的 22%、25% 和 16%（李勇等，2014）。以上海为例，在上海的 $PM_{2.5}$ 来源中，本地污染排放平均占 74%，外来区域影响平均占 26%；而北京全年的 $PM_{2.5}$ 污染中区域外来传输贡献率为 28%~36%（邵帅等，2016）。

虽然学者对于雾霾区域的溢出效应的看法存在分歧，但大部分文献表明无论对京津冀还是长三角地区，雾霾的区域溢出效应不可忽视，政府在进行雾霾治理时应充分考虑区域协调和联防联控治理手段。

第二节　我国大气污染的经济成因分析

本节主要从经济学视角来量化分析我国大气污染的主要因素。具体而言，本节综合运用联立方程组模型与增长核算分析框架来测算主要因素特别是经济因素对雾霾的贡献度，为后续模拟分析减霾、稳增长双赢目标的能源结构演化路径及其政策选择提供基础结论。

一、影响我国雾霾的主要经济因素及现有研究

现有文献对影响我国大气污染的主要因素特别是经济因素开展了不少经验研究，大致可以归结为三类。第一类从能源结构的视角展开。其中绿色和平组织的研究具有一定的代表性，该组织研究发现，燃煤对 $PM_{2.5}$ 的贡献率最高，达到了49%，这与我国长期以来"富煤、缺油、少气"、煤炭占能源消费比重高达 70%这一基本国情密切相关。除燃煤外，紧随其后的是汽车燃油，贡献率达到了 16%（马骏等，2013）。Guo 等（2014）的研究结果显示，包括燃煤和石油在内的化石燃料的燃烧对 $PM_{2.5}$ 的贡献高达 60%~70%。郝新东和刘菲（2013）也发现了煤炭消耗是我国雾霾形成主要因素的证据。图 2-1 绘制了我国煤炭占一次能源消耗比例与 $PM_{2.5}$ 浓度的关系图，也进一步支持了该发现，可见，煤炭使用居高不下的能源结构是影响我国雾霾形成的主要因素。

第二类文献主要关注中国的产业结构。何枫和马栋栋（2015）的研究发现工业化过程中重工业比重过大而产生的大量工业废气显著增加了雾霾污染天数，重工业化比重每提高 1%，雾霾天数将增加 1 天左右。魏巍贤和马喜立（2015）也指出，虽然政府不断强调调整经济结构，要着力提高消费在 GDP 中的比重，但事实上，投资占 GDP 的比重却在持续上升，高耗能、高污染的重工业比重不降反升。1999~2011 年，重工业比重由 58.1%上升到 70%以上，而轻工业比重则由 41.9%下降到30%以下，重工业的比重甚至比改革开放前还高。齐园和张永安（2015）、Han 等（2014）以及郭俊华和刘奕玮（2014）也发现，长期而言，工业发展特别是重工业的膨胀是 $PM_{2.5}$ 居高不下的重要原因。图 2-2 也表明了我国重工业比重越高的城市，$PM_{2.5}$ 浓度也越高，说明重工业的产业结构也是影响我国雾霾污染的重要因素。

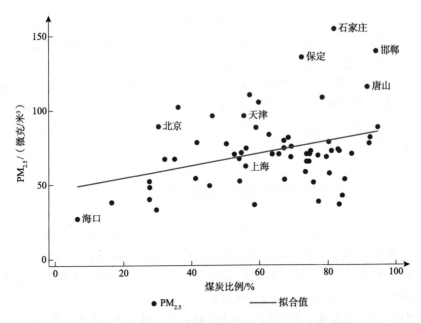

图 2-1　煤炭占一次能源消耗比例与 PM$_{2.5}$ 浓度相关图

资料来源:《2013 年中国环境状况公报》与《2013 年中国城市统计年鉴》;图形中的城市为首批 74 个 PM$_{2.5}$ 重点监测城市

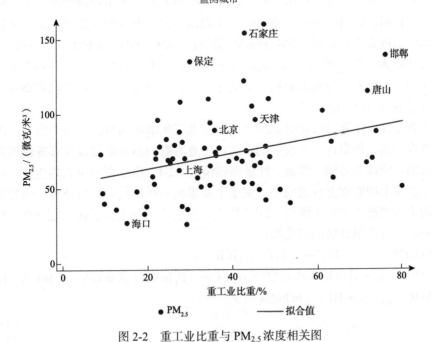

图 2-2　重工业比重与 PM$_{2.5}$ 浓度相关图

资料来源:《2013 年中国环境状况公报》与《2013 年中国城市统计年鉴》;图形中的城市为首批 74 个 PM$_{2.5}$ 重点监测城市

第三类文献主要关注我国的交通运输结构。随着人民生活水平的不断提高，以私家车为主的乘用车数量迅速扩张。公安部交通管理局公布的数据显示，截至2017年底，中国机动车保有量达到3.1亿辆，其中汽车2.17亿辆，汽车数量仅次于美国，位居世界第二。车辆剧增导致道路拥挤，车速缓慢。当车速低于20km/h时，CO、碳氢化物和二氧化碳的排放会明显增大（魏巍贤和马喜立，2015）。以北京的$PM_{2.5}$为例，2014年空气中本地排放源机动车排放占比已高达22.2%，超过了工业污染排放，位居大气污染之首。

二、经济、雾霾与能源联立方程组设定

如前所述，为讨论降低雾霾浓度与保持经济增长双赢目标，需要在一个统一的框架内考查雾霾的形成机制以及雾霾治理对经济增长的影响。有鉴于此，结合已有文献关于经济产出与雾霾影响因素的分析，本节设定如下计量回归模型：

$$\begin{cases} \ln GDP = \alpha_0 + \alpha_1 \ln K + \alpha_2 \ln L + \alpha_2 \ln IC + \varepsilon_1 \\ \ln PM = \beta_0 + \beta_1 \ln IC + \beta_2 \ln LC + \beta_3 \ln Car + \beta_4 \ln BL + \beta_5 \ln GA + \beta_6 \ln CA + \varepsilon_2 \end{cases}$$

$$(2\text{-}1)$$

其中，第一个方程为经济产出方程，GDP、K 与 L 分别表示经济产出水平、资本存量[①]和劳动投入，IC 表示工业用煤，ε_1 表示经济产出方程误差项；第二个方程为雾霾污染排放决定方程，PM 表示雾霾浓度（包括 $PM_{2.5}$ 与 PM_{10} 两类雾霾污染类型），LC 表示生活用煤，Car 表示汽车保有量，BL、GA 与 CA 分别表示建筑施工面积、绿化面积与城市面积，ε_2 表示雾霾污染排放决定方程随机扰动项。最后，符号 ln 表示取自然对数。

不难发现，计量回归模型（2-1）通过工业煤炭消耗同时将经济产出与雾霾浓度联系在一起，使得在一个统一的框架内考查雾霾的形成机制以及雾霾治理对经济增长的影响成为可能。然而，计量回归模型（2-1）由于没有引入内生变量，并非真正意义上的联立方程组模型。鉴于工业煤炭消耗是同时影响经济产出与雾霾浓度的关键变量，本节在模型（2-1）中进一步引入工业煤炭消耗决定方程，构建了如下联立方程组计量回归模型：

$$\begin{cases} \ln GDP = \alpha_0 + \alpha_1 \ln K + \alpha_2 \ln L + \alpha_3 \ln IC + \varepsilon_1 \\ \ln PM = \beta_0 + \beta_1 \ln IC + \beta_2 \ln LC + \beta_3 \ln Car + \beta_4 \ln BL + \beta_5 \ln GA + \beta_6 \ln CA + \varepsilon_2 \\ \ln IC = \gamma_0 + \gamma_1 \ln HI + \gamma_2 \ln Indus2 + \varepsilon_3 \end{cases}$$

$$(2\text{-}2)$$

---

① 地级市资本存量参考柯善咨和向娟（2012）的做法，由笔者根据永续盘存法估算得出。

其中，最后一个方程为煤炭消耗决定方程，HI 表示重工业总产值，lnIndus2 表示第二产业占 GDP 比重（简称二产比例），ε_3 表示煤炭消耗决定方程随机扰动项。第一、第二个方程以及符号与模型（2-1）有着相同的解释。需要说明的是，关于计量回归模型（2-2）估计结果准确性的一个挑战来自工业煤炭消耗 IC 可能存在一定的内生性：一方面，工业煤炭消耗影响产出水平 GDP 与雾霾浓度 PM；另一方面，产出水平特别是雾霾浓度也会影响工业煤炭的消耗（比如，一些地区通过行政命令关停高煤耗企业，减少工业煤炭消耗来降低当地雾霾污染）。虽然煤炭消耗决定方程通过控制重工业总产值以及二产比重在一定程度上缓解了前述内生性问题，考虑到结果的稳健性，本节进一步在煤炭消耗决定方程中控制了能源禀赋 Coal_Rich（用富煤城市来表示能源禀赋，如存在年产量在 500 吨以上的大型煤矿的城市为富煤城市）[①]。纳入 Coal_Rich 能够较好地缓解内生性的原因在于：一方面，若一地区煤炭资源比较丰富，那么该地区煤炭消耗倾向较高；另一方面，一个地区煤炭资源是否丰富具有很强的外生性，由自然地理条件所决定，并不受经济发展水平与雾霾浓度的影响。综上，本节所构建的联立方程组计量回归模型如下：

$$
\begin{cases}
\ln \text{GDP} = \alpha_0 + \alpha_1 \ln K + \alpha_2 \ln L + \alpha_3 \ln \text{IC} + \varepsilon_1 \\
\ln \text{PM} = \beta_0 + \beta_1 \ln \text{IC} + \beta_2 \ln \text{LC} + \beta_3 \ln \text{Car} + \beta_4 \ln \text{BL} + \beta_5 \ln \text{GA} + \beta_6 \ln \text{CA} + \varepsilon_2 \\
\ln \text{IC} = \gamma_0 + \gamma_1 \ln \text{HI} + \gamma_2 \ln \text{Indus2} + \gamma_3 \ln \text{Coal\_Rich} + \varepsilon_3
\end{cases}
$$

$$（2-3）$$

三、数据说明和描述

综合数据的可得性、准确性以及研究对象的差异性，本节以 2013 年中国首批 74 个 $PM_{2.5}$ 与 PM_{10} 重点监测城市的截面数据为研究样本[②]。另外，为进一步测算各类因素对雾霾浓度增加的贡献以及生产投入要素对产出增长的贡献，本节还在基于以上 74 个城市数据进行联立方程组模型估计，结合 31 个省会城市、自治区首府、直辖市 2003~2013 年度雾霾和经济历史数据进行增长核算分析。表 2-1 汇报了前述 74 个 $PM_{2.5}$ 与 PM_{10} 监测城市 2013 年相关变量的统计描述。

---

　　① 本节中所使用的 74 个样本城市（即 2013 年中国首批 74 个 $PM_{2.5}$ 与 PM_{10} 重点监测城市）中，富煤城市有：邢台、石家庄、邯郸、唐山、保定、济南、衡水、廊坊、西安、郑州、天津、乌鲁木齐、太原、沧州、徐州、秦皇岛、呼和浩特、哈尔滨、银川、青岛、承德、张家口和贵阳。值得说明的是，西安市并无年产 500 万吨以上的煤矿，考虑到陕西是我国的产煤大省且本节研究样本中该省的城市仅有西安，本节将西安视为富煤城市。考虑到稳健性，笔者还尝试将西安定义为非富煤城市，发现基本不影响回归结果。

　　② 何枫和马栋栋（2015）采用同样的样本，基于 Tobit 模型实证考查了工业化对雾霾污染的影响。

表 2-1　主要变量统计描述

变量符号	变量名	观测值	均值	标准差	最小值	最大值
$PM_{2.5}$	$PM_{2.5}$/（微克/米³）	74	72.16	27.83	26.00	160.00
PM_{10}	PM_{10}/（微克/米³）	74	118.43	50.73	47.00	305.00
GDP	经济产出水平/亿元	74	4 855.46	4 321.71	304.87	21 602.12
K	资本存量/亿元	72	7 790.18	6 023.97	1 516.13	28 776.20
L	劳动投入/万人	72	105.36	130.42	5.30	724.40
IC	工业用煤/万吨	64	2 344.06	2 649.40	2.30	16 174.39
LC	生活用煤/万吨	54	92.43	194.06	0.00	1 347.00
Car	汽车保有量/万辆	52	105.51	78.70	2.44	426.50
BL	建筑施工面积/万米²	65	5 494.42	4 845.40	0.30	26 300.00
GA	绿化面积/公顷	74	11 930.43	11 582.49	1 462.00	66 750.00
CA	城市面积/千米²	74	12 438.88	11 902.09	1 455.00	82 374.00
HI	重工业总产值/亿元	71	2 583.82	2 262.53	14.62	10 497.97
Indus2	二产比例/%	74	47.79	7.34	22.32	61.92
Coal_Rich	是否为富煤城市	74	0.31	0.47	0.00	1.00

四、联立方程组估计结果

表 2-2 汇报了基于联立方程组模型所得到的估计结果。具体地，表中列（1）、列（2）和列（3）分别对应前文计量模型（2-1）、模型（2-2）和模型（2-3）。首先，模型（2-1）估计结果显示，产出方程中资本、劳动系数显著为正，表明资本、劳动要素投入是推动中国经济增长的重要因素；雾霾污染排放方程中的生活用煤系数显著为正，意味着生活用煤量越高的城市，雾霾污染程度也越深；然而，需要特别指出的是，虽然工业用煤对产出与 $PM_{2.5}$ 浓度的影响为正，但是在统计层面并不显著，这并不符合中国经济运行的现实，究其原因可能是模型（2-1）未纳入能源方程，导致模型估计出现偏差。其次，列（2）汇报了模型（2-2）的估计结果，不难发现，在引入能源方程后，产出方程与雾霾污染排放方程中工业用煤的系数为正，而且均通过了显著性检验，这说明工业用煤在促进经济增长的同时，也加剧了大气污染；就能源方程而言，列（2）中重工业产值系数显著为正，表明重工业产值越高的城市，煤炭消耗越高，这亦与预期相符；在控制了重工业产值后，二产比重对工业用煤的影响不显著。最后，为缓解内生性，模型（2-3）在模型（2-2）的基础上进一步将一地区煤炭资源是否丰富（Coal_Rich）这一外生变量引入能源方程，发现基本不影响模型（2-2）的回归结果，这也表明了本节结果的稳健性；此外，列（3）能源方程中 Coal_Rich 的系数显著为正反映出能源禀赋本身对能源消耗的影响。

表 2-2　联立方程组估计结果

方程	解释变量	（1）		（2）		（3）	
		PM$_{2.5}$	PM$_{10}$	PM$_{2.5}$	PM$_{10}$	PM$_{2.5}$	PM$_{10}$
产出方程	资本存量（lnK）	0.528*** (0.121)	0.531*** (0.121)	0.427*** (0.117)	0.413*** (0.114)	0.478*** (0.123)	0.464*** (0.118)
	劳动投入（lnL）	0.260** (0.115)	0.261** (0.115)	0.305*** (0.113)	0.315*** (0.111)	0.283** (0.119)	0.298*** (0.114)
	工业用煤（lnIC）	0.093 (0.058)	0.093 (0.058)	0.307*** (0.081)	0.313*** (0.081)	0.229*** (0.082)	0.229*** (0.082)
	常数项（Cons）	8.097*** (1.391)	8.056*** (1.391)	5.617*** (1.596)	5.661*** (1.592)	6.365*** (1.611)	6.484*** (1.593)
排放方程	工业用煤（lnIC）	0.066 (0.051)	0.091** (0.044)	0.246*** (0.088)	0.160** (0.073)	0.241*** (0.084)	0.223*** (0.070)
	生活用煤（lnLC）	0.122*** (0.031)	0.121*** (0.027)	0.109*** (0.033)	0.112*** (0.029)	0.093*** (0.032)	0.089*** (0.027)
	汽车保有量（lnCar）	0.070 (0.059)	0.081 (0.051)	0.072 (0.059)	0.080 (0.052)	0.061 (0.056)	0.070 (0.047)
	建筑施工面积（lnBL）	0.055 (0.183)	0.022 (0.160)	0.069 (0.181)	0.033 (0.159)	0.138 (0.173)	0.102 (0.146)
	绿化面积（lnGA）	−0.165 (0.193)	−0.243 (0.168)	−0.230 (0.191)	−0.268 (0.168)	−0.279 (0.183)	−0.335** (0.154)
	城市面积（lnCA）	−0.068 (0.077)	−0.054 (0.067)	−0.065 (0.080)	−0.055 (0.070)	−0.029 (0.077)	−0.022 (0.065)
	常数项（Cons）	2.534** (1.151)	3.240*** (1.004)	0.138 (1.461)	2.396** (1.218)	0.318 (1.440)	1.709 (1.197)
能源方程	重工业产值（lnHI）			0.671*** (0.149)	0.662*** (0.152)	0.636*** (0.131)	0.581*** (0.132)
	二产比重（Indus2）			0.013 (0.011)	0.008 (0.012)	0.017* (0.010)	0.012 (0.010)
	是否为富煤城市（Coal_Rich）					0.580*** (0.200)	0.731*** (0.203)
	常数项（Cons）			3.228 (2.889)	3.629 (2.940)	3.536 (2.549)	4.794* (2.570)

注：括号中的数值为标准误

*表示 $p < 0.1$，**表示 $p < 0.05$，***表示 $p < 0.01$

就其他解释变量的系数而言，虽然汽车保有量、建筑施工面积、绿化面积等变量的系数基本上都不显著，但是其符号均与预期相符：汽车保有量的系数为正，说明汽车尾气排放增加了雾霾浓度；建筑施工面积的系数为正则说明建筑扬尘加剧了雾霾污染严重程度；而绿化面积系数为负表明，增加城市绿化有助于降低雾霾污染浓度。

五、我国雾霾污染经济成因的增长核算分析

基于联立方程组模型的估算结果，表 2-2 报告了相关投入变量对经济产出、雾霾浓度以及工业煤耗的影响，这有助于帮助我们认识雾霾的形成机制特别是经济层面的影响因素。然而，定量考查主要投入要素对产出增长以及不同因素对雾霾形成的贡献度，还需借助标准的增长核算分析框架。为此，本节利用表 2-2 所报告的联立方程组估计结果，同时结合 31 个城市（直辖市、省会城市、自治区首府）2003~2013 年度雾霾和经济历史数据进行了标准的增长核算分析。表 2-3 与表 2-4 以地区为单位分别报告了主要投入要素对产出的贡献度以及主要污染源对雾霾污染的贡献度。根据表 2-3 可以发现，资本投入是驱动中国经济增长的主要引擎，其次是劳动，最后是工业煤耗；从地域比较的视角来看，以工业用煤对产出的贡献为例，京津冀地区的数值最高，达到 10.2%，珠三角的数值最低，仅为 0.96%，这与我们的预期一致。

表 2-3　主要投入要素对经济产出的贡献（单位：%）

要素	全国	京津冀	长三角	珠三角
资本	55.0	62.1	46.9	55.2
劳动	11.9	2.7	20.8	18.8
工业用煤	8.1	10.2	7.3	0.96

注：劳动、资本、能源三者的贡献进行了标准化

表 2-4　主要污染源对 $PM_{2.5}$ 与 PM_{10} 的贡献（单位：%）

主要污染源	$PM_{2.5}$				PM_{10}			
	全国	京津冀	长三角	珠三角	全国	京津冀	长三角	珠三角
工业用煤	33.8	36.6	33.4	8.2	32.3	35.2	31.7	7.5
生活用煤	22.7	26.4	12.7	2.5	22.4	26.2	12.5	2.3
汽车保有量	25.8	21.2	32.7	59.4	30.6	25.2	38.4	66.9
建筑施工面积	12.7	10.8	16.2	24.9	9.7	8.4	12.4	18.2

注：汽车保有量用机动车尾气排放测度，建筑施工面积用建筑扬尘指标测度，工业用煤、生活用煤、机动车尾气排放、建筑扬尘的贡献进行了标准化

观察表 2-4，可以发现，煤炭消耗是我国雾霾污染的首要贡献者。特别地，如果仅考虑原始排放，在全国和京津冀、长三角两个重霾污染区域 $PM_{2.5}$ 增长中，煤炭消耗都是首要贡献者，贡献度分别达到 56.5%、63% 和 46.1%，其中工业用煤的贡献度分别为 33.8%、36.6% 和 33.4%，生活用煤的贡献度分别为 22.7%、26.4%

和 12.7%，进一步彰显出工业部门耗煤在 $PM_{2.5}$ 排放源中的最高排位以及北方基于采暖的生活用煤相对于南方地区对雾霾排放的贡献更大。而全国和京津冀、长三角地区的机动车尾气排放和建筑扬尘的贡献度则位居其后，机动车分别为25.8%、21.2%和32.7%，扬尘为12.7%、10.8%和16.2%。珠三角雾霾污染较轻，煤炭消耗贡献度只有10.7%，让位于机动车尾气和扬尘。

作为污染最严重的化石能源,国际上严格的排放标准限制了煤炭的大量使用，国际上煤炭平均占比不足 20%，比如经济合作与发展组织（Organization for Economic Co-operation and Development，OECD）国家和美国在 1980 年就只有19.8%和14.3%，到 2012 年，OECD 国家煤炭占比进一步下降到 15.9%，美国煤炭占比基本维持在原来的（低）水平。而我国煤炭储备丰富且煤价低廉，导致煤炭过度使用，其在一次能源消费中的比例一直居高不下，1980 年为 72.2%，2013年仍高达 67.4%，绝对消耗量达到了 42.4 亿吨，而美国同期不足 10 亿吨。可以说，环境低标准所导致的煤炭高消耗不仅使得煤炭成为我国二氧化碳排放高居不下的罪魁祸首，也是我国大气污染严重的首要贡献者，要从根本上降低雾霾污染和碳排放，必须下定决心切实减少煤炭消耗总量，比如关停并转小火电、小钢铁、小水泥、小石化等高排放企业，严控煤炭散烧，做好终端煤耗洁净化，将煤炭优先用于发电、集中供热、金属冶炼等低排放领域，培育大气环保产业等。

第三节　影响我国大气污染的更多经济因素分析

邵帅等（2016）基于 1998~2012 年中国省域 $PM_{2.5}$ 浓度数据，采用动态空间面板模型对雾霾污染的时间滞后效应、空间滞后效应及时空滞后效应予以同时考虑，并利用系统广义矩估计方法对内生性问题予以控制，对影响我国雾霾污染的更多经济因素进行了经验识别和相应的大气污染防治政策讨论。本节对其主要结论做简要介绍。

大气污染并非单纯的局部环境问题，而在很大程度上会通过大气环流、大气化学作用等自然因素，以及产业转移、污染泄漏、工业集聚、交通流动等经济机制扩散或转移到邻近地区。可见，大气污染本身具有较强的区域传输特性。为对大气污染的空间关联特征予以系统考查，该文构建了四种空间权重矩阵，分别对地理关联、经济关联以及地理和经济关联进行考查。基于空间权重矩阵的全域和局域空间相关性检验结果显示，我国大气污染呈现出明显的空间溢出效应和高排放俱乐部集聚特征，而且我国的高雾霾污染集聚地区呈现出东移集中的演变特征。总体来看，高雾霾污染俱乐部成员集中于京津冀、长三角及这两大增长极的中间连接地带，这些地区组成了一条 $PM_{2.5}$ 高排放俱乐部带。

从空间维度上看，空间滞后系数在不同权重矩阵设定下均在 1%的水平上显著为正，再次证明中国省域雾霾污染存在明显的空间集聚特征和"泄漏效应"。在风向、温差、降水等天气因素所引致的大气自然流动，以及区域间产业转移及要素和产品贸易所体现的社会经济活动的双重驱动下，本地区的雾霾污染程度与地理或经济地理相近地区的雾霾污染水平密切相关，表现出"一荣俱荣、一损俱损"的特征，这也表明对雾霾污染的治理必须采取区域联防联控的策略。从时间维度上看，雾霾污染的时间滞后系数在不同权重矩阵情形下均在 1%的水平上显著为正，表明雾霾污染变化具有明显的路径依赖特征，当期雾霾污染处于较高的水平，那么下一期雾霾污染水平将可能继续走高，从而表现出"雪球效应"。这意味着治霾工作具有相当的紧迫性和艰巨性，一方面，治霾工作开展刻不容缓，否则治霾的难度将越来越大；另一方面，治霾工作必须常抓不懈，以防止雾霾污染出现反弹。从时空双维度的视角来看，雾霾污染的时空滞后系数在不同空间权重矩阵情形下均在 1%的水平上显著为负，表明上一期地理或经济地理相近地区较高的雾霾污染水平反而会促使本地区当期雾霾污染的降低，这可以归因于邻近地区环境污染对本地区的"警示效应"，即面对之前邻近地区的严重大气污染，本地区政府出于公众舆论的压力、环境部门的监督及官员政绩的考核，可能将其视为前车之鉴而在随后施行更加严格的环境规制政策和环境治理措施以避免成为反面教材。

鉴于可拓展随机性环境影响评估模型（stochastic impacts by regression on population, affluence and technology model, STIRPAT）和 EKC 假说是环境污染影响因素研究的基本理论框架，该文将二者予以结合来选取若干雾霾污染的影响因素加以分析。下文对各影响因素进行讨论。

（1）经济增长。选择人均 GDP（1998 年不变价格）和稳定灯光亮度作为经济增长的度量指标分别进行实证考查。经典的 EKC 假说认为环境质量会随着经济增长呈先恶化后好转的倒"U"形曲线趋势，但现有研究表明环境变量与经济增长还可能出现"U"形、"N"形、倒"N"形等多种曲线关系，该文将经济增长分解为一次项、二次项和三次项，采用三次方程的形式对大气污染与经济增长的关系进行全面的实证考查。回归结果显示，无论采用官方的人均 GDP 还是卫星监测的稳定灯光亮度指标，雾霾污染与经济增长均存在显著的"U"形曲线关系，大部分东部省市处于雾霾污染随经济增长水平提高而加剧的阶段；其次，我国雾霾污染与经济增长的脱钩阶段还远未到来，未来一段时间内二者将处于同步上升阶段，大气污染防治将是一项长期而艰巨的任务。因此，政府必须尽快出台实施更加积极的环境规制政策措施，早日实现经济增长与雾霾污染的脱钩。此外，考虑到越过拐点的 $PM_{2.5}$ 高排放俱乐部成员主要集中分布在东部地区，雾霾污染治理重点区域的选择自然要侧重于这些省市，但同时也要防止东部地区通过高污染产业转移将雾霾污染"泄漏"至中西部地区而使中西部地区重蹈覆辙。对比分析结果也意味着，采用人均GDP度量经济增长开展实证分析存在着低估雾霾污染严重程度的可能。

（2）能源结构。如第二节所示，化石燃料，尤其是煤炭的燃烧被视为雾霾污染的重要来源，而中国是为数不多能源消费结构以煤为主的国家之一。因此，该文将煤炭消费占能源消费总量比重所反映的能源消费结构引入模型。能源结构的估计系数在1%的水平上显著为正，说明煤炭消费比重的提高确实加剧了雾霾污染。煤炭燃烧产生的二氧化硫、氮氧化物和烟粉尘是最主要的雾霾一次颗粒物排放源和二次颗粒物来源。我国的煤炭消费比重长期以来保持在70%左右，这种以煤为主的能源消费结构无疑成为以雾霾污染为代表的大气环境污染问题的罪魁祸首。因此，通过促进可再生能源和清洁能源对以煤炭为主的传统化石能源进行有效替代，尽快实现我国能源消费结构的绿色调整，无疑是有效根治包括雾霾污染在内的大气污染顽疾的一剂良药。

（3）产业结构。第二节分析显示，来自第二产业的化石燃料燃烧及建筑扬尘也是大气污染的重要来源。我国处于工业化进程加速阶段，工业能耗规模高于其他部门。另外，近些年我国房地产业的繁荣拉动了建筑业的持续发展，在很大程度上促进了钢铁、水泥等重工业的发展，使得建筑业在直接排放和间接隐含排放两方面均加剧了雾霾污染。因此，该文选取包含工业和建筑业的第二产业增加值占GDP的比重来反映产业结构对雾霾污染的影响。回归结果显示，无论在何种权重矩阵设定下，第二产业比重增加均在1%的水平上对雾霾污染表现出显著的促增效应。产业结构反映了生产活动的污染密集性，当产业结构以农业为主时，生产活动的环境负外部性通常较小；随着产业结构由农业向工业经济调整，环境污染往往快速增加；随着经济逐渐步入后工业化阶段，工业产业结构将由资源和劳动密集型向知识和技术密集型调整升级，而服务业比重将超过工业比重占据主导地位，促使环境污染水平趋于下降。近30年来，我国一直处于以重工业为主导的工业化加速阶段，以工业部门为核心的第二产业部门成为能源消费和污染排放的第一大户，其对化石能源的大量消费恶化了包括雾霾在内的我国大气污染问题。当前粗放式的工业化发展模式和以工业特别是重工业为主的产业结构，成为雾霾污染加剧的重要因素。因此，制定、实施有效的绿色产业扶持政策，合理引导、加速实现我国后工业时代的到来，促进产业结构的绿色调整升级，应该成为有效治霾的基本思路之一。

（4）技术水平。节能减排技术的创新无疑是治理环境污染的重要途径。与多数现有研究采用单一指标度量技术水平的做法不同，该文将技术水平分解为投入型变量——研发强度，以及绩效型变量——能源效率。研发强度由研发从业人数占总从业人数比重进行测度，从存量的角度反映各地区的研发投入强度。在绿色技术进步导向下，其值越大意味着技术创新能力越强，从而有助于提高要素利用效率并降低污染排放强度。能源效率由单位能源消费的 GDP（1998 年不变价格）予以度量，该变量为节能减排技术改进及其研发投入绩效的外在反映，其值越大，同样产出水平所需要消耗的能源及其所产生的雾霾污染就越少。回归结果显示，在三种权重矩阵设定下，研发强度对雾霾污染均具有正向影响。事实上，技术进步在实际生产过程中是存在偏向的，根据其偏向的不同，技术可被分为生产技术和减排技术两类，前者主要影响要素生产率，后者主要影响污染强度。因此，技术创新的投入偏好在很大程度上决定了技术进步对环境质量的影响方向。如果过度重视生产技术的提高，而忽视减排技术的提升，那么研发强度的提高并不会对环境污染产生抑制效应，反而可能由于其提高能源等污染型要素的生产率而引致生产规模扩大、污染型要素投入增多，促使生产过程朝着扩大生产规模而非绿色生产方式转型的方向调整，导致环境污染增加；反之则反。因此，该文结果表明我国的研发投入可能更多被用于促进生产技术进步而非绿色技术进步，引致生产规模扩大而对雾霾污染表现出一定的促增效应，这提醒我们要想从技术上对雾霾污染治理有所作为，有效引导企业使企业技术研发行为更加绿色化尤为重要。回归结果显示，能源效率对雾霾污染均具有不显著的负向影响，说明我国一直以来所倡导的能效改进政策对雾霾污染并未产生预期的减排效果。虽然直观上能效的改进有助于节约化石能源而减少其燃烧所产生的大气污染，但很多研究发现，能效改进和节能减排目标之间可能并不一致，这主要是由于能源回弹效应的存在，即能效的改进虽然理论上能够节约能源，但同时也会引致能源价格降低及生产率提高而促进经济增长，进而产生新的能源需求，导致效率提高所节约的能源被额外的能源消费部分甚至完全抵消的悖论现象。该文研究结果首次证实我国的治霾工作也受到了回弹效应的困扰，回弹效应的存在使得能源效率的提高并未发挥出预期的减霾效果。

（5）对外开放。由 FDI 反映的对外开放程度是中国环境污染研究需要考虑的基本因素。现有研究显示，FDI 对环境质量的影响方向并不确定："污染晕轮"假说认为 FDI 可以通过引入环境友好型技术和产品提高环境质量；"污染避难所"假说则认为 FDI 会通过高污染产业向东道国的转移而恶化其环境质量。该文采用 FDI 占 GDP 比重度量对外开放程度来考查其对中国雾霾污染的影响情况。估计结果显示，对外开放度的提高有利于缓解雾霾污染，针对雾霾污染的"污染避难所"假说在我国并不成立。FDI 可以通过收入效应、"污染晕轮效应"和技术外溢效应三种机制实现对环境质量的改善作用。首先，FDI 的增加有利于东道国生产规模的扩大和收入水平的提高，从而可为治理环境污染提供资金支持，并且随着经济的增长，民众对环境质量的诉求会逐渐提高，从而可以通过非正式环境规制"倒逼"环境质量的改善;其次,外资企业可能在环境标准的制定上更为严格,很多跨国公司会推行国际环保标准,有利于东道国环保技术的提高,通过"污染晕轮效应"促进其环境质量的改善;最后,FDI 可能通过引进母国环境友好型技术和产品,对其上下游产业产生清洁技术溢出效应,从而有利于改进东道国的环境质量。因此,地方政府需要对 FDI 的绿色程度进行甄别,提高 FDI 的环境准入门槛,充分发挥 FDI 在环境治理方面的技术优势和外溢效应,促进 FDI 在雾霾污染治理方面发挥出积极作用。

（6）交通运输。公路交通运输的机动车尾气中的 CO、NO_x、SO_2 等污染物既可以形成一次 $PM_{2.5}$ 排放,又是 $PM_{2.5}$ 二次形成的重要来源。该文选取单位面积公路里程反映交通运输强度来考查交通因素对雾霾污染的影响。估计结果表明,交通运输是雾霾污染的重要驱动因素。交通运输活动对我国雾霾污染影响的经验事实可归结为三方面。首先,近 20 年来我国机动车保有量急剧增长,交通能耗规模和比重逐年上升,引致机动车尾气排放增多而直接增加了雾霾污染的一次排放源。其次,尽管我国城市交通发展迅速,但城市公共交通建设相对滞后。据统计,中国大部分城市的公交出行分担率仅为 10%~20%。同时,近年来我国私家车保有量呈现爆棚式增长趋势,由此产生的不合理的车辆结构带来了交通拥堵问题,增加了汽车尾气排放。最后,我国油品标准提升一直落后于汽车尾气排放标准,使得机动车尾气净化系统效率大打折扣,从而不利于从机动车尾气排放端对雾霾污染实行源头控制。因此,努力构建高效便捷的公共交通运输体系,大力推广使用新能源汽车,尽快推动油品质量升级,积极引导城市居民绿色出行,应该成为治霾的必要手段。

（7）人口密度。选择单位面积的人口数来表征人口集聚对雾霾污染的影响。估计结果表明人口密度对雾霾污染具有显著的正向影响。人口密度增加可以通过规模效应和集聚效应两种途径影响雾霾污染。从规模效应来讲,人口密度较高的地区通常会产生大量的住房需求、家电需求和机动车需求。为满足住房需求,大规模工程建设会产生扬尘等一次气溶胶粒子;家电使用增加会导致氟利昂和哈龙类物质排放增多;机动车保有量增加会产生大量机动车尾气。这三者均是雾霾污染的主要成分来源。此外,伴随人口集聚产生的交通拥堵不利于机动车燃料的充分燃烧,较高的居住密度会影响风速而不利于污染物扩散,从而间接加剧雾霾污染。当然,人口密度增加也会产生集聚效应,可以通过提高公共交通分担率、资源使用效率,以及共享治污减排设施等途径缓解雾霾污染。从结果来看,人口密度提高对雾霾污染的规模效应显然占据了上风,而集聚效应的正外部性尚未得到充分发挥。这就要求我国在城市群建设过程中,要尽量创造条件充分发挥集聚在提升资源环境效率方面的正外部性,有效缓冲集聚对污染排放的规模效应。

当存在空间溢出效应时，某个影响因素的变化不仅会引起本地区雾霾污染随之变化，同时也会对邻近地区的雾霾污染产生影响，并通过循环反馈作用引起一系列调整变化。因此，可进一步将各因素对大气污染的影响分解为直接效应和间接效应。由于采用的是动态空间面板数据模型，因此，直接效应和间接效应在时间维度上又可分为长期效应和短期效应，分别反映某因素对雾霾污染的短期即时影响和考虑时间滞后效应的长期影响。雾霾影响效应分解结果显示，总体来看，不论采取何种权重矩阵设定，同一因素的影响方向完全一致，而且无论直接效应还是间接效应，长期效应的绝对影响程度（系数的绝对值）均大于短期效应，从而表明各因素对雾霾污染具有更加深远的长期影响。具体到能源结构和产业结构两个因素的分解，从直接效应结果来看，煤炭消费比重的上升会加剧本地的雾霾污染，但间接效应结果显示其空间溢出效应为负。这一结果可以利用警示效应来予以解释：煤炭消费比重较高所引致的高雾霾污染，可能引起当地及周边地区民众的环境治理诉求增加，以及国家环保部门对当地的环境污染监督和惩治力度增大，从而引起周边地区政府对雾霾污染治理的重视、加强环境规制力度而有利于其减霾。第二产业比重增加对本地区雾霾污染的效应为正，但对周边地区的溢出效应为负。从我国的产业结构空间分布来看，某地区的第二产业比重较快增长很多时候是通过周边发达地区将污染产业向其转移或通过产业分工与贸易而实现的，这一过程往往会伴随显著的环境污染泄漏效应。因此，一个地区第二产业比重的增加可能伴随着高污染产业转移而使得邻近转出地区的雾霾污染相对减少。

对雾霾污染经济社会影响因素的准确识别，是合理制定和有效实施大气污染防治政策的前提条件。总的来看，邵帅等（2016）的探索性空间数据分析显示，我国的 $PM_{2.5}$ 高排放俱乐部成员集中分布于京津冀、长三角及二者之间的连接地带，雾霾污染呈现出明显的空间溢出效应和高排放俱乐部集聚特征。空间计量分析结果揭示，雾霾污染在时间单维度、空间单维度及时空双维度上分别表现出雪球效应、泄漏效应和警示效应的演变特征，从而表明治霾政策必须坚持常抓不懈、联防联控和惩一儆百的实施策略。雾霾影响因素分析显示，雾霾污染与经济增长存在显著的"U"形曲线关系，大部分东部省市处于雾霾污染程度随经济增长水平提高而加剧的阶段，经典的 EKC 假说指出的污染和增长的"脱钩"阶段何时到来尚不明朗，治霾工作具有相当的紧迫性和艰巨性。二产畸高的产业结构、以煤为主的能源结构、人口的快速集聚及公路交通运输强度的提升共同引致我国雾霾污染加剧。具体从各因素的影响程度来看，对雾霾污染具有促增效应的因素由大到小依次为产业结构、能源结构、人口集聚、研发强度和交通运输。而能够有效发挥促降效应的因素仅有 FDI，但其抑制效应比较有限（FDI 的系数绝对值较小）。囿于技术进步偏向和能源回弹效应的困扰，研发强度和能源效率的提高并未发挥出应有的减霾效果，反而在一定程度上对雾霾污染产生了促增效应。因此，促增因素没有得到有效抑制、促降因素没有得到有效发挥，是导致我国雾霾污染频发的根本原因。这也意味着对雾霾污染的治理是一项系统工程，涉及城市人口布局规划、产业结构升级转移、能源结构优化调整、技术创新绿色导向、节能效果有效实现、交通运输绿色管理、外商直接投资甄选等多维因素，而如何对这些因素进行统筹优化和协同改善则需要合理的顶层设计和全局规划。

第四节　通过供给侧结构性改革促减排稳增长

如前两节所述，在中国大气污染防治任务重、经济发展进入新常态阶段，经济增长面临下行压力的大背景下，考查雾霾的形成机制与探讨如何实现治霾和增长的双赢目标具有不言而喻的重大意义。基于第二节量化分析的结果，本节继续讨论如何通过经济增长的供给侧结构性改革来推动我国大气污染防治。

环境库兹涅茨曲线揭示，在经济发展过程中，环境污染程度将随着人均 GDP 的增加呈现先上升后下降的变化趋势，即两者之间存在倒"U"形关系。第二节估算显示，我国绝大多数城市的雾霾污染都处于倒"U"形曲线的左侧，且离 13.4 万元人均 GDP 水平的拐点还有相当距离。比如典型的重工业城市邯郸市和唐山市，2013 年年均 $PM_{2.5}$ 浓度高达 139 微克/米^3 和 115 微克/米^3，人均 GDP 分别只有 3.08 万元和 8.29 万元，但它们的重工业产值比重都超过了 70%，整个工业增加值占 GDP 的比重都在 50%以上，显示雾霾污染与由工业结构和重工业比重所刻画的经济发展阶段之间具有显著的正相关关系。

进一步联立产出和排放两个方程可以计算得到我国供给侧的要素投入对雾霾污染的贡献度。全国层面看，资本、能源和劳动要素对 $PM_{2.5}$ 排放的平均贡献度分别为 69.4%、16.1%和 13.2%。三大区域中，资本要素对雾霾的贡献也都是最大，其中京津冀地区高达 71.4%，珠三角和长三角以 60.2%和 55.5%位列其后。京津冀地区能源要素对雾霾的贡献位列第二，达到 25.4%，劳动要素最低，只有 5.3%。不过在长三角和珠三角地区，劳动要素的雾霾污染贡献则跃居第二，达到 23.9%和 21.8%，而能源要素的贡献则位列最后，长三角地区为 18.3%，珠三角地区只有 7.8%。这些估算为我们从供给侧视角探讨我国雾霾治理的应对之策提供了实证基础。

库兹涅茨曲线和经济增长核算的联立分析揭示了我国供给侧要素投入和全要素生产率与经济增长和雾霾污染之间的紧密关系，下面分别从供给侧的三种主要投入要素资本、劳动和能源以及全要素生产率视角来探讨雾霾治理的供给侧结构性改革之策。

一、转变投资驱动型增长方式，不断优化投资结构和工业结构

如上所述，资本要素不仅对 GDP 产出，而且对雾霾污染也有着最大的贡献，那么如何从资本投入的视角来进行改革以促进雾霾治理呢？首先是转变我国传统的投资驱动型增长方式，不断降低资本对增长进而污染的拉动作用。大量的投资造成地方经济增长对投资的进一步依赖，不仅导致重复建设和产能过剩，而且较低的环境标准不可避免地导致环境恶化。弹性测算发现，我国资本要素每降低 1 个百分点，全国层面雾霾污染平均将降低 0.13 个百分点，从三大区域来看，京津冀雾霾降幅最大，达到 0.3 个百分点，长三角和珠三角次之，分别降低 0.11 个百分点和 0.07 个百分点。其次，改变重工业化的产业结构。根据中国工业企业数据库，我们计算了 31 个省区市重工业行业资本存量占全部行业资本存量的比重，发现即使排名最低的广东都高达 59%，而山西、内蒙古、河北和山东则高达 93%、91%、89% 和 77%。可见，资本在重工行业的高度集聚是导致资本要素成为雾霾污染最大贡献者的主要原因，今天雾霾污染的大面积爆发与 21 世纪以来我国的快速重工业化紧密相关。因此，要有效降低我国的雾霾排放，还需要不断降低重工行业的投资比重，严控"两高一资"行业新增产能，加快淘汰落后产能，压缩过剩产能，不断优化投资结构和工业结构，走新型工业化道路。

二、适当降低人口城镇化速度，有效治理城市环境病，走新型城镇化道路

劳动要素对我国的雾霾污染也有着较大贡献，而且在长三角和珠三角地区，劳动要素的雾霾贡献超过了能源投入。该结果主要基于 2013 年 74 个雾霾重点监测城市研究所得，因此，劳动要素的雾霾贡献背后反映的是我国人口城镇化进程中的环境污染问题。国际经验表明，城镇化加速阶段往往伴随着快速工业化和环境污染的加剧。王建军和吴志强（2007）提供的数据认为，后发国家城镇化加速阶段的起点、放缓阶段起点和终点的城镇化率分别为 18.94%、44.82% 和 70.69%。我国人口城镇化率在 20 世纪 80 年代初达到 20%，此后开始进入城镇化加速阶段，2013 年全国城镇化率已经达到 53.7%。过快增长的城镇化进程不可避免地导致包括雾霾污染加剧在内的城市病的产生，因此适度降低人口城镇化率，将是从劳动要素角度降低我国雾霾污染的重要手段。弹性测算显示，劳动投入每减少 1 个百分点，全国层面雾霾污染将降低 0.07 个百分点，京津冀地区的降幅最大，达到 0.15 个百分点，长三角和珠三角地区降幅依次为 0.06 个百分点和 0.04 个百分点。

同时，需要有效治理人口过度集中所带来的城市环境病。比如城镇化进程中基础设施大量建设带来的热岛效应或温室效应、城市汽车拥有量激增带来的汽车尾气污染、工业化主导城镇化导致的城市工业比重居高不下等。治理手段包括优化城市规划推动绿色城市建设、降低城市机动车新增量、发展服务业加速城市去工业化、发展城市群提升雾霾降低的规模效应，走新型城镇化道路。

三、转变能源驱动式增长方式，降低煤耗总量，优化能源结构

环境问题的本质也是能源问题。上述排放核算已经指出，从全国层面和污染严重的京津冀地区来看，能源要素都是仅次于资本投入的第二大雾霾排放贡献源，只是在长三角和珠三角地区，由于人口城镇化的进程更快而让位于劳动要素。21世纪初以来的重工业化进程也表明，我国在从世界第六大经济体成为仅次于美国的第二大经济体的同时，也于 2009 年成为世界上最大的能源消耗国，与此同步的是，我国于 2007 年成为世界上最大的二氧化碳排放国，于 2013 年成为世界上雾霾污染最严重的地区。因此，转变这种以化石能源驱动的经济增长模式必将成为降低我国环境污染排放的有力手段。弹性分析显示，能源投入每降低 1 个百分点，全国层面的 $PM_{2.5}$ 平均将降低 0.08 个百分点，而京津冀地区的 $PM_{2.5}$ 降幅更大，达到 0.19 个百分点，长三角和珠三角地区次之，分别为 0.07 个百分点和 0.04 个百分点。其次，切实降低煤炭消耗总量，尽快提升能源结构，可从根本上降低我国的雾霾污染程度。我国的雾霾污染与煤炭占一次能源消费的比重结构有着非常明显的正相关关系。比如 2013 年京津冀地区的邯郸市、唐山市和石家庄市煤炭占比高达 94%、92% 和 82%，其 $PM_{2.5}$ 年均浓度也高达 139 微克/米^3、115 微克/米^3 和 154 微克/米^3，而长三角地区的合肥市、徐州市和常州市，其煤炭占比高达 95%、92% 和 83%，$PM_{2.5}$ 浓度也相应高达 88 微克/米^3、77 微克/米^3 和 72 微克/米^3。因此，必须从减煤优能的供给侧角度来进行改革以从根本上治理雾霾污染，具体手段包括提高企业排放标准促进煤改气、煤改电，加强供电供热燃煤的集中高效使用，严控散煤燃烧，提高洁净煤使用技术，同时发展以风能、太阳能、核能为代表的可再生能源，不断优化能源结构。

四、提高能源效率，发展减排技术，不断提升环境全要素生产率

雾霾排放与全要素生产率之间有着显著的负相关关系。弹性分析表明，全要素生产率每提高 1 个百分点，在全国层面可以平均降低 $PM_{2.5}$ 浓度 0.29 个百分点，京津冀地区 $PM_{2.5}$ 浓度的降幅更大，达到 0.32 个百分点，长三角和珠三角地区的

雾霾降幅次之，分别为 0.27 个百分点和 0.20 个百分点。那么如何提升环境全要素生产率呢？首先是改革能源价格形成机制，发展能源要素市场，提高能源使用效率。经济发展过于依赖化石能源消耗的背后，是能源价格体制的长期扭曲，因此需要加快仍然没有放开或理顺的能源产品价格改革，合理征收能源税或资源税，让能源要素市场真正发挥调节配置资源的功能，逼迫高耗能企业通过技术改造等手段节能降耗，提高能源效率。其次，改革环境税制，提高环境标准，发展减排技术。传统行政命令式的环境政策只在短期有效，比如通过企业停限产、工地停工、汽车限行来实现"APEC 蓝"[①]。而从长期来看，应该执行基于市场机制的污染排放税或雾霾污染排放权交易等政策，提高排放标准，把污染的社会成本内化到企业的生产成本中，迫使企业加快科技研发和技术改造，全面推行清洁生产，大力发展减排技术。最后，通过结构调整优化供给侧要素投入效率，全面提升环境全要素生产率。经济结构的不同决定着发展方式的不同，通过结构调整和产业升级，引领资本、劳动和能源要素不断配置到效率更高、技术更先进的先进制造业、节能环保产业和高端服务业领域，从而全面提升环境全要素生产率，实现我国经济发展方式的根本性转变。比如以计算机、电子与通信设备制造业为代表的信息技术产业就能够发挥绿色发展加速器、产业升级助推器和发展方式转换器的作用，该行业不仅成长快，全要素生产率高，而且能源和排放强度低。然而，我们的研究揭示，在考虑了能源和环境约束后，我国的环境全要素生产率增长还很低，要通过环境全要素生产率的提高来实现雾霾治理和经济发展方式转变的双重目标还任重道远。

---

① 2014 年 11 月北京举办 APEC 会议期间，经过超常规空气治理手段，实现空气质量一级优水平。2014 年 11 月 12 日 9:00 中国环境监测总站检测北京水立方附近天空的三基色数据：R=50、G=100、B=180，称为"APEC 蓝"。

第三章 大气污染防治能够促进经济高质量发展吗？

　　大气污染防治在短期会对经济产出造成负面影响，在经济下行压力之下无疑会面临重重压力，然而我国正从高速增长阶段迈向高质量发展阶段，对于经济的长期可持续发展而言，经济发展质量或效率的逐步改善显然更为重要。本章使用我国地级及以上城市 $PM_{2.5}$ 浓度这一独特的雾霾数据，采用劳动生产率即人均实际 GDP 来代理经济发展的质量水平，系统考查雾霾污染对我国经济发展质量水平的影响及其传导机制，并创新性地选取能够控制雾霾污染空间溢出效应的空气通风系数以及能够全面度量地方政府大气污染防治力度的政府环境治理指标作为减缓雾霾污染变量内生性的两个工具变量，在两阶段最小二乘的统一框架内估计政府环境治理的减霾效果和对经济发展质量水平的影响。雾霾常见于城市，城市的雾霾更容易让居住于其中的人们受伤。本章给我们的启示是，经济发展质量的提高是经济发展方式转变的前提，政府治霾减霾有助于推动要素重置和效率提升，破解经济下行与环境恶化两难困境，促进经济与环境的双赢发展。

第一节　大气污染防治对于经济高质量发展的重要性

　　2013 年以来，雾霾污染及其防治已经成为近年来大家最为关心的环境问题。图 3-1 绘制了我国地级及地级以上城市 2004 年与 2012 年 $PM_{2.5}$ 年平均浓度箱线图，从中可以清楚看出中国雾霾污染的加重程度。与此同时，中国经济增长也步入下行期，经济增速 2012 年已经降到 8%以下，2016 年只有 6.7%。严重的雾霾污染是大自然向粗放式发展方式亮起的红灯。中国目前的污染排放已经达到环境容量的极限，通过高投入高排放等传统粗放模式来推动经济增长已不可为继。要想破解环境恶化与经济可持续发展的两难困境，只有对雾霾等环境污染进行彻底的治理，其意义已不仅在降霾本身，更与我国经济的可持续发展息息相关。

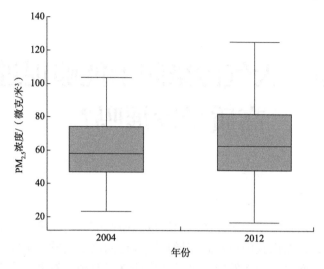

图 3-1　中国地级及地级以上城市 2004 年与 2012 年 PM$_{2.5}$年平均浓度箱线图

中央政府已经将环境治理工作提升到了前所未有的高度。政府工作报告中与环境问题相关词汇出现的频数和比重逐年增加。诸如关停高耗能高排放企业的政府环境治理自然能够降低雾霾等污染排放，但同时也会消耗或占用本来用于进行经济生产的某些投入，造成经济产出的下降，这对于仍然处于下行中的经济而言可谓雪上加霜。然而，正如前面所说的，雾霾治理不仅仅是环境保护自身所需要，更是提升经济发展质量和转变经济发展方式的内在需求，这也是本章所要关注的研究话题。对于经济发展质量或效率，文献中通常使用劳动生产率即人均实际 GDP来作为其代理指标。劳动生产率与经济发展阶段密切相关。Lewis（1954）和蔡昉（2007）指出，在经济发展水平较低的阶段，传统经济部门占有较大的比重，而在经济发展水平较高的阶段，现代经济部门占有较大的比重，经济发展往往伴随着生产要素从低劳动生产率的传统经济部门向高劳动生产率的现代经济部门转移。Kuznets（1979）也指出，没有各种要素在不同经济部门之间的充分流动，获得人均产出的高增长率是不可能的。因此，通过实施合理有效的政府环境治理政策，推动生产要素不断从高能耗高排放低效率的部门向低能耗低排放高效率的部门流动，这也是十九大报告提出的"深化供给侧结构性改革"，"把提高供给体系质量作为主攻方向，显著增强我国经济质量优势"的应有之义[①]。

　　基于此,本章使用劳动生产率即人均实际 GDP 来代表各地区的经济发展质量水平，使用 2004~2013 年中国 286 个地级及以上城市 $PM_{2.5}$ 浓度这个独特的雾霾污染数据，来尝试分析大气污染、政府环境治理与中国经济发展之间的关系。具体而言，本章试图回答如下几个问题：雾霾污染对当前中国经济发展的质量有什么影响，其背后的传导机制是什么？更进一步地，政府环境治理能否显著降低雾霾污染以及由此将对经济长期可持续发展带来何种影响？通过对这些问题的回答来为当前新常态下经济增长动能转换提供有益的政策建议。

第二节　大气污染与经济发展的相互影响研究

针对经济发展与环境污染的关系，现有文献进行了很多探讨，第一章中就综述了经济发展与大气污染的关系研究，总体来说，绝大多数研究侧重于关注经济发展如何影响环境污染这一单向关系，而忽略了环境污染对经济发展的反向影响（Grossman and Krueger，1995；Copeland and Taylor，2004；Brock and Taylor，2005；Omri，2013；Ebenstein et al.，2015；邵帅等，2016；Cherniwchan et al.，2017）。事实上，环境污染对经济发展的影响巨大，对于中国这样的发展中大国而言更是如此。世界银行 2007 年发布的《中国环境污染损失报告》显示，中国空气和水污染所带来的损失相当于其当年实际 GDP 的 5.8%。

研究环境污染对经济发展影响的文献较少，其中研究雾霾污染对经济发展影响的文献则更少。陈诗一（2009）指出，无管制的污染排放会通过两种方式作用于经济增长，一种是以自然环境面目发挥社会资本的作用，一种是发挥自然环境吸纳和沉积废弃物的功能，经济活动单位通过对自然环境的消耗可以在给定其他投入要素的前提下增加它的产出水平，带来对经济增长总的正的影响；然而，虽然个别经济单位可以通过增加污染排放来提高其产出，但是持续累积的污染排放物会不断降低全社会的环境承载容量和自然环境质量，最终给各个经济单位甚至整体经济的产出或质量带来负外部性。这种无管制的污染排放对经济发展的最终影响取决于正负两种效应的相对变化。具体到雾霾污染对经济的影响，第一章曾做过讨论。现有文献至少从三个方面讨论了其对经济发展的负面影响。第一，雾霾污染普遍降低了城市的房价水平，在持续攀升的房价客观上成为中国经济发展助推器的现实背景下，这势必会抑制中国经济发展（Chay and Greenstone，2005；Zheng et al.，2014；许宪春等，2015；Currie et al.，2015）；第二，众所周知，雾霾污染将显著降低城市的吸引力，进而限制城市规模报酬递增效应和集聚效应的有效发挥，最终减缓经济发展，换言之，雾霾污染可以通过城市化进程来影响经济发展（Au and Henderson，2006；Hanlon，2016）；第三，众所周知，雾霾污染将破坏人力资本积累，而人力资本是推动经济发展最为重要的因素之一，尤其是考虑到当前经济发展已全面进入知识经济时代（Barro，2001），由此可见，雾霾污染还可以通过减缓人力资本积累来抑制经济发展（Neidell，2009；Greenstone and Hanna，2014；Chang et al.，2016；Heyes et al.，2016）。有鉴于此，本章将从房价、城市化和人力资本三个角度来分析雾霾污染对中国经济发展质量影响的具体传导机制。

然而，雾霾污染数据本身构成了本章研究的一大难点。现有关于中国雾霾污染的经济学研究绝大多数关注诸如 SO_2、CO、TSP、PM_{10} 等常规污染物以及 API，而对于雾霾污染罪魁祸首 $PM_{2.5}$ 的探讨相对匮乏（林伯强和蒋竺均，2009；王兵等，2010；Chen et al.，2013；Hering and Poncet，2014；涂正革和谌仁俊，2015；Ebenstein et al.，2015）。虽然近两年逐渐开始出现少量研究探讨 $PM_{2.5}$ 的形成及其影响，但是由于数据可得性的限制，这些文献所采用的数据基本上停留在省级层面（马丽梅和张晓，2014；邵帅等，2016；黄寿峰，2017），或者仅限于部分甚至个别城市（齐园和张永安，2015；陈诗一和陈登科，2016），从而难以全面有效地刻画和反映城市特征的影响。为填补现有文献的这一缺失，本章在解析 Ma 等（2016）源数据的基础上首次构建了 2004~2013 年跨度长达十年的中国 286 个地级及以上城市 $PM_{2.5}$ 浓度数据，使得从城市视角来全面考查雾霾污染对中国经济发展质量的影响成为可能。

需要特别指出的是，除了前述数据可得性问题之外，考查雾霾污染对中国经济发展影响的另外一大挑战来自内生性，即如何有效克服因遗漏变量、测量误差特别是经济发展对雾霾污染反向影响所引起的内生性问题。为缓解内生性问题对本章研究结果的不利影响，除了尽可能地控制一系列城市特征变量和固定效应之外，本章基于雾霾污染普遍呈现空间扩散效应的特性，在欧洲中期天气预报中心所发布的 ERA-Interim[①]栅格气象数据的基础上，结合大气数量模型构建了刻画空气流动性的指标变量——空气通风系数，并将其作为雾霾污染的第一个工具变量，该变量可满足作为工具变量所要满足的相关性和外生性假定。

本章所选择的雾霾污染的第二个工具变量为政府环境治理变量。如前文所述，为缓解环境污染尤其是雾霾排放的负面影响，中央和地方政府推出了各种各样的环境治理政策，探索政府治理是否降低了雾霾污染本身也是本章的重要研究主题。由于政府环境治理力度难以直接度量，此前的文献大多采用环保人员数量、环境污染治理研发投入、污染税率或者污染治理成本来作为政府环境治理的替代指标（Keller and Levinson，2002；Shen，2006；Henderson and Millimet，2007；李小平等，2012；涂正革和谌仁俊，2015）。然而这些指标较大程度上内生于经济发展

---

① 欧洲中期天气预报中心（气候）再分析过渡（数据集）。

阶段，本身就容易导致内生性问题的产生，不能满足工具变量的外生性假定。此外，政府环境治理内涵丰富，既包括提高环境研发投入、调节污染税率等经济手段，又包含制定环境保护条例、颁布环境保护法规等法律手段，甚至很多时候直接体现为行政命令。因此，前述文献中所使用的政府环境治理指标多侧重于体现政府环境治理的某一特定方面，难以刻画政府环境治理的全貌。为此，本章秉承Chen 等（2018b）的研究思路，选取省级政府工作报告中与环境相关词汇出现频数及其比重来度量政府的环境治理政策，该指标不仅全面地度量了地方政府环境治理的力度，而且由于地方政府工作报告一般发生在年初，该年度的经济发展无法反向影响事先已经确定的政府工作报告，从而可以规避采用前述度量指标所产生的内生性问题，能够较好地满足工具变量的外生性假定。

综上所述，本章研究创新可以简述为以下几个方面：第一，不同于绝大多数文献考查经济发展对雾霾污染的影响，本章首次系统地研究了雾霾污染对中国经济发展的影响；第二，本章构建了 2004~2013 年中国 286 个地级及以上城市 PM$_{2.5}$浓度数据，根据笔者所掌握的文献来看，采用如此长时间序列且涵盖中国几乎所有地级及以上城市的 PM$_{2.5}$ 浓度数据来进行经济学研究，本书尚属首次；第三，借助于欧洲中期天气预报中心所发布的 ERA-Interim 栅格气象数据，结合大气数量模型构建空气通风系数，并将其作为雾霾污染的工具变量之一，以缓解潜在的内生性问题，同时将空气通风系数引入模型还可以有效控制雾霾污染的空间溢出效应；第四，为更加全面评估政府环境治理效果，本章选取政府工作报告中与环境相关词汇出现频数与比重来作为政府环境治理的代理变量，该变量可以作为缓解雾霾污染内生性的第二个工具变量，使得我们可以在两阶段最小二乘估计的统一框架下来全面探讨政府环境治理的雾霾减排和经济发展质量效应。

第三节　两阶段最小二乘框架研究设计与城市雾霾数据说明

一、基准模型与数据说明

本章依托 2004~2013 年跨度为十年的中国 286 个地级及以上城市相关数据来实证甄别雾霾污染对中国经济发展的影响，并进一步地评估政府环境治理的减霾效果以及对经济发展所带来的影响。为考查雾霾污染对中国经济发展质量的影响，本章构建如下基准回归模型：

$$人均GDP_{it} = \alpha_0 + \alpha_1 PM_{it}^{2.5} + \alpha_2 城市特征_{it} + \alpha_3 固定效应 + \varepsilon_{it} \qquad (3-1)$$

其中，GDP_{it} 表示城市 i 在 t 年的人均实际 GDP（2004 年不变价），用以衡量城市经济发展的质量水平或劳动生产率，数据来源于《中国城市统计年鉴》（林伯强和蒋竺均，2009；邵帅等，2016）；$PM_{it}^{2.5}$ 表示城市 i 在 t 年的 PM$_{2.5}$ 浓度，用以度量城市雾霾污染水平，其系数 α_1 度量了雾霾污染对经济发展质量的影响，因而是本章所关注的核心参数。若在控制了一系列城市特征变量后，α_1 依然显著为负，则表明雾霾污染将降低经济发展质量水平，反之则反。此外，本章还控制了城市与时间双向固定效应，以进一步地缓解遗漏变量偏误。最后，ε_{it} 是误差项。

关于雾霾污染数据，区别于绝大多数文献所采用的 SO$_2$、CO、TSP、PM$_{10}$ 等常规雾霾污染物以及 API，本章选取社会各界最为关注的雾霾污染元凶 PM$_{2.5}$ 进行实证研究，这一方面对现有研究形成了补充，另一方面也有助于当前关于雾霾污染的政策讨论。特别是，本章 PM$_{2.5}$ 浓度数据全面覆盖中国几乎所有地级及以上城市，且时间跨度长达 10 年之久，这一独特的 PM$_{2.5}$ 浓度数据可以为准确甄别雾霾污染对中国经济发展的影响提供坚实的数据基础。根据笔者所掌握的关于中国雾霾污染的经济学文献来看，本章使用的 PM$_{2.5}$ 浓度数据具有最大的样本容量。

具体而言，本章使用的 PM$_{2.5}$ 浓度源数据来自 Ma 等（2016）的研究，该数据为 0.1°×0.1° 经纬度栅格数据，通过将卫星监测数据——卫星搭载的中分辨率成像光谱仪（moderate-resolution imaging spectroradiometer，MODIS）所测算得到的气溶胶光学厚度（aerosol optical depth，AOD）以及地面监测数据同时纳入两阶段空间统计学模型测算得到。本章进一步利用 ArcGIS 软件将此栅格数据解析为 2004~2013 年中国 286 个地级及以上城市 PM$_{2.5}$ 浓度数据，该 PM$_{2.5}$ 浓度数据已经在非经济领域的高质量研究中使用（He et al.，2016；Bilal et al.，2017）。尽管卫星数据监测过程会受到气象因素的影响，使其准确程度可能略低于地面实际监测数据，但 PM$_{2.5}$ 浓度即使在同一座城市也会存在空间分布上的差异，因此地面监测数据只能基于点源数据对某个地区的 PM$_{2.5}$ 浓度提供以点代面的粗略反映，而难以对该地区整体 PM$_{2.5}$ 浓度予以准确度量。相反，作为全球大气化学模拟模型构建的基准和大气污染清单编制的依据，卫星监测数据属于面源数据，能够全貌性地对一个地区的 PM$_{2.5}$ 浓度及其变化趋势予以更为准确地反映，因而能够胜任大气污染问题的研究工作（邵帅等，2016）。中国自 2013 年才开始监测和公布 74 座城市的 PM$_{2.5}$ 浓度，图 3-2 绘制了 2013 年官方所公布的 74 座城市的 PM$_{2.5}$ 浓度数据与本章所构建的 PM$_{2.5}$ 浓度数据的对比图，从图形中不难发现，二者数值显著正相关，而且对大部分城市而言，两者数值其实比较接近。

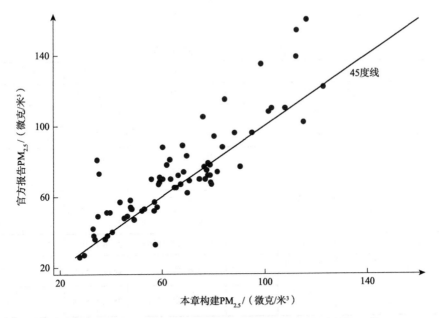

图 3-2　2013 年 74 城 PM$_{2.5}$ 浓度官方数据与本章构建数据比较

　　结合已有研究,本章还在基准回归模型中控制了一组城市特征变量,以尽可能地缓解遗漏变量偏误。这组变量包括:①金融发展,选取人均金融机构贷款余额来度量,以控制金融体系对经济发展的影响;②对外开放,利用外商直接投资占 GDP 的比重来表示,以刻画外商资本进入对经济发展的影响;③政府研发投入,选取人均政府财政科技支出来度量,以刻画政府研发支持力度对经济发展的影响;④基础设施,采用人均道路面积表征,以反映传统基础设施建设对经济发展的影响;⑤互联网普及度,选用互联网用户数量表征,以控制电信基础设施建设对经济发展的影响。⑥人口密度,采用单位面积人口数量表征,以控制人口集聚对经济发展的影响。

　　除已有文献所识别的上述影响经济发展的常规变量外,考虑到本章所分析的是雾霾污染对经济发展的影响,接下来我们控制可能同时影响雾霾污染与经济发展质量的变量,以进一步降低遗漏变量偏误。这组变量包括:①二产比重,采用第二产业总产值占 GDP 的比重来表示,以控制产业结构对经济发展的影响;②重工业占比,采用重工业总产值占工业总产值的比重度量,以刻画产业内部结构对经济发展的影响。众所周知,畸高的重工业占比在推动中国经济发展的同时,加剧了雾霾污染,因此非常有必要在控制二产比重的同时,进一步控制重工业占比。

　　上述控制变量数据中,除重工业占比外,均来自历年《中国城市统计年鉴》。鉴于已有官方数据未公布地级市重工业占比数据,本章基于 2004~2013 年中国工业企业数据库计算该指标。以上被解释变量、核心解释变量以及一系列控制变量的数据说明与简单统计描述见表 3-1。

表 3-1　主要变量统计描述

变量名称	度量指标或说明	单位	原始数据来源	样本	均值	中位数	标准差
人均 GDP	人均实际 GDP	10^2 元	中国城市统计年鉴	2840	340.8	254.7	305.6
$PM_{2.5}$	$PM_{2.5}$ 浓度	微克/米^3	Ma 等（2016）	2876	64.3	61.6	21.4
金融发展	人均金融机构贷款	10^2 元	中国城市统计年鉴	2770	277.7	117.8	465.5
对外开放	FDI 占 GDP 比重	%	中国城市统计年鉴	2890	14.8	8.6	16.2
政府研发投入	人均财政科技支出	元	中国城市统计年鉴	2887	100.8	33.0	232.7
基础设施	人均道路建设面积	米^2	中国城市统计年鉴	2876	10.6	8.6	27.0
互联网普及度	互联网用户数量	万户	中国城市统计年鉴	2896	46.8	20.3	130.5
人口密度	单位面积人口数	10^2 人/千米^2	中国城市统计年鉴	2896	9.8	7.3	9.9
二产比重	第二产业总产值占 GDP 比重	%	中国城市统计年鉴	2811	51.0	51.6	12.6
重工业占比	重工业总产值占工业总产值比重	%	中国工业企业数据库	2872	80.8	83.1	13.4

二、内生性与工具变量

在分析雾霾污染如何通过房价、城市化和人力资本来影响经济发展的传导机制时，雾霾污染的内生性不是一个严重的问题。但是基于上述基准模型来直接分析雾霾污染对经济发展的影响时，雾霾污染变量的内生性就是一个不得不讨论的问题。内生性往往来自遗漏变量、联立性（或者反向因果）以及测量误差等三大原因。上述基准模型通过控制一系列城市特征变量与固定效应，较大程度上缓解了遗漏变量所带来的内生性问题，但是联立性和测量误差引致的内生性问题却依然存在。对于联立性偏误，一方面，如上所述，环境污染可能通过影响住房价格、减缓城市化进程以及损害人力资本积累等传导渠道来拖累中国经济发展；另一方面，如第一章所述，经济发展也会通过规模效应、技术效应以及结构效应来影响环境污染（Grossman and Krueger，1995）[①]。对于测量误差，虽然前文分析表明本章 $PM_{2.5}$ 浓度数据与真实值较为接近，但是该数据毕竟并非直接监测数据，因此无法完全排除测量误差偏误。

为核心解释变量雾霾污染寻找恰当的工具变量，是缓解上述内生性问题行之有效的方法，所寻找的工具变量需与内生变量（$PM_{2.5}$ 浓度）高度相关，而又不直

---

① 规模效应是指经济发展往往伴随着更大规模的经济活动和更大量的能源需求，从而对环境产生负面的规模效应；技术效应是指经济的发展通过技术进步来改善环境质量；结构效应是指经济发展通过产业结构优化升级减少污染排放，改善生态环境。

接影响被解释变量（经济发展）。基于这一认识，同时考虑到雾霾污染普遍呈现空间扩散的特性，我们在欧洲中期天气预报中心所发布的 ERA-Interim 栅格气象数据的基础上，结合大气数量模型构建了中国地级市层面空气流动性指标变量——空气通风系数，并将其作为雾霾污染的第一个工具变量。与 Broner 等（2012）和 Hering 和 Poncet（2014）类似，空气通风系数的构建方法为

$$\mathrm{VC}_{it} = \mathrm{WS}_{it} + \mathrm{BLH}_{it} \qquad\qquad (3\text{-}2)$$

其中，VC_{it}、WS_{it} 以及 BLH_{it} 分别表示城市 i 在 t 年的空气通风系数（ventilation coefficients，VC）、风速（wind speed，WS）与大气边界层高度（boundary layer height，BLH）。风速 WS_{it} 与大气边界层高度 BLH_{it} 原始数据均来自欧洲中期天气预报中心所发布的 0.1°×0.1° 经纬度栅格气象数据，本章进一步通过 ArcGIS 软件将此栅格数据解析为可以直接使用的 2004~2013 年中国 286 个地级及以上城市数据。最后，将基于式（3-2）计算得到的空气通风系数根据其样本最小值进行标准化处理。

空气通风系数之所以能够作为雾霾污染的工具变量，一方面是因为根据空气通风系数的定义可知，其数值越大表示空气流动性越强，从而与雾霾污染负向相关，满足有效工具变量的相关性假定（Hering and Poncet，2014）。图 3-3 绘制了空气通风系数与本章所使用的 $\mathrm{PM}_{2.5}$ 浓度的散点图及回归线，可以看出，空气通风系数与 $\mathrm{PM}_{2.5}$ 浓度显著负相关。另一方面，空气通风系数受风速和大气边界层高度共同影响，而无论是风速还是大气边界层高度均由复杂的气象系统和地理条件决定，从而很好地满足了有效工具变量的外生性假定（Broner et al.，2012）。此外，使用空气通风系数还有两个有利的地方：第一，空气通风系数在截面和时间两个维度上均存在变化，尤其是城市的截面维度（图 3-4），从而有助于在城市层面上识别空气通风系数对雾霾污染的影响；第二，也是这里需要特别强调的一点，即采用空气通风系数变量可以合理地控制雾霾污染的空间溢出效应，以准确识别当地政府环境治理对本地雾霾污染的影响。

三、政府治理、雾霾减排与经济发展：内生性及工具变量再讨论

为了进一步讨论政府环境治理对雾霾减排和经济发展的影响，我们需要构建合适的政府环境治理变量，并进行相应的模型设定以达到本章的分析目的。如第二部分所述，绝大多数文献采用环保人员数量、环境污染治理研发投入、污染税率或者污染治理成本来度量政府环境治理，其问题之一就是这些指标往往侧重政府环境治理的某一方面，很难度量地方政府环境治理政策的全貌。而中国政府环境治理手段其实很多，既包括提高环境研发投入、调节污染税率等经济手段，又包含制定环境保护条例、颁布环境保护法规等法律法规手段，甚至很多时候直接

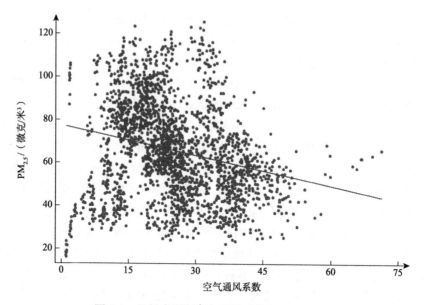

图 3-3　地级市历年空气通风系数与 $PM_{2.5}$ 浓度

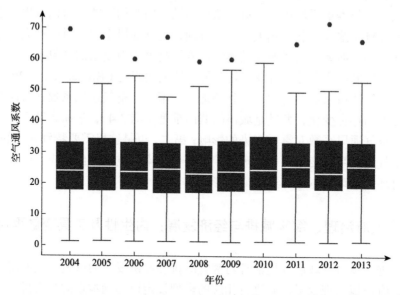

图 3-4　历年空气通风系数在城市截面的分布箱型图

颁布节能减排的行政命令，因此，需要更为全面地度量政府环境治理的变量。为此，本章参照 Chen 等（2018b）的思路，选取省级政府工作报告中与环境相关词汇出现频数及其比重作为地级市政府环境治理的代理变量。政府工作报告是依法行政和执行权力机关决定、决议的纲要，是指导政府工作的纲领性文件。因此，政府工作报告中与环境相关词汇出现频数及其比重更能全面地体现政府环境治理的力度，反映政府环境治理政策的全貌。

如前所述，此前文献中所使用的政府环境治理的各种代理变量较大程度上内生于经济发展，会带来估计的内生性问题，从而导致估计结果出现偏误。而使用本章省级政府工作报告中与环境相关词汇出现频数及其比重作为地方政府环境治理变量，能够有效缓解这种内生性问题，可以把本章选择的政府环境治理变量作为雾霾污染的第二个工具变量，和空气通风系数一起引入两阶段最小二乘估计模型，最大限度地解决本章估计的内生性问题，而且可以达到在统一的经济计量框架内分析政府治理对雾霾减排和经济发展质量影响的研究目的。

政府环境治理变量与雾霾污染的相关性无须赘述。本章所使用政府环境治理变量能够较好地满足工具变量外生性假定的理由在于：第一，地方政府工作报告一般发生在年初[①]，而经济活动则贯穿于一年的始终，也就是说，未来的经济发展无法反向影响事先已经确定的政府工作报告，使用本章政府环境治理变量可以有效规避"反向因果"所引起的内生性问题；第二，本章政府环境治理变量是省级层面变量，其他相关变量是地级市层面变量，从这个意义上讲，它也有助于进一步缓解因反向因果而产生的内生性问题。究其原因在于，在中国制度背景下，下一级政府行为一般很难直接影响到上一级政府决策；第三，各级政府工作报告均为公开文本，因此，选取政府工作报告中与环境相关词汇出现频数及其比重作为政府环境治理的代理变量，还可以有效规避变量测量误差问题。

本章政府环境治理指标的具体构建方式如下：首先，手工搜集31个省（区、市）2004~2013年政府工作报告；其次，借助于R软件对所搜集的政府工作报告文本进行"分词"处理[②]；最后，统计与环境相关词汇出现的频次，并计算它们占政府工作报告全文词频总数的比例。本章与环境相关词汇具体包括：环境保护、环保、污染、能耗、减排、排污、生态、绿色、低碳、空气、化学需氧量、二氧化硫、二氧化碳、PM_{10}以及$PM_{2.5}$等。Chen 等（2018b）采用环境、能耗、污染、减排以及环保等五个词汇总字数占全文总字数的比例作为政府环境治理的代理变量。可见，从政府环境治理指标的构建过程来看，本章不同于 Chen 等（2018b）的是，采用了更为丰富的词汇，从而能够更为全面地捕捉政府环境治理力度。另外，本章基于词频而非单个字的字数计算政府环境治理变量，从而能够更加准确地保留源文本的语义。图 3-5 绘制了政府工作报告中与环境相关词汇比重的核密

---

① 省级政府工作报告一般发生在年初的 1 月至 2 月之间。

② "分词"是指将文本中连续出现的字连接成具有完整语义的词，比如将"环""境""保""护"这四个连续出现的字连接成"环境保护"。此外，为保证文本分析的准确性，在"分词"前，本章将"的""了""是""和""也""在"等汉语虚词从文本中剔除。

度曲线图。从图 3-5 中可以明显地观察到，政府工作报告中与环境相关词汇比重不断提升，这与政府对环境问题的重视度越来越高非常吻合。图 3-5 揭示的结果进一步说明了本章选取该指标作为政府环境治理代理变量的合理性。

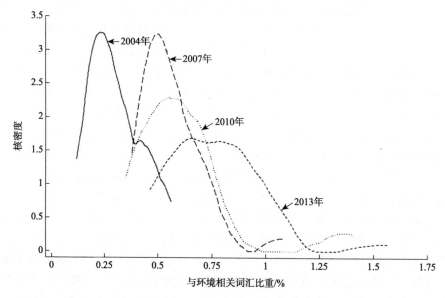

图 3-5　政府工作报告中与环境相关词汇比重

　　需要说明的是，尽管选取省级变量来度量地级市政府环境治理情况缓解了内生性，但同时也降低了政府环境治理变量在地级市层面上的变异性。针对这一问题，本章依据 Bartik（1991）所提出的思想进行了相应处理。具体而言，本章首先基于 2004~2013 年中国工业企业数据库构建出地级市重工业占比，然后再将其与省级政府工作报告中与环境相关词汇出现频数或比重交乘，最终得到地级市政府环境治理指标。这一做法背后的逻辑是，省级层面政府治理对其内部地级市的影响因各市重工业占比不同而存在差异；特别地，对于那些重工业占比越高的城市，政府环境治理所产生的影响也会越大。

　　综上，为定量考查政府环境治理对中国雾霾减排以及经济发展质量的影响，本章两阶段最小二乘回归模型设定如下：

$$\text{PM}^{2.5}_{it} = \beta_0 + \beta_1 \text{VC}_{it} + \beta_2 \text{GER}_{it} + \beta_3 城市特征_{it} + \beta_4 固定效应 + \varsigma_{it} \quad （3\text{-}3）$$

$$人均\text{GDP}_{it} = \gamma_0 + \gamma_1 \text{PM}^{2.5}_{it} + \gamma_2 城市特征_{it} + \gamma_3 固定效应 + \xi_{it} \quad （3\text{-}4）$$

其中，VC_{it} 表示城市 i 在 t 年空气通风系数；GER_{it} 表示城市 i 在 t 年的政府环境治理变量（government environmental regulations，GER），它们在两阶段最小二乘回归模型中共同作为雾霾污染变量（$\text{PM}_{2.5}$ 浓度）的工具变量。另外，使用空气通风系数变量还可以同时控制雾霾污染排放的地区溢出效应，可以更为准确地估计出当地政府环境治理对本地雾霾污染的影响。除此之外，其他变量设定均与基准模型（3-1）相同，即控制金融发展、对外开放、政府研发投入、互联网普及度、人口密度、二产比重、重工业占比等城市特征变量，同时进一步控制城市和时间双向固定效应。观察上述两阶段最小二乘回归模型不难发现，式（3-3）中参数 β_2 刻画了政府环境治理对雾霾污染的影响，式（3-4）中参数 γ_1 则表示雾霾污染对劳动生产率即人均产出的影响。由此可见，通过式（3-3）和式（3-4）的两阶段最小二乘回归，不仅能够评估政府环境治理对雾霾污染的影响，而且能够进一步甄别由此最终对经济发展质量所带来的影响。

第四节　大气污染对经济发展的影响及其传导机制分析

一、基准回归

表 3-2 报告了基准模型（3-1）的回归结果。从列（1）结果来看，在控制了一系列城市特征变量以及固定效应后，雾霾污染与城市经济发展质量显著负相关，平均而言，$PM_{2.5}$ 浓度每上升 1 微克/米^3，人均实际 GDP 或劳动生产率下降 81 元。考虑到经济发展方式会同时影响经济发展和雾霾污染，特别是产业结构失衡以及重工业膨胀是中国雾霾污染加剧的重要原因，若不对这些因素加以有效控制，可能导致遗漏变量偏误，从而影响研究结果的可靠性。基于此，列（2）加入二产比重以控制产业结构的影响，结果显示雾霾污染与城市经济发展质量的显著负相关关系依然存在。列（3）将重工业占比纳入回归方程以控制经济发展方式的影响，其结果仍然显示，雾霾污染与城市经济发展质量显著负相关。最后，考虑到当期经济发展不会对历史雾霾污染产生影响，为缓解联立性偏误，与列（1）~列（3）对应，列（4）~列（6）将 $PM_{2.5}$ 滞后一期，回归结果表明，雾霾污染对经济发展质量或劳动生产率的负面影响仍然存在，且均在统计上显著。

表 3-2　雾霾污染与经济发展基准回归结果

解释变量	（1）	（2）	（3）	（4）	（5）	（6）
	核心解释变量：当期 $PM_{2.5}$			核心解释变量：滞后一期 $PM_{2.5}$		
	人均 GDP	人均 GDP	人均 GDP	人均 GDP	人均 GDP	人均 GDP
$PM_{2.5}$	−0.81** (0.40)	−0.79** (0.36)	−1.04*** (0.37)			

续表

解释变量	（1）	（2）	（3）	（4）	（5）	（6）
	核心解释变量：当期 $PM_{2.5}$			核心解释变量：滞后一期 $PM_{2.5}$		
	人均 GDP	人均 GDP	人均 GDP	人均 GDP	人均 GDP	人均 GDP
$L.PM_{2.5}$				-0.85^{*} （0.45）	-0.89^{**} （0.40）	-1.15^{***} （0.40）
二产比重		7.46^{***} （0.32）	6.99^{***} （0.34）		7.94^{***} （0.36）	7.45^{***} （0.37）
重工业占比			1.65^{***} （0.35）			1.73^{***} （0.38）
金融发展	0.09^{***} （0.02）	0.10^{***} （0.02）	0.10^{***} （0.02）	0.10^{***} （0.02）	0.12^{***} （0.02）	0.11^{***} （0.02）
对外开放	0.46 （0.40）	0.78^{**} （0.36）	0.89^{**} （0.36）	0.33 （0.44）	0.69^{*} （0.40）	0.81^{**} （0.40）
政府研发投入	0.36^{***} （0.04）	0.33^{***} （0.03）	0.33^{***} （0.03）	0.34^{***} （0.04）	0.31^{***} （0.03）	0.31^{***} （0.03）
基础设施	14.48^{***} （0.77）	11.75^{***} （0.70）	11.45^{***} （0.70）	14.65^{***} （0.83）	12.08^{***} （0.75）	11.75^{***} （0.75）
互联网普及度	0.49^{***} （0.11）	0.77^{***} （0.10）	0.78^{***} （0.10）	0.44^{***} （0.11）	0.73^{***} （0.10）	0.74^{***} （0.10）
人口密度	1.25^{**} （0.53）	0.77 （0.48）	0.87^{*} （0.48）	1.58^{**} （0.62）	1.12^{**} （0.56）	1.17^{**} （0.55）
常数项	是	是	是	是	是	是
城市效应	是	是	是	是	是	是
时间效应	是	是	是	是	是	是
观测值	2672	2670	2670	2396	2394	2394
调整 R^2	0.61	0.68	0.68	0.59	0.67	0.67

注：括号内的数字为标准差，L.代表滞后一期算子

***、**和*分别表示在 1%、5%和 10%的显著性水平上显著

进一步考查其他控制变量的系数可以看出，在 2004~2013 年十年间，第二产业发展以及重工业膨胀在客观上确实带动了中国人均 GDP 的提高；此外，金融发展水平提升有利于降低经济运行成本，促进人均产出提高；外资引进有利于提升经济发展质量；政府对科技发展的支持力度越大，越有利于促进当地人均产出；基础设施的完善以及互联网普及度的提高为劳动生产率提高也创造了条件，提升了当地经济发展的质量水平；人口密度的增加，有利于增强城市规模报酬递增和集聚效应，从而促进经济发展。不难发现，模型控制变量系数与预期非常一致，这也在一定程度上体现了本章研究结果的可靠性。

　　基准模型的线性回归结果显示，总体上而言，雾霾污染显著降低了中国经济发展质量水平。那么雾霾污染是否一开始就对中国经济发展产生负面影响呢，抑或是这种负面影响在雾霾污染达到一定水平后才逐渐显现？大量研究发现，环境污染的破坏性较大程度上依赖于其严重程度，其对经济发展的影响有可能存在库兹涅茨效应（Zivin and Neidell，2012；Currie et al.，2015）。基于此，本章通过在基准回归模型中进一步加入 PM_{2.5} 浓度的二次项对此进行了实证检验，图 3-6 绘制了雾霾污染与经济发展人均产出间的非线性关系[①]。显然，PM_{2.5} 浓度与经济发展水平存在着倒 "U" 形关系，PM_{2.5} 浓度超过 62.6 微克/米^3 后开始对经济发展产生负面影响，雾霾污染对经济发展的负面效应随着 PM_{2.5} 浓度的提高而增强。这一与预期和文献相一致的发现也进一步地佐证了本章研究结果的可靠性。本章接下来的分析仍然基于线性模型来讨论 PM_{2.5} 浓度对经济发展质量的平均影响。

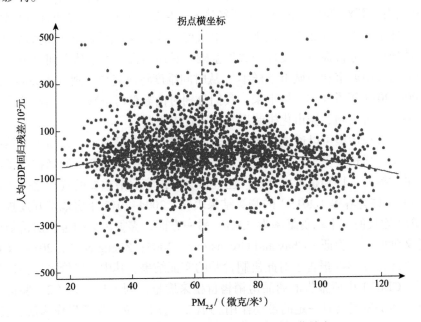

图 3-6　经济发展与雾霾污染的库兹涅茨效应

基于人均实际 GDP 回归残差而不是水平值绘制图形的好处在于能够有效控制其他因素的影响，从而可以更加准确地识别经济发展与雾霾污染的数量关系

①　事实上，图 3-6 基于两步回归法得到：首先通过人均实际 GDP 对基准模型中的城市特征变量与固定效应进行回归得到人均 GDP 残差；然后进一步将所得到的残差对 PM_{2.5} 浓度及其二次项进行回归。这样就同时得到了绘制图 3-6 所需的人均实际 GDP 回归残差以及二次拟合线的拐点坐标。

二、传导机制分析

以上研究结果表明，雾霾污染对中国经济发展质量或劳动生产率具有负面影响。那么，是什么原因导致这一现象的产生呢？换言之，雾霾污染影响中国经济发展的传导机制是什么呢？根据前文，本节将从住房价格、城市化进程以及人力资本等三个渠道来研究雾霾污染影响中国经济发展的传导机制。同时，考虑到中国雾霾污染在空间和时间上均表现出较大的差异，本小节还进一步以子样本回归的形式对传导机制开展异质性分析。一方面，从空间维度上看，人口和工业活动的大规模集聚，导致大中型城市的雾霾污染程度显著高于小城市；另一方面，从时间维度上看，发展方式粗放、产业结构失衡导致了雾霾污染随着时间的推进愈演愈烈。因此，对于不同城市和不同时期，雾霾污染所产生的影响可能存在较大差异，从而有必要对雾霾污染影响中国经济发展传导机制的时空异质性进行甄别。本章研究样本涵盖中国 286 个地级及以上城市，且跨越国际金融危机前后各五年，这为上述异质性分析提供了良好的数据基础。具体而言，本章从空间维度将研究样本划分为大中城市和小城市子样本[①]，从时间维度将研究样本划分为 2004~2008 年和 2009~2013 年子样本。接下来，我们分别讨论雾霾污染影响中国经济发展质量或效率的房价机制、城市化机制以及人力资本机制[②]。

首先，雾霾污染可以通过住房价格来影响中国经济发展。一方面，虽然中国住房价格持续增长颇受争议，但是房地产市场繁荣在一定程度上的确拉动了经济发展水平的提升，特别是考虑到房产已经成为中国家庭最重要的资产之一（甘犁等，2013）。许宪春等（2015）的测算结果表明，2004~2013 年房地产开发投资对中国 GDP 增长的年平均贡献率为 7.8%。另一方面，雾霾污染损害住房价值已经被大量文献所广泛验证（Chay and Greenstone，2005；Zheng et al.，2014；Currie et al.，2015）。表 3-3 报告了对此机制检验的实证结果。其中，房价采用中国经济数据库（CEIC）中所报告的商品房销售价格来度量。列（1）~列（2）验证了房价提升对经济发展具有一定的带动作用。列（2）选取房价一期滞后作为解释变量，是为了缓解经济发展对房价的反向因果影响。与此同时，列（3）~列（7）表明，雾霾污染显著降低了房价水平。进一步观察表 3-3 还可以发现，雾霾污染对房价的影响存在显著的异质性特征：与小城市相比，大中城市房价对雾霾污染更为敏

---

① 这里大中城市包括了所有一二三线城市，其他城市为小城市。其中，一二三线城市的划分依据为国务院 2014 年印发的《关于调整城市规模划分标准的通知》。

② 值得指出的是，住房价格、城市化进程以及人力资本这三个机制并不一定完全独立，本章仅尝试从这三个不同视角来探讨雾霾污染影响中国经济发展的渠道。

感；金融危机后雾霾污染对房价的负面影响高于危机之前。

表 3-3 雾霾污染与经济发展的房价机制

解释变量	（1）	（2）	（3）	（4）	（5）	（6）	（7）
	房价对人均GDP的影响		PM$_{2.5}$对房价的影响				
			全样本	大中城市	小城市	2004~2008年	2009~2013年
	人均GDP	人均GDP	房价	房价	房价	房价	房价
PM$_{2.5}$			−10.06***（1.55）	−24.00***（4.67）	−8.21***（1.37）	−7.87***（1.71）	−12.01***（2.43）
房价	0.03***（0.01）						
L.房价		0.03***（0.01）					
常数项	是	是	是	是	是	是	是
控制变量	是	是	是	是	是	是	是
城市效应	是	是	是	是	是	是	是
时间效应	是	是	是	是	是	是	是
观测值	2419	2180	2385	799	2058	1120	1265
调整 R^2	0.66	0.65	0.89	0.87	0.83	0.86	0.87

注：括号内的数字为标准差，L.代表滞后一期算子
***表示在1%的显著性水平上显著

其次，雾霾污染还可以通过城市化进程来影响中国经济发展。一方面，城市化是推动经济发展的重要动力，城市化有效降低了农村富余劳动力，从而在提升农业生产效率的同时，为制造业和服务业的发展提供了充足的劳动力，最终推动整体经济向前发展（Lewis，1954）；另一方面，雾霾污染降低了城市吸引力，减缓了城市化进程（Hanlon，2016）。为验证这一机制，本章选取非农人口占总人口的比例作为城市化的代理变量。表3-4报告了相应的实证回归结果。其中，列（1）~列（2）中城市化变量的回归系数显著为正，表明城市化推动了经济发展；列（3）~列（7）城市化变量的系数显著为负意味着，雾霾污染减缓了城市化进程。值得注意的是，城市化进程往往伴随着人口和工业的集聚，从而可能反向影响雾霾污染。孙传旺等（2019）研究发现，过去近20年大规模的城市化进程推动了经济增长与人口迁移，相对于居民汽车拥有量的快速增长，城市道路等交通基础设施呈现出不平衡不充分的发展趋势，从而造成路面拥堵，导致城市雾霾污染程度进一步加

剧。为缓解这一内生性问题，表 3-4 列（3）~列（7）选用滞后一期雾霾污染替换当期值来考查其对城市化的影响①。此外，就雾霾污染对城市化的负面影响而言，大中城市高于小城市，这与现实中大城市居民对雾霾污染往往更敏感一致；此外，雾霾污染对城市化的负面影响随着时间的推移趋于增强，这与近年来雾霾污染越来越受到社会各界普遍关注的事实相吻合。

表 3-4　雾霾污染与经济发展的城市化机制

解释变量	（1）	（2）	（3）	（4）	（5）	（6）	（7）
	城市化对人均 GDP 的影响		PM$_{2.5}$ 对城市化的影响				
			全样本	大中城市	小城市	2004~2008 年	2009~2013 年
	人均 GDP	人均 GDP	城市化	城市化	城市化	城市化	城市化
L. PM$_{2.5}$			−0.23***（0.05）	−0.78**（0.31）	−0.20***（0.05）	−0.22***（0.08）	−0.28***（0.06）
城市化	1.04***（0.17）						
L.城市化		0.96***（0.17）					
常数项	是	是	是	是	是	是	是
控制变量	是	是	是	是	是	是	是
城市效应	是	是	是	是	是	是	是
时间效应	是	是	是	是	是	是	是
观测值	1639	1911	1355	164	1191	828	806
调整 R^2	0.68	0.68	0.58	0.49	0.64	0.55	0.64

注：括号内的数字为标准差，L.代表滞后一期算子
***、**分别表示在 1%、5%的显著性水平上显著

最后，除了住房价格与城市化之外，雾霾污染影响中国经济发展的另一重要机制是影响人力资本积累。一方面，人力资本是推动经济发展最为重要的因素之一（Barro，2001），尤其是考虑到当前经济发展已全面进入知识经济时代；另一方面，雾霾污染通过影响受教育水平、健康状况显著损害了人力资本的积累（Neidell，2009；Zivin and Neidell，2012；Greenstone and Hanna，2014；Chang et al.，

---

① 考虑到研究结果的稳健性，在表 3-4 列（3）~列（7）的回归中，本章还同时考查了选用当期雾霾污染作为核心解释变量的情景，发现回归结果与选取滞后一期雾霾污染基本类似。限于表格篇幅，这里不再一一报告，感兴趣的读者可向笔者索取相关结果。

2016; Currie et al., 2015; Heyes et al., 2016)。李明和张亦然(2019)研究也发现,城市空气污染越重,辖区内高校在校来华留学生数越少,该结论表明,收入水平相对高、迁移成本相对低的高人力资本人群,对空气污染更敏感。本章分别以文献中广泛采用的平均受教育年限和人均预期寿命作为人力资本的代理变量[①],以此来实证检验雾霾污染影响中国经济发展质量的人力资本机制。直观上,平均受教育年限和人均预期寿命分别从知识积累与身心健康的层面度量了人力资本水平。表 3-5 给出了实证回归结果。不难发现,无论是采用平均受教育年限,还是采用人均预期寿命作为人力资本的代理变量,人力资本传导机制均能够得到有效验证,即人力资本积累推动了经济发展,而与此同时,雾霾污染显著降低了人力资本积累。此外,从雾霾污染影响人力资本的异质性上来看,雾霾污染对大中城市人力资本的影响高于小城市,而且雾霾污染对人力资本的负面影响显著提升。这一异质性结果与中国大中城市雾霾污染高于小城市以及 2009~2013 年雾霾污染加剧的事实一致。

表 3-5 雾霾污染与经济发展的人力资本机制

解释变量	(1)	(2)	(3)	(4)	(5)	(6)	(7)
	人力资本对人均 GDP 的影响		PM$_{2.5}$ 对人力资本的影响				
			全样本	大中城市	小城市	2004~2008 年	2009~2013 年
	人均 GDP	人均 GDP	人力资本	人力资本	人力资本	人力资本	人力资本
PM$_{2.5}$			-0.008*** (0.002)	-0.015*** (0.004)	-0.010*** (0.002)	-0.005** (0.002)	-0.014*** (0.003)
人力资本	30.928*** (3.819)						
L.人力资本		34.069*** (4.267)					
观测值	2567	2289	2553	850	1703	1583	970
调整 R^2	0.698	0.694	0.336	0.509	0.353	0.356	0.284
PM$_{2.5}$			-0.006* (0.003)	-0.011* (0.006)	-0.002 (0.004)	0.000 (0.004)	-0.018*** (0.006)
人力资本	18.243*** (3.232)						
L.人力资本		16.736*** (3.797)					
观测值	1831	1834	1833	601	1232	1192	641
调整 R^2	0.616	0.653	0.642	0.719	0.601	0.604	0.457

---

① 一般而言,人均预期寿命是度量居民身心健康程度的重要指标,从而可作为人力资本的代理变量。

续表

解释变量	（1）	（2）	（3）	（4）	（5）	（6）	（7）
	人力资本对人均 GDP 的影响		PM₂.₅ 对人力资本的影响				
			全样本	大中城市	小城市	2004~2008 年	2009~2013 年
	人均 GDP	人均 GDP	人力资本	人力资本	人力资本	人力资本	人力资本
常数项	是	是	是	是	是	是	是
控制变量	是	是	是	是	是	是	是
城市效应	是	是	是	是	是	是	是
时间效应	是	是	是	是	是	是	是

注：括号内的数字为标准差，L.代表滞后一期算子

***、**和*分别表示在 1%、5%和 10%的显著性水平上显著

第五节　政府治理对大气污染防治与经济发展影响的工具变量估计

一、工具变量回归结果

第四节主要考查了雾霾污染对中国经济发展质量或效率的影响及其传导机制。接下来，本节选用能够控制雾霾污染空间溢出效应的空气通风系数以及能够全面度量地方政府环境政策和治理力度的政府环境治理指标作为减缓雾霾污染内生性的两个工具变量，在两阶段最小二乘的统一框架内进一步地估计政府环境治理的减霾效果及其对经济发展质量的影响。由此可见，工具变量回归一方面能够缓解前文基准回归潜在的内生性问题，另一方面也使得本章能够对政府环境治理的减霾效果以及对经济发展产生的影响进行评估。

关于选取空气通风系数作为雾霾污染工具变量的合理性前文已详细阐释，这里不再赘述。但值得特别强调的一点是，除了作为缓解雾霾污染内生性的工具变量之外，将空气动力系数纳入第一阶段回归的另一作用是控制雾霾污染的空间溢出效应，以准确识别第一阶段回归中地方政府环境治理对本地雾霾污染的影响。就政府环境治理变量而言，结合前文的分析，同时考虑到研究结果的稳健性，我们选取政府工作报告中与环境相关词汇频数（环境词汇频数）、与环境相关词汇占政府工作报告全文词频总数的比重（环境词汇比重）以及二者与重工业占比的交

互项（环境词汇频数×重工业占比、环境词汇比重×重工业占比）作为代理变量。不难发现，将政府环境治理变量纳入第一阶段回归不仅能够缓解雾霾污染本身存在的内生性问题，而且更为重要的是，它使本章在统一的框架内考查政府环境治理效果以及由此对经济发展所带来的影响成为可能。表3-6报告了工具变量结果。

表3-6　雾霾污染、政府环境治理与经济发展的工具变量估计

解释变量	（1）	（2）	（3）	（4）	（5）	（6）	（7）	（8）
	第一阶段回归							
	核心解释变量：当期				核心解释变量：滞后一期			
	PM$_{2.5}$	PM$_{2.5}$	PM$_{2.5}$	PM$_{2.5}$	PM$_{2.5}$	PM$_{2.5}$	PM$_{2.5}$	PM$_{2.5}$
环境词汇频数	-0.17*** (0.03)							
环境词汇比重		-15.70*** (2.55)						
环境词汇频数×重工业占比			-0.20*** (0.04)					
环境词汇比重×重工业占比				-19.30*** (3.10)				
L.环境词汇频数					-0.15*** (0.03)			
L.环境词汇比重						-16.44*** (2.90)		
L.（环境词汇频数×重工业占比）							-0.16*** (0.04)	
L.（环境词汇比重×重工业占比）								-17.19*** (3.14)
空气通风系数	-0.58*** (0.04)	-0.56*** (0.04)	-0.58*** (0.04)	-0.56*** (0.04)	-0.57*** (0.04)	-0.57*** (0.04)	-0.58*** (0.04)	-0.56*** (0.04)
第一阶段F值	26.69	25.95	26.62	26.98	25.52	25.99	25.15	25.55
解释变量	（1）	（2）	（3）	（4）	（5）	（6）	（7）	（8）
	第二阶段回归							
	人均GDP	人均GDP	人均GDP	人均GDP	人均GDP	人均GDP	人均GDP	人均GDP
PM$_{2.5}$	-3.72*** (0.75)	-4.20*** (0.75)	-3.79*** (0.75)	-4.27*** (0.75)	-4.34*** (0.86)	-4.72*** (0.85)	-4.30*** (0.87)	-4.69*** (0.86)
常数项	是	是	是	是	是	是	是	是
控制变量	是	是	是	是	是	是	是	是
城市效应	是	是	是	是	是	是	是	是

解释变量	（1）	（2）	（3）	（4）	（5）	（6）	（7）	（8）
	第二阶段回归							
	人均 GDP	人均 GDP	人均 GDP	人均 GDP	人均 GDP	人均 GDP	人均 GDP	人均 GDP
时间效应	是	是	是	是	是	是	是	是
观测值	2154	2154	2154	2154	1932	1932	1894	1894
调整 R^2	0.56	0.54	0.55	0.54	0.53	0.52	0.53	0.52

注：括号内的数字为标准差，L.代表滞后一期算子

***表示在 1%的显著性水平上显著

整体而言，在控制了一系列城市特征变量、固定效应以及雾霾污染空间溢出效应后，表 3-6 第一阶段回归结果表明，无论选取何种度量指标，政府环境治理均在 1%的显著性水平上降低了雾霾污染。此外，与预期相符，空气通风系数变量的系数显著为负。一阶段 F 检验值远大于 10，从而显著地排除了"弱工具变量"问题。第二阶段回归结果显示，雾霾污染对中国经济发展质量的影响在方向上和显著性上均与表 3-2 所报告的基准回归相似，进一步验证了雾霾污染对中国经济发展质量的负面效应。但从数量上来看，与基准回归相比，雾霾污染的估计系数在绝对值上增大，这说明潜在的内生性问题倾向于低估雾霾污染对中国经济发展质量的负面效应。

具体而言，表 3-6 列（1）采用环境词汇频数表示政府环境治理。其中，第一阶段回归结果显示，政府工作报告中与环境相关的词汇每增加 1 次，$PM_{2.5}$ 浓度下降 0.17 微克/米³。与此相对应的第二阶段回归结果显示，$PM_{2.5}$ 浓度每上升 1 微克/米³，人均实际 GDP 下降 372 元，这相当于 $PM_{2.5}$ 浓度每上升 1 微克/米³，人均实际 GDP 损失 1.1%。结合列（1）一、二阶段的回归系数可以计算得到，政府工作报告中与环境相关词汇每增加 1 次将导致人均实际 GDP 增加 63.24 元（=0.17×372）。为控制政府工作报告篇幅长短对环境相关词汇出现频数的影响，列（2）进一步选取环境词汇比重作为政府环境治理的代理变量。结果显示，环境词汇比重每提高 1‰，$PM_{2.5}$ 浓度下降 1.57 微克/米³，结合第二阶段回归系数–4.20 可以计算得到，给定其他条件不变的前提下，这将使人均实际 GDP 或者说经济发展中的劳动生产率提升 659.4 元（=1.57×420），约折合 2013 年人均实际 GDP 的 0.9%。这里需要指出的是，考虑到政府工作报告中与环境相关词汇频数占全文词汇总量的比重平均只有 5.7‰，因此将其提升 1‰实际上是一个不小的增加。列（3）～列（4）结果进一步表明，重工业占比越大的城市对政府环境治理力度越敏感，这与前文的判断吻合。另外，为进一步缓解第一阶段回归可能存在的内生性问题，列（5）～列（8）将环境治理变量滞后一期，基本不改变列（1）～列（4）的结果。

综合以上结果可知，雾霾污染显著降低了中国经济发展的质量水平，同时也彰显了政府在雾霾治理和经济发展方式转变过程中不可或缺的作用，换言之，政府可以通过实施合理有效的环境治理政策来实现降低雾霾污染和促进经济发展质量提升的"双赢"目标。

二、异质性分析

与前文异质性分析相对应，本小节将研究样本划分为大中城市、小城市子样本以及 2004~2008 年、2009~2013 年子样本，重点考查不同城市和不同时期雾霾污染对中国经济发展质量影响的异质性。前述对雾霾污染影响中国经济发展质量的传导机制分析表明，雾霾污染对大中城市的住房价格、城市化进程以及人力资本这三个传导机制中介变量的负面影响显著高于小城市，而且随着时间的推移负面影响不断上升。显然，若雾霾污染影响经济发展传导机制的异质性真实存在的话，那么在雾霾污染影响经济发展质量的异质性分析中也应该能够观测到类似的结果。基于此，本小节接下来以表 3-6 第（2）列的设定（即采用环境词汇比重与空气通风系数作为 $PM_{2.5}$ 浓度的工具变量）为基准探讨雾霾污染对经济发展质量的异质性影响[①]。

表 3-7 第二阶段回归结果报告了雾霾污染对经济发展质量的影响。整体来看，雾霾污染对大中城市经济发展质量的负面影响显著高于小城市，同时，2009~2013 年雾霾污染的负面效应显著提升。这与传导机制分析的结果可以相互佐证。具体来看，列（1）是全样本回归，与表 3-6 列（2）相同。列（2）~列（3）是分城市样本回归结果。其中，列（2）报告了大中城市子样本回归结果，$PM_{2.5}$ 浓度的回归系数是–12.95，在 1%的显著性水平上显著，表明 $PM_{2.5}$ 浓度每上升 1 微克/米^3，大中城市人均实际 GDP 下降 1295 元。列（3）报告了小城市样本的回归结果，$PM_{2.5}$ 浓度的回归系数是–1.03，在 5%的显著性水平上显著，意味着 $PM_{2.5}$ 浓度每上升 1 微克/米^3，小城市人均实际 GDP 下降 103 元，显著低于大中城市雾霾污染对人均产出水平的影响。列（4）~列（5）报告了分时期子样本回归结果。可以发现，2004~2008 年 $PM_{2.5}$ 浓度每上升 1 微克/米^3，人均实际 GDP 下降 287 元，而 2009~2013 年这一数值则上升到了 711 元。综合这些结果不难发现，雾霾污染对经济发展质量影响的异质性可以从传导机制分析的异质性特征中得到解释。

以上分析了雾霾污染对经济发展质量水平的异质性影响。除此之外，我们还考查了政府环境治理对雾霾污染的异质性影响，这对应于表 3-7 第一阶段回归结果。其中，列（2）环境词汇比重变量的回归系数为–12.05，列（3）为–21.62。

---

①　这里需要说明的是，选用表 3-6 中第（1）~（8）列中的任一模型设定作为基准，均能得到相类似的异质性分析结果。限于表格篇幅，这里不再一一报告，感兴趣的读者可向笔者索取相关回归结果。

这意味着对于同样一单位环境词汇比重的增加，小城市的雾霾污染治理效果好于大中城市。这一看似"异常"结果背后的经济学解释和逻辑非常直观：虽然小城市对环境治理的重视程度整体低于大中城市，但是给定同等的重视度，小城市往往能够更容易通过行政命令、问责等"立竿见影"的方式来直接控制环境污染。列（4）~列（5）时间异质性回归结果表明，2009~2013 年政府环境治理效果好于2004~2008 年，这与该时期政府环境治理政策执行力度不断加大相一致。

表 3-7　雾霾污染、政府环境治理与经济发展的异质性分析

解释变量	（1）	（2）	（3）	（4）	（5）
	全样本	城市异质性		时间异质性	
		大中城市	小城市	2004~2008 年	2009~2013 年
	第一阶段回归				
	$PM_{2.5}$	$PM_{2.5}$	$PM_{2.5}$	$PM_{2.5}$	$PM_{2.5}$
环境词汇比重	−15.70***	−12.05***	−21.62***	−13.05***	−16.36***
	（2.55）	（4.17）	（3.07）	（3.54）	（3.82）
空气通风系数	−0.56***	−0.33***	−0.69***	−0.56***	−0.57***
	（0.04）	（0.06）	（0.05）	（0.04）	（0.07）
第一阶段 F 值	25.95	15.17	19.43	26.78	19.24
解释变量	第二阶段回归				
	人均 GDP	人均 GDP	人均 GDP	人均 GDP	人均 GDP
$PM_{2.5}$	−4.20***	−12.95***	−1.03**	−2.87***	−7.11***
	（0.75）	（2.99）	（0.48）	（0.62）	（1.69）
常数项	是	是	是	是	是
控制变量	是	是	是	是	是
城市效应	是	是	是	是	是
时间效应	是	是	是	是	是
观测值	2137	812	1342	1339	815
调整 R^2	0.55	0.32	0.67	0.54	0.43

注：括号内的数字为标准差

***、**分别表示在 1%、5%的显著性水平上显著

三、稳健性分析

为进一步确保研究结论的可靠性，我们同样以表 3-6 列（2）所报告的工具变量回归为基准进行一系列稳健性检验。相应的结果在图 3-7 和表 3-8 中予以报告。

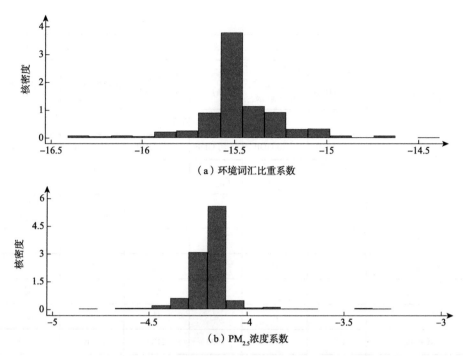

（a）环境词汇比重系数

（b）PM$_{2.5}$浓度系数

图 3-7　轮流删除每个地级市依次进行回归所得到的估计系数分布

表 3-8　雾霾污染、政府环境治理与经济发展的稳健性分析

解释变量	（1）剔除地级以上城市样本	（2）剔除 PM$_{2.5}$ 浓度最低与最高0.5%样本	（3）所有控制变量滞后一期	（4）进一步控制 SO$_2$ 与烟尘	（5）选取年降水量作为额外的工具变量	（6）对数模型
	第一阶段回归					
	PM$_{2.5}$	PM$_{2.5}$	PM$_{2.5}$	PM$_{2.5}$	PM$_{2.5}$	lnPM$_{2.5}$
环境词汇比重	−15.60*** (2.75)	−15.51*** (2.47)	−13.32*** (2.65)	−16.55*** (2.55)	−9.60*** (2.63)	
空气通风系数	−0.63*** (0.04)	−0.61*** (0.04)	−0.59*** (0.04)	−0.59*** (0.04)	−0.85*** (0.04)	
年降水量					−0.01*** (0.00)	
ln 环境词汇比重						−0.11*** (0.02)
ln 空气通风系数						−0.03*** (0.01)
第一阶段 F 值	25.70	27.49	26.20	26.17	29.29	26.02

续表

解释变量	（1）剔除地级以上城市样本	（2）剔除PM₂.₅浓度最低与最高0.5%样本	（3）所有控制变量滞后一期	（4）进一步控制SO₂与烟尘	（5）选取年降水量作为额外的工具变量	（6）对数模型
	第二阶段回归					
	人均 GDP	人均 GDP	人均 GDP	人均 GDP	人均 GDP	ln 人均 GDP
PM₂.₅	−3.92***（0.70）	−3.99***（0.71）	−4.22***（0.81）	−4.38***（0.73）	−2.85***（0.61）	
lnPM₂.₅						−0.59***（0.20）
常数项	是	是	是	是	是	是
控制变量	是	是	是	是	是	是
城市效应	是	是	是	是	是	是
时间效应	是	是	是	是	是	是
观测值	1776	2119	1923	2137	1740	2133
调整 R^2	0.61	0.56	0.52	0.55	0.56	0.77

注：ln 表示取对数，括号内的数字为标准差
***表示在 1%的显著性水平上显著

在中国，经济发展水平和雾霾污染在不同城市间均存在巨大差异，因此本章研究结果可能会受到个别城市的左右。为探讨这一可能性，本章轮流删除每个城市，并一一进行实证回归。图 3-7 基于所得到的回归系数绘制了直方图。观察图形可知，环境词汇比重系数与 PM₂.₅ 浓度系数分别落在[−16.40，−14.38]与[−4.86，−3.26]这两个相对狭小的区间内，同时所有估计系数均在 1%的显著性水平上显著，而且大部分回归结果与表 3-6 列（2）所报告的−15.70 和−4.20 非常接近，从而排除了个别城市样本左右本章研究结果的可能性。此外，为使研究样本更具可比性，本章剔除地级以上城市样本（包括副省级和省级城市），只保留地级城市样本，回归结果在表 3-8 列（1）中汇报，其依然与基准情形高度一致。进一步地，为考查雾霾污染异常值对回归结果的影响，表 3-8 列（2）剔除了 PM₂.₅ 浓度最高和最低 0.5%的样本，研究结果亦基本不改变。以上稳健性分析显示，本章结论对研究样本的选择并不敏感。

另外，前述工具变量针对的只是核心解释变量——雾霾污染，与此相关的一个担心是，控制变量可能还存在着"反向因果"所引起的内生性问题，比如金融发展、对外开放、基础设施与互联网普及度等都可能受到被解释变量经济发展的

影响，为排除这一问题对本章结果的不利影响，表 3-8 列（3）将所有控制变量滞后一期，回归结果也基本不改变。另一潜在问题是，核心解释变量 $PM_{2.5}$ 浓度与 SO_2 排放、烟尘排放密切相关，而 SO_2 与烟尘作为污染物也有可能对经济发展产生影响，从而导致遗漏变量偏误。为此，我们进一步控制单位面积 SO_2 排放和烟尘排放，以准确识别 $PM_{2.5}$ 污染对中国经济发展的影响，与表 3-6 列（2）相比，表 3-8 中列（4）的系数和显著性基本上都没有变化。众所周知，在雨雪天气下雾霾污染往往显著下降，同时降雨和降雪均由气象系统所决定，具有良好的外生性，基于这一认识，表 3-8 中列（5）采用雨雪所转化的年降水量作为雾霾污染的额外工具变量，回归结果显示，虽然 $PM_{2.5}$ 浓度与环境治理变量系数的绝对值有所下降，但是依然在 1%的显著性水平上显著，再次显示了本章研究结果的稳健性，年降水量的系数显著为负也与预期相符。最后，表 3-8 列（6）进一步采用对数模型进行实证分析，以考查回归结果对模型设定的敏感性，可以发现，雾霾污染对经济发展的负面影响以及政府治理对雾霾污染的改善效应依然显著存在，从数量上看，$PM_{2.5}$ 浓度每上升 1%人均实际 GDP 下降 0.59%，环境词汇比重每上升 1%，$PM_{2.5}$ 浓度下降 0.11%，简单的代数计算显示，这相当于 $PM_{2.5}$ 浓度每上升 1 微克/米^3，人均实际 GDP 下降 440 元，环境词汇比重每上升一个单位，$PM_{2.5}$ 浓度下降 12.46 微克/米^3，这与表 3-6 列（2）所报告的-420 与-15.70 非常一致。

第六节　减霾促转型，治理是关键

十九大报告明确全面深化改革总目标之一就是要不断"推进国家治理体系和治理能力现代化"[①]，其中包括生态环境治理以及大气污染防治。党和政府已经将生态环境治理工作提升到了前所未有的高度，明确中国特色社会主义事业的总体布局是包括生态文明建设在内的"五位一体"，将污染防治作为决胜全面建成小康社会的三大攻坚战之一，要求着力解决突出环境问题，持续实施大气污染防治行动，打赢蓝天保卫战。本章重点讨论的话题就是政府环境治理特别是大气污染防治在雾霾减排与经济转型中的作用。

政府环境治理自然能够降低包括雾霾在内的污染排放，但同时也会消耗或占用本来用于进行经济生产的某些投入，在短期内造成经济产出的下降。然而，政府环境治理不仅仅是环境保护自身的需要，更是提升经济发展质量和推进治理能力现代化的内在需求。可以说，在中国经济从高速增长阶段转向高质量发展阶段

[①] 习近平.2017-10-18.决胜全面建成小康社会 夺取新时代中国特色社会主义伟大胜利——在中国共产党第十九次全国代表大会上的报告.http://www.gov.cn/zhuanti/2017-10/27/content_5234876.htm.

的新时期，雾霾污染及其相关治理对经济发展质量的影响应该是我们更为关心的话题。

由于政府环境治理力度难以直接度量，如何选取合适的代理变量至关重要。许多研究采用环保人员数量、污染治理研发投入、污染税费等指标，然而这些指标较大程度上内生于经济发展阶段，容易引起经济学上所说的内生性问题，导致分析结果有偏，而且这些指标多侧重于体现政府环境治理的某一特定方面，难以刻画政府环境治理的全貌。随着政府环境治理力度的不断加大，政府工作报告中与环境问题相关词汇出现的频数和比重也逐年增加。为此，本书选取了地方政府工作报告中与环境相关词汇出现的频数及比重来度量政府环境治理力度。选取该指标的好处不仅在于其度量政府环境治理力度的全面性和权威性，而且由于地方政府工作报告一般发生在年初，该年度的经济发展无法反向影响事先已经确定的政府工作报告，从而可以规避采用前述指标所产生的内生性问题，能够使得本书更为客观和准确。

对于上述问题的研究，现有文献还存在以下缺失：比如，大多数研究基本只是关注经济发展对雾霾污染影响这一单向关系，忽略了雾霾污染对经济发展影响的反馈机制；其次，受限于雾霾数据可得性等原因，现有文献研究样本基本停留在省级层面等。鉴于此，本章使用 2004~2013 年跨度为十年的中国 286 个地级及以上城市层面 $PM_{2.5}$ 浓度这一独特的雾霾数据，选用劳动生产率即人均 GDP 作为经济发展质量或效率的代理变量，首次系统考查雾霾污染对中国经济发展质量的影响及其传导机制，并创新性地选取能够控制雾霾污染空间溢出效应的空气通风系数以及上述能够全面度量地方政府环境政策和治理力度的政府环境治理指标作为减缓雾霾污染内生性的两个工具变量，在两阶段最小二乘的统一框架内估计政府环境治理的减霾效果和对经济发展质量的影响。

本章的主要结论是：①雾霾污染加剧显著降低中国经济发展的质量水平，具体来说，$PM_{2.5}$ 浓度每上升 1 微克/米^3，劳动生产率下降 420 元，或 $PM_{2.5}$ 浓度每上升 1%将导致人均产出下降 0.7%；②房价、城市化进程以及人力资本是雾霾污染影响中国经济发展质量的三个重要传导渠道；③政府环境治理能够有效降低雾霾污染，从而促进经济发展质量水平的提升，政府工作报告中与环境相关词汇出现次数占全文词汇频数总量的比重每提高 1‰，$PM_{2.5}$ 浓度下降 1.57 微克/米^3，劳动生产率相应提升 659.4 元；④雾霾污染对大中城市经济发展质量的负面影响显著高于小城市，且随着时间的推移雾霾污染的负面效应越来越显著。

上述研究结论具有重要的政策含义。长期以来，在以经济建设为中心的大背景下，对于经济发展与雾霾污染关系较为普遍的观点是，降低雾霾污染将不可避免地损害经济发展，从而导致一些地方对雾霾污染"听之任之"。然而，环境承载的容量是有限的，通过不断的污染排放来持续推动经济增长注定是不可持续的，今天的中国已然面临着环境质量严重恶化与经济发展持续下行的双重挑战。粗放式的经济发展方式是导致雾霾污染日益加重的罪魁祸首，雾霾污染又通过房价、城市化进程以及人力资本等多种渠道进一步影响中国经济发展。这样的恶性循环、这样的两难困境唯有通过执行合理有效的政府环境治理政策才能够得到根本上的破解。

　　这里的政府环境治理政策既包括提高环境研发投入、合理征收环境税、全国统一的排放权交易市场建设等经济手段，又包含制定环境保护条例、颁布环境保护法规等法律法规手段，也包括直接颁布节能减排的行政命令以及推动生态环境保护的产业政策和财政政策等。只有生态环境治理能力和水平提升了，执行的生态环境治理政策合理且有效，生产要素才能不断从低效的高能耗高排放部门向高效的低能耗低排放部门流动，高能耗高排放部门留存下来的生产要素的投入质量才能够不断改善，经济结构才能够不断优化，经济整体的全要素生产率和经济发展质量才能够不断提高；如此，不断降低雾霾污染与实现经济发展方式向高质量发展持续转变的双赢目标才能实现，这也正是供给侧结构性改革在处理环境保护和经济发展这一对永恒关系上的核心要义所在。

第四章　能源要素重置、大气污染防治与经济高质量发展

第一节　大气污染与我国能源消耗模式

　　大气污染背后的根本原因在于化石能源生产与消费效率的低下，这客观上也拖累了中国全要素配置效率的改善，不利于经济的高质量发展。如图 4-1 所示，在中国 2010 年后开始超越美国成为全球第一大能耗国凸显能源要素重要性背景下，研究中国资源配置效率和经济高质量发展就离不开对能源要素配置效率和能源结构演化的分析，可以说，矫正能源要素配置扭曲和优化能源结构是我国大气污染防治与促进经济高质量发展的根本之道。

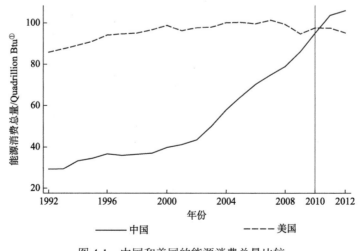

图 4-1　中国和美国的能源消费总量比较

---

① 即千万亿英热单位（quadrillion British thermal unit），1 英热单位=1055 焦耳。

第二章图 2-1 曾绘制了我国煤炭占一次能源消耗比例与 PM$_{2.5}$ 浓度的关系，说明煤炭使用居高不下的能源结构是我国大气污染形成的主要因素。图 4-2 绘制了我国一次能源消费、电力消费与 PM$_{2.5}$ 和 SO$_2$ 排放之间的变化趋势图。从中也可清楚看出，我国的能源消耗与大气污染排放之间有着相似的变化模式。21 世纪初以来，我国经历了高能耗、高投入的再次重工业化的阶段，能源消费与电力消费都有着快速的增长，与此同时，以 SO$_2$ 和 PM$_{2.5}$ 为代表的大气污染排放也快速增加，于 2006 年、2007 年左右增速达到最高。其后，随着"十一五"规划对能源消费总量的控制加强，我国的一次能源消耗和二次电力消费都在波动中不断下降，相应地，我国的 SO$_2$ 排放和 PM$_{2.5}$ 排放增速都开始下降，只是 PM$_{2.5}$ 排放增速下降比较缓慢。图 4-3 绘制了我国能源强度与能源消耗、大气污染排放变化的比较图。从总量指标上看，我国的工业废气排放与能源消耗有着相似的增长趋势，但是 SO$_2$ 排放却是先大致增长，在 2006 年出现拐点，其后排放下降。该图显示，我国的一次能源强度持续下降，尤其是 2006 年后出现了快速的下降过程。能源强度的下降表明我国的能源使用效率得到持续改进，这客观上减缓了我国能源消费总量的快速增长进程，助推了以 SO$_2$ 和工业废气排放为代表的我国大气污染的减排进程。可见，要讨论大气污染防治，首先需要讨论微观层面的能源配置效率与中观层面的能源结构变化，这也是分析经济高质量发展所绕不开的主题。

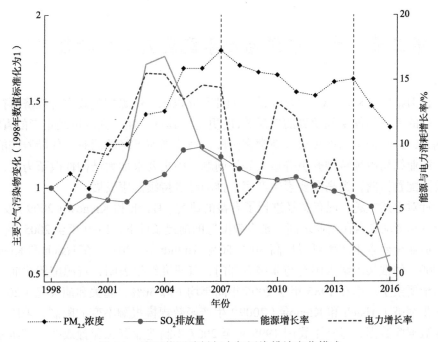

图 4-2　我国能源消耗与大气污染排放变化模式

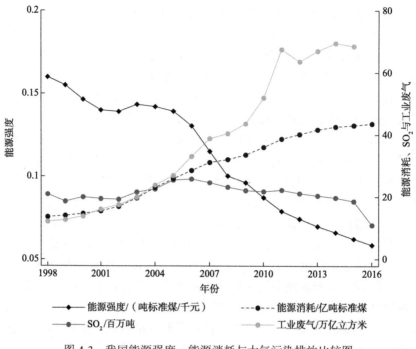

图 4-3　我国能源强度、能源消耗与大气污染排放比较图

第二节　我国能源诸要素配置效率的特征事实

自 Hsieh 和 Klenow（2009）的开创性研究以来，资源配置效率与经济可持续性之间的关系不仅受到学界的广泛关注，更是因其重要性受到政策制定者的青睐。特别是，近年来中国逐步迈入新常态阶段，经济增速下降的同时，伴随着产能过剩、产业结构亟须转型升级等重大经济问题，中央要求加大结构性改革力度，矫正要素配置扭曲，提高全要素生产率，推动经济持续健康发展。

针对上述主题，现有文献进行了有益的研究。Hsieh 和 Klenow（2009）发现，在资本和劳动要素在企业之间实现有效配置的前提条件下，1999 年至 2005 年间中国制造业全要素生产率可以提高 30%~50%。Brandt 等（2013）在 Hsieh 和 Klenow（2009）的框架内纳入国有与非国有部门，其研究结果表明，资源配置扭曲导致中国全要素生产率在 1985 年至 2005 年间年均下降 30%。龚关和胡关亮（2013）进一步突破了 Hsieh 和 Klenow（2009）生产函数规模报酬不变的限制，采用工业企业数据库数据，考查了我国 1998 年至 2007 年制造业资源配置效率，其研究结果显示，资本和劳动要素配置效率的改善分别促使全要素生产率提高了 10.1%和

7.3%。盖庆恩等（2015）除了考查资本与劳动力市场扭曲外，还综合考虑了产品市场扭曲（垄断势力）。通过相关文献的梳理不难发现，虽然已有研究对中国资源配置效率进行了深入细致的分析，然而研究样本区间多截止于 2007 年，从而无法对 2008 年金融危机后，特别是新常态下中国资源配置效率的动态演化特征进行系统研究和定量分析。事实上，金融危机的冲击以及随之而来的应对国际金融危机的一揽子计划的启动势必对中国经济资源配置方式及效率造成影响。

更为重要的是，现有文献对资源配置效率的研究基本只基于传统的资本和劳动要素，鲜有文献将能源这一重要投入要素纳入研究框架，而这却是本书所要关注的主题。众所周知，中国经济长期以来的高增长伴随着能源消耗的持续飙升，能源要素对产出的影响巨大。比较主要投入要素的趋势性特征可知，尽管 1998 年至 2013 年期间能源要素的增长势头逊于资本要素，但是却显著高于劳动要素（图4-4）。此外，相较于资本与劳动，能源要素消耗对 2008 年金融危机的冲击并不敏感，我国经济发展的能源需求具有较强刚性。上述种种典型事实表明，能源要素已然成为考查我国资源配置效率不可或缺的因素。如果忽略能源要素，会影响我国资源配置效率的测算精确度。

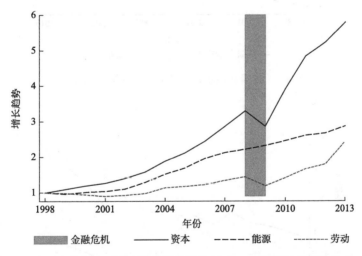

图 4-4　主要生产投入要素变化的趋势性特征（1998 年的数值标准化为 1）

接下来分析我国资源配置效率的基本特征事实，以期为下文的分析提供参照。经典经济学理论认为，资源最有效率配置的情形下，不同经济主体之间的要素比例应相同或相似，证明过程参见附录一。然而就中国的情形而言，如即将看到的那样，无论是部门间（高、低耗能部门）还是地区间（省、市）要素比例差异均较大，并且 2008 年金融危机后，这种差异更加显著。图4-5 与图4-6 通过绘制高、低能耗部门资本劳动比与资本能源比曲线图来简单看一下 1998 年至 2013 中国行业之间资源配置的状况。横向上看，中国行业之间要素比例差异较大，平均而言，高能耗部门资本劳动比是低能耗部门的 2 倍左右，低能耗部门资本能源比约是高耗能行业的 2.5 倍。从纵向时间趋势上看，图形清楚地显示，虽然 2012 年与 2013 年行业间资本劳动比的差距小幅收窄（图 4-5），但是整体而言，部门间要素比的差距持续扩大，从而对资源最有效率配置情形的偏离度也在增加，金融危机期间，资本能源比的差距甚至还出现了强势跳跃（图 4-6）。

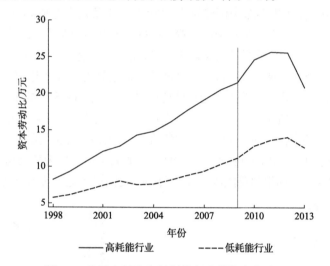

图 4-5　我国高耗能和低耗能行业的资本劳动比

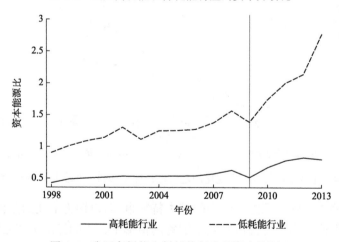

图 4-6　我国高耗能和低耗能行业的资本能源比

以上对部门之间资源配置效率进行了初步地探讨，那么，地区间的情形如何？图 4-7 与图 4-8 绘制了中国不同省资本劳动比与资本能源比的散点图。观察图形阴影部分的宽度可以发现，在本章研究样本区间内，地区间资本劳动比与资本能源比的离散程度较大（图中阴影部分的宽度代表地区间要素比的标准差，因而表示了要素比的离散程度）且随着时间的推移不断增加，因此，与行业间的资源配置效率类似，除了近两年以外，地区间的资源配置效率对资源最有效率配置情形的偏离度较大且还存在增加的趋势。此外，以金融危机为界来看，两张图中阴影部分宽度随时间变化特征表明，金融危机之后地区间资本劳动比与资本能源比的离散程度明显高于之前。综合图 4-5 至图 4-8，可以粗略地推知，一方面中国资源配置存在着相对较大程度的扭曲，另一方面 1998 年至 2013 年间资源配置效率似乎并未出现明显改善，金融危机期间及以后资源配置状况甚至还存在恶化的可能性，而新常态下则可能出现转机。

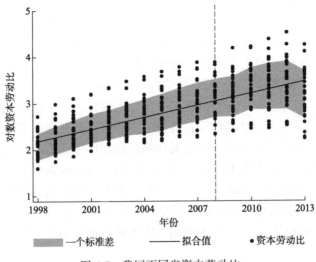

图 4-7　我国不同省资本劳动比

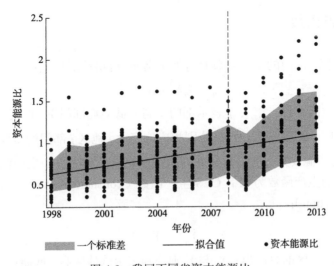

图 4-8　我国不同省资本能源比

第三节　纳入能源要素的经济增长模型设定与能源效率计算

能源作为主要的生产要素之一，接下来，如何恰当地将其纳入研究框架对于测度中国资源配置效率将尤为关键。考虑到中国不同地区之间的经济发展不平衡，将经济以地区（省、市）为单位进行划分是将能源要素纳入资源配置效率研究框架的一个自然而直接的设定。进一步根据地区内部各行业能耗高低将其归并为高、低耗能这两个与能源要素配置最为密切的部门，并将能源变量嵌入以"地区-部门"为基本单元的生产函数。因此，在本章的研究框架中，各类资源是跨地区（省、市）、跨部门（高、低耗能部门）配置的。

第二节的分析为窥探中国资源配置效率动态演化及下文模型的设定提供了有益的参考，但却只是非常初步的定性分析，对中国资源配置效率动态演化及分解的定量分析，特别是考查能源要素在其中所起的作用还需借助于更为严谨、规范的理论框架。为此，本章在 Brandt 等（2013）以及 Adamopoulos 等（2017）建模思路的基础上，创新性地将能源这一重要生产投入要素引入现有研究框架，如前所述，能源要素的引入也是本章理论模型设定不同于已有文献的一大特色。同时，如下文即将看到的那样，将能源要素纳入资源效率配置的研究框架增加了模型求解的难度。

一、生产函数

假设 i 地区 j 部门的生产函数具有如下柯布-道格拉斯形式：

$$Y_{ij} = A_{ij} K_{ij}^{\alpha} L_{ij}^{\beta} E_{ij}^{1-\alpha-\beta} \tag{4-1}$$

其中，i 表示地区（省、市）；j 表示部门（高、低能耗部门）；Y_{ij} 表示 i 地区 j 部门的产出；A_{ij}、K_{ij}、L_{ij} 以及 E_{ij} 分别相应地表示 i 地区 j 部门的全要素生产率、资本、劳动与能源要素。与已有文献的不同点是，式（4-1）中生产函数纳入了能源要素。i 省的生产函数为如下 CES 生产函数（constant elasticity of substitution production function）：

$$Y_i = \left(Y_{ih}^{1-\sigma} + Y_{il}^{1-\sigma} \right)^{\frac{1}{1-\sigma}} \tag{4-2}$$

其中，Y_i 表示 i 地区的总产出；Y_{ih} 与 Y_{il} 则分别表示该地区高、低能耗部门的产出；

σ 表示 i 地区内部不同部门之间的常数替代弹性。进一步将地区生产函数按照 CES 形式加总，得到如下国家层面的生产函数：

$$Y = \left(\sum_{i=1}^{N} Y_i^{1-\theta} \right)^{\frac{1}{1-\theta}} \tag{4-3}$$

其中，Y 表示国家层面的总产出；θ 表示不同地区之间的常数替代弹性；N 表示地区数量。

二、经济主体的优化问题与市场出清

生产总产出 Y 的优化问题可表述为

$$\underset{Y_i}{\text{Max}} \left\{ P \left(\sum_{i=1}^{N} Y_i^{1-\theta} \right)^{\frac{1}{1-\theta}} - \sum_{i=1}^{N} \left(1 + \tau_{iy} \right) P_i Y_i \right\} \tag{4-4}$$

其中，P 表示整体价格水平；P_i 表示 i 地区的价格水平；τ_{iy} 度量 i 地区产品市场扭曲程度。式（4-4）对 Y_i 求解一阶优化条件可得

$$Y_i = \left[\frac{\left(1 + \tau_{iy} \right) P_i}{P} \right]^{-\frac{1}{\theta}} Y \tag{4-5}$$

i 地区产出 Y_i 的优化问题可表述为

$$\underset{Y_{ih}, Y_{il}}{\text{Max}} \left\{ P \left(Y_{ih}^{1-\sigma} + Y_{il}^{1-\sigma} \right)^{\frac{1}{1-\sigma}} - P_{ih} Y_{ih} - P_{il} Y_{il} \right\} \tag{4-6}$$

如前，Y_{ih} 与 Y_{il} 分别表示 i 地区高、低能耗部门的产出；P_{ih}、P_{il} 表示 i 地区高、低能耗部门的价格水平。由式（4-6）对 Y_{ih}、Y_{il} 分别求一阶导并整理得

$$Y_{ih} = \left(\frac{P_{ih}}{P_i} \right)^{-\frac{1}{\sigma}} Y_i \quad Y_{il} = \left(\frac{P_{il}}{P_i} \right)^{-\frac{1}{\sigma}} Y_i \tag{4-7}$$

i 地区 j 部门产出 Y_{ij} 的优化问题为

$$\underset{K_{ij}, L_{ij}, E_{ij}}{\text{Max}} \left\{ \pi_{ij} = P_{ij} A_{ij} K_{ij}^{\alpha} L_{ij}^{\beta} E_{ij}^{1-\alpha-\beta} - \left(1 + \tau_{ijk} \right) r K_{ij} - \left(1 + \tau_{ijl} \right) w L_{ij} - \left(1 + \tau_{ije} \right) \rho E_{ij} \right\} \tag{4-8}$$

其中，r、w 与 ρ 分别表示资本、劳动以及能源的价格；τ_{ijk}、τ_{ijl} 和 τ_{ije} 分别度量 i 地区 j 部门资本市场、劳动市场与能源市场的扭曲程度。对 K_{ij}、L_{ij}、E_{ij} 分别求一阶导并整理可得

$$\text{MRPK}_{ij} = \alpha P_{ij} A_{ij} K_{ij}^{\alpha-1} L_{ij}^{\beta} E_{ij}^{1-\alpha-\beta} = \left(1 + \tau_{ijk} \right) r \tag{4-9}$$

$$\text{MRPL}_{ij} = \beta P_{ij} A_{ij} K_{ij}^{\alpha} L_{ij}^{\beta-1} E_{ij}^{1-\alpha-\beta} = \left(1+\tau_{ijl}\right)w \qquad (4\text{-}10)$$

$$\text{MRPE}_{ij} = (1-\alpha-\beta) P_{ij} A_{ij} K_{ij}^{\alpha} L_{ij}^{\beta} E_{ij}^{-\alpha-\beta} = \left(1+\tau_{ije}\right)\rho \qquad (4\text{-}11)$$

由于能源要素的纳入，市场出清除了包含资本市场与劳动市场出清，还需包含能源市场出清。若采用 K、L、E 分别表示总资本、总劳动与总能源消耗，那么市场出清条件为

$$K_i = K_{ih} + K_{il} \qquad \sum_{i=1}^{N} K_i = K \qquad (4\text{-}12)$$

$$L_i = L_{ih} + L_{il} \qquad \sum_{i=1}^{N} L_i = L \qquad (4\text{-}13)$$

$$E_i = E_{ih} + E_{il} \qquad \sum_{i=1}^{N} E_i = E \qquad (4\text{-}14)$$

三、要素的均衡配给与全要素生产率

给定 τ_{iy}、τ_{ijk}、τ_{ijl} 与 τ_{ije}，要素的均衡配给 $\dfrac{K_{ih}}{K_i}$、$\dfrac{K_{il}}{K_i}$、$\dfrac{L_{ih}}{L_i}$、$\dfrac{L_{il}}{L_i}$、$\dfrac{E_{ih}}{E_i}$、$\dfrac{E_{il}}{E_i}$ 以及 $\dfrac{K_i}{K}$、$\dfrac{L_i}{L}$ 与 $\dfrac{E_i}{E}$ 满足式（4-5）、式（4-7）和式（4-9）至式（4-14）。τ_{iy}、τ_{ijk}、τ_{ijl} 与 τ_{ije} 的识别与均衡要素配给求解的详细过程见附录一。

如果 i 省 j 部门全要素生产率 $A_{ij} = Y_{ij} / \left(K_{ij}^{\alpha} L_{ij}^{\beta} E_{ij}^{1-\alpha-\beta}\right)$，那么在求出均衡要素配给的基础上，结合式（4-2）、式（4-3）即可求得省级层面进而国家层面的全要素生产率。具体而言，i 省的实际全要素生产率 A_i 与国家层面实际全要素生产率 A 可分别表示为

$$A_i = Y_i / \left(K_i^{\alpha} L_i^{\beta} E_i^{1-\alpha-\beta}\right) = \left[\sum_{j=h,\, l}\left[A_{ij}\left(\frac{K_{ij}}{K_i}\right)^{\alpha}\left(\frac{L_{ij}}{L_i}\right)^{\beta}\left(\frac{E_{ij}}{E_i}\right)^{1-\alpha-\beta}\right]^{1-\sigma}\right]^{\frac{1}{1-\sigma}} \qquad (4\text{-}15)$$

$$A = Y / \left(K^{\alpha} L^{\beta} E^{1-\alpha-\beta}\right) = \left[\sum_{i=1}^{N}\left[A_i\left(\frac{K_i}{K}\right)^{\alpha}\left(\frac{L_i}{L}\right)^{\beta}\left(\frac{E_i}{E}\right)^{1-\alpha-\beta}\right]^{1-\theta}\right]^{\frac{1}{1-\theta}} \qquad (4\text{-}16)$$

按前文所述求出均衡要素配给并进一步代入式（4-15）与式（4-16）即可得到 A_i 与 A 的具体数值。此外，由于在资源配置最有效率的情形下，τ_{iy}、τ_{ijk}、τ_{ijl} 与 τ_{ije} 均为 0，将该条件代入式（4-15）与式（4-16）可得到 i 地区与国家层面最有

效的全要素生产率 A_i^* 与 A^* 。

$$A_i^* = \left(A_{ih}^{1-\sigma} + A_{il}^{1-\sigma} \right)^{\frac{1}{1-\sigma}} \tag{4-17}$$

$$A^* = \left[\sum_{i=1}^{N} \left(A_i^* \right)^{1-\theta} \right]^{\frac{1}{1-\theta}} \tag{4-18}$$

四、资源配置扭曲的测度及基于反事实框架的分解

与 Brandt 等（2013）以及 Adamopoulos 等（2017）等文献类似，本章将资源配置扭曲程度定义为 $D = \ln\left(A^{\text{efficient}} / A^{\text{actual}} \right)$，其中，$A^{\text{efficient}}$ 为资源配置最有效时的全要素生产率（潜在全要素生产率），A^{actual} 为实际全要素生产率；根据定义可知，D 越小，资源配置效率越高，换言之，资源配置扭曲程度越低，当 $D=0$ 时，实际全要素生产率 A^{actual} 等于潜在全要素生产率 $A^{\text{efficient}}$，资源配置效率最高。据此，本章资源配置扭曲程度则为

$$D = \ln\left(\frac{A^*}{A} \right) \tag{4-19}$$

将式（4-16）与式（4-18）代入式（4-19）即可得到中国资源配置扭曲程度的具体数值。那么，如前所述，更进一步自然要问，各类市场（比如资本、劳动、能源等生产要素市场以及产品市场）对总体资源扭曲的贡献率多大？地区之间与部门之间资源扭曲又分别在多大程度上解释了总体资源扭曲？为回答此类问题，需要将总体资源扭曲进行分解。

本章基于反事实框架对总体资源扭曲进行分解。背后的思想是，消除某一扭曲所增加的那部分全要素生产率即是该扭曲所导致的效率损失值。接下来，本书分别以计算能源要素扭曲、部门间扭曲以及地区间扭曲对总扭曲的贡献率为例来对本章的"反事实"策略进行说明。消除能源扭曲意味着对于所有的地区 i 与部门 j 来说 τ_{ije} 均相等[①]；消除部门扭曲意味着 τ_{iy}、τ_{ijk}、τ_{ijl} 与 τ_{ije} 分别在部门间相等而在地区间存在差别；类似地，消除地区扭曲相当于 τ_{iy}、τ_{ijk}、τ_{ijl} 与 τ_{ije} 分别在地区间相等而在部门间存在差异。以上三种情形用公式可依次表示为

$$\tau_{ije} = \tau_e \quad \forall i = 1, 2\cdots, N \ \ \forall j = h, l$$

$$\tau_{ihk} = \tau_{ilk}, \tau_{ihl} = \tau_{ill}, \tau_{ihe} = \tau_{ile} \quad \forall i = 1, 2\cdots, N$$

---

① 由于"扭曲"只是相对的概念，消除特定扭曲不必意味着该扭曲等于 0，只需在不同经济主体间等于任意常数即可。

$$\tau_{1y} = \cdots = \tau_{Ny}, \tau_{1jk} = \cdots = \tau_{Njk}, \tau_{1jl} = \cdots = \tau_{Njl}, \tau_{1je} = \cdots = \tau_{Nje} \quad \forall j = h, l$$

假设消除能源要素扭曲、部门间扭曲以及地区间扭曲后，全要素生产率分别为 A^E、A^S 与 A^P，d^E、d^S 与 d^P 分别代表能源要素扭曲、部门间扭曲以及地区间扭曲对总扭曲的贡献率，那么：

$$d^E = \frac{A^E - A}{A^* - A}, \quad d^S = \frac{A^S - A}{A^* - A}, \quad d^P = \frac{A^P - A}{A^* - A} \tag{4-20}$$

其中，与前文相同，A 与 A^* 分别表示国家层面的实际与潜在全要素生产率。直观上讲，d^E 表示能源要素扭曲带来的效率损失（$A^E - A$）占效率损失总额（$A^* - A$）的比例。资本要素、劳动要素以及产品市场扭曲对总扭曲的贡献率采用类似的方法计算得到。

第四节　能源配置效率及其对我国资源配置扭曲的影响分析

一、数据处理与参数设定

除了将能源要素纳入现有研究框架并在此基础上求解模型以外，本章的另一难点是数据处理。根据模型的设定，本章所需的数据结构为跨地区、跨部门形式，然而目前已有数据要么是地区层面的，要么是行业层面的，还鲜见跨地区、跨行业长时序相对连续完整的投入产出数据，涵盖金融危机前后足够长时间区间的该类数据更是没有。为使其成为可能，我们基于 1998 年至 2013 年中国工业企业数据库与价格指数、能源消耗等变量的合并数据，在把数据集结到行业以及时间层面的基础上，进一步根据行业能耗高低，构建了随地区（省、市）-部门（高、低耗能部门）-时间（1998 年至 2013 年）变化的三维投入产出面板数据，主要包括工业总产值、工业增加值、资本存量、从业人数以及能源消耗等核心投入产出变量。本章数据来源为 1998 年至 2013 年中国工业企业数据库、CEIC 数据库、《中国能源年鉴》以及各省市统计年鉴等，数据处理过程详见本章附录二。

基于长时序、大样本微观数据（本章所采用的 1998 年至 2013 年工业企业数据观测值数量高达 420 万），构造变量是一项相对烦琐和容易出错的工作。为确保下文所报告结果的准确性与可靠性，有必要将前文构造的关键性变量与相关的代表性文献进行比对。陈诗一（2011b）构造并公布了 1980 年至 2008 年我国工业全行业资本产出比的具体数据。本章摘取该文 1998 年至 2008 年资本产出比数据并与相同区间本章数据进行了比对，图 4-9 显示二者较为接近，并无系统性差异。另外，表 4-1 分别给出了以地区与以地区-部门为单元的变量简单统计描述。从表中可以看出，无论是在地区间，还是在部门间，投入产出变量均存在较大差异，其中，部门间能源消耗的差异最为显著，这也再次充分表明了将能源要素纳入资源配置效率研究框架的必要性。

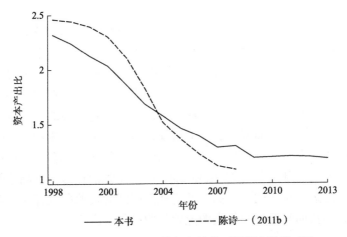

图 4-9 自建资本产出比数据与笔者不同研究结果对比

表 4-1 主要变量统计描述

变量名称及单位	省、市				省、市内部的高能耗部门				省、市内部的低能耗部门			
	均值	标准误	最小值	最大值	均值	标准误	最小值	最大值	均值	标准误	最小值	最大值
工业总产值/亿元	12 439	19 218	148	131 263	9 655	14 527	114	97 808	2 783	4 992	11	48 159
工业增加值/亿元	3 640	5 239	47	36 978	2 778	3 952	31	29 413	862	1 384	3	12 521
资本存量/亿元	3 991	4 200	165	28 451	3 239	3 230	108	20 981	752	1 054	10	8 623
从业人员/万人	251	289	7	1 977	178	185	3	1 256	74	113	2	1 044
能源消耗/万吨标准煤	5 672	6 589	198	35 641	5 196	5 983	166	33 041	476	655	5	4 134

在求解实际与潜在全要素生产率以及基于反事实策略对资源配置扭曲进行分解之前，还需要确定模型中的关键参数：资本的产出弹性 α、劳动的产出弹性 β、地区内部不同部门之间的常数替代弹性 σ 以及不同地区之间的常数替代弹性 θ。郭庆旺和贾俊雪（2005）对中国资本产出弹性与劳动产出弹性进行了估算，结果显示，中国资本产出弹性与劳动产出弹性分别为 0.69 与 0.31，孙元元和张建清（2015）对分省工业行业生产函数的估算也有类似的发现，借鉴这一结果并结合当时中国劳动份额相对上升的事实，本章将 α 与 β 分别设定为 0.6 和 0.3；考虑到 α 与 β 是前文模型中的重要参数，且文献对二者的取值还存在较大的争议，比如，Brandt 等

（2012）的研究结果显示，中国资本产出弹性与劳动产出弹性大体相当，基本在0.5 左右，下文的稳健性分析还对这一情形进行了考查；另外，参照 Hsieh 和 Klenow（2009）与 Brandt 等（2013）的研究，本章将 σ 与 θ 的数值均设定为 0.67。

二、资源配置扭曲的动态演化

在前文模型设定与数据处理的基础上，本部分报告了本章量化分析的主要结果。在考查中国资源配置效率动态演化之前，不妨首先来看一下不同能耗部门全要素生产率。图 4-10 绘制并展示了本书所估算的高、低能耗部门全要素生产率核密度图。从图形中可以看出，不同能耗部门全要素生产率存在明显差别，平均而言，高能耗部门全要素生产率小于低能耗部门（低能耗部门的全要素生产率是高能耗部门的 1.25 倍），然而根据表 4-1 可知，全要素生产率相对较低的高能耗部门所占有的资源却显著高于低能耗部门：高能耗部门的资本存量与从业人员数量的均值分别是低能耗部门的 4.31 倍和 2.41 倍；能源消耗量更是高达低能耗部门的 10.92 倍。这进一步表明了，高、低能耗部门间的资源配置存在着较大扭曲，能源投入要素的扭曲是解释总体资源配置扭曲的重要因素。

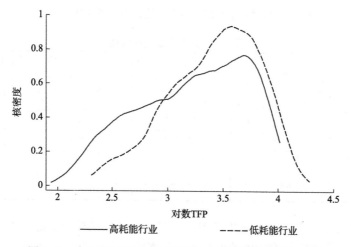

图 4-10　高耗能和低耗能行业对数全要素生产率核密度图

在基于式（4-16）与式（4-18）分别计算出实际与潜在全要素生产率的基础上，图 4-11 绘制了所估算的我国 1998 年至 2013 年实际与潜在全要素生产率的变化曲线。该图显示，除了个别年份（2008 年金融危机以及 2013 年我国经济增长开始进入新常态）之外，我国实际全要素生产率在 1998 年至 2013 年间持续增长，进一步的计算表明，该时期全要素生产率的年均增长率为 6.5%。尽管如此，从图形中可以看出，实际全要素生产率却显著低于潜在水平，而且在研究样本区间内还尚未看到实际全要素生产率向潜在全要素生产率收敛的趋势。

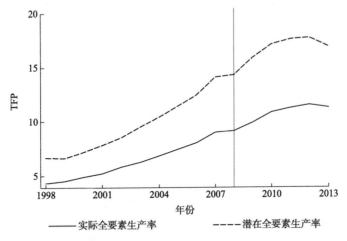

图 4-11　全国层面的实际与潜在全要素生产率

图 4-11 显示，中国实际全要素生产率显著低于潜在水平，资源配置存在较大扭曲。为进一步定量刻画中国资源配置扭曲程度，本章借助于前文式（4-19）计算了资源配置扭曲的具体数值，并在图 4-12 中采用"散点–拟合线"的形式直观地展示了中国 1998 年至 2013 年资源配置扭曲（或资源配置效率）动态演化模式。简单的代数计算显示，1998 年至 2013 年间中国资源配置扭曲均值为 0.426，根据前文的设定，这意味着该时间区间内，资源配置扭曲导致中国全要素生产率年均下降 42.6%。图形中拟合线向上倾斜表明，从整体趋势上来看，在本章研究样本区间内中国资源配置扭曲状况并未得到改善，反而略微恶化，这也进一步呼应并印证了前文典型事实所暗示的结果。从特定时间区间来看，资源配置扭曲程度从 1998 年亚洲金融危机的局部高位下降，此后 4 年一直处在相对低位徘徊，这与文献中所估算的中国全要素生产率变化特征基本一致（吴延瑞，2008；Perkins and Rawski，2008；Zheng et al.，2009）；2003 年左右资源配置扭曲程度则开始一路攀升，本章的这一结果也耦合了陈诗一（2010c）所强调的 2003 年以后重工业膨胀的事实，由前文可知，高能耗部门全要素生产率显著低于低能耗部门，2003年以后重工业的膨胀势必恶化工业全行业全要素生产率、增加了资源配置扭曲，这也正是图 4-12 在 2003 年至 2007 年间所展示的；虽然资源配置扭曲程度在 2007年有所企稳，然而 2008 年全球金融危机恶化了中国资源配置效率，图 4-12 清晰地显示，金融危机期间的资源配置扭曲程度显著高于其他年份，特别地，在金融危机冲击集中显现的 2009 年，资源配置扭曲达到历史最高水平；较之于 2009 年，2010 年与 2011 年资源配置扭曲有所下降，却依然停留在高位，这也显示了金融

危机对我国经济冲击具有一定的持续性；然而，2012~2013 年资源配置扭曲程度则有了较为明显的回落，这一结果与前文第二部分特征事实所展示的 2012 年与 2013 年不同部门、不同地区之间主要生产投入要素比例差距有所缩小（从而向资源最有效率配置的情形靠拢）一致。

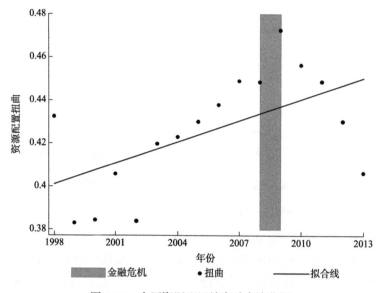

图 4-12 中国资源配置效率动态演化图

此外，为对 1998 年至 2013 年间资源配置扭曲的性质进行初步探讨，本章还设定了如下简单计量回归模型：

$$D_t = \omega_0 + \omega_1 \text{year} + \varepsilon_t \tag{4-21}$$
$$D_t = \alpha_0 + \alpha_1 D_{t-1} + \varsigma_t \tag{4-22}$$
$$D_t = \beta_0 + \beta_1 \text{Crisis} + \zeta_t \tag{4-23}$$
$$D_t = \gamma_0 + \gamma_1 \text{Crisis\_after} + \xi_t \tag{4-24}$$

其中，D_t 表示采用式（4-19）计算的 t 时期资源配置扭曲程度；year 表示时间；D_{t-1} 表示 D_t 时间上的一阶滞后项；Crisis 表示 2008 年金融危机时间虚拟变量；Crisis_after 表示金融危机后的时间虚拟变量。因此，与图 4-12 中的拟合曲线一样，式（4-21）考查了资源配置扭曲随时间变化的趋势性特征[①]；式（4-22）则采用一阶自回归模型考查了资源配置扭曲的持续性，α_1 估计值的系数越大，代表资源配置扭曲的持续性越强；式（4-23）与式（4-24）分别考查了 2008 年金融危机期间与之后资源配置扭曲与其他时期的差别。值得指出的是，较之于对比分析，简单

---

① 事实上，式（4-21）中 year 变量系数的估计值就是图 4-12 中拟合曲线的斜率。

计量回归的好处在于，除了能得到对比分析的差异值之外，还能获得差异值的显著性水平，比如，根据设定，式（4-23）中变量 Crisis 系数 β_1 的估计值表示金融危机期间资源扭曲与其他时期均值之差，β_1 估计值的标准差则能表示这种差异是否显著，而直接的对比分析（采用金融危机期间资源扭曲大小减去其他时期的均值）却只能得到 β_1 的估计值。

表 4-2 报告了式（4-21）至式（4-24）的回归结果。从表 4-2 中可以看出，从整体趋势上来看，一旦考虑能源要素，中国资源配置状况并未改善；D_{t-1} 系数的估计值高达 0.701 并且在 1% 的显著性水平上显著表明我国资源配置扭曲具有较强的持续性；2008 年金融危机期间资源配置扭曲程度比其他时期高 0.05，简单的代数计算显示，这等价于 2008 年金融危机期间资源配置扭曲程度比其他时期高出 12%，金融危机显著降低了中国资源配置效率；最后，式（4-24）的估计结果显示，2008 年金融危机之后的中国资源配置扭曲比危机之前高 7%。

表 4-2　资源配置扭曲性质的简单回归分析

解释变量	扭曲			
	D_t	D_t	D_t	D_t
year	0.003[**] （0.001）			
Cons_1	0.398[***] （0.012）			
D_{t-1}		0.701[***] （0.204）		
Cons_2		0.125 （0.087）		
Crisis			0.050[*] （0.026）	
Cons_3			0.423[***] （0.006）	
Crisis_after				0.029[**] （0.012）
Cons_4				0.415[***] （0.008）

***、**和*分别表示在 1%、5% 和 10% 的显著性水平上显著

此外，本章还在采用式（4-15）与式（4-17）计算出省级实际与潜在全要素生产率的基础上，运用式（4-19）计算了各省资源配置扭曲程度，表 4-3 报告了这一结果。观察表 4-3 不难发现，经济发展水平较高并且能耗相对较少的省，资源配置效率排名相对靠前，比如，广东、福建与浙江分别位居前三甲；经济发展水平较低、能源消耗较高的地区，资源配置效率排名则相对靠后，比如青海、内

蒙古、新疆等，山西这一经济发展相对滞后的富煤、耗能大省更是成为资源配置
效率最低的省份。从表 4-3 还可看出，就经济发展水平较为相似的地区而言，能
耗越高的地区，资源配置效率越低，比如，广东高于北京、浙江高于江苏、吉林
高于黑龙江，特别地，虽然海南经济发展水平不高，但该省能耗非常低，其资
源配置效率远高于经济发展水平相当的宁夏、甘肃、青海等。仔细观察表 4-3 还
能发现，省级资源配置扭曲程度普遍小于国家层面，这是因为全国资源配置扭曲
除了包含省内（高、低能耗部门之间）资源配置扭曲外，还包含各省间资源配置
扭曲。

表 4-3　省级层面的资源配置扭曲程度及其排名

地区	效率排名	扭曲程度	地区	效率排名	扭曲程度
广东	1	0.086	广西	16	0.230
福建	2	0.105	重庆	17	0.235
浙江	3	0.109	河南	18	0.247
北京	4	0.128	湖北	19	0.248
上海	5	0.139	河北	20	0.254
海南	6	0.161	辽宁	21	0.254
江苏	7	0.165	贵州	22	0.258
吉林	8	0.167	黑龙江	23	0.259
天津	9	0.175	甘肃	24	0.305
江西	10	0.176	陕西	25	0.310
山东	11	0.194	宁夏	26	0.341
安徽	12	0.208	内蒙古	27	0.359
四川	13	0.219	新疆	28	0.421
云南	14	0.224	青海	29	0.497
湖南	15	0.226	山西	30	0.520

三、资源配置扭曲的分解

前文报告并剖析了我国资源配置扭曲的动态演化模式，本小节则更多地关注
资源配置扭曲背后的机制——不同因素对资源配置扭曲的贡献。为此，我们采用
前述反事实策略从两个维度对资源配置扭曲进行分解。首先将资源配置扭曲从空
间维度分解为省际与省内部（高、低能耗部门之间）要素扭曲，图 4-13 报告了省
际以及高、低能耗部门之间要素扭曲对效率损失的贡献。平均而言，省间与高、
低能耗部门之间要素扭曲对资源配置扭曲的贡献率大体相当，分别为 52.2% 与

47.8%；从随时间变化的模式而言，图 4-13 表明，二者对资源配置扭曲的贡献率并未出现一方系统性地高于另外一方的情况。

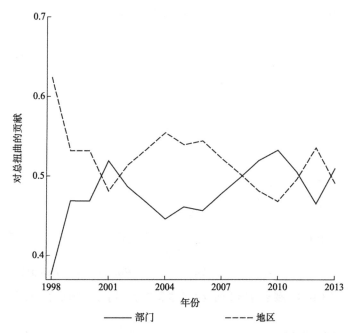

图 4-13　我国地区和部门之间要素扭曲对总效率损失的贡献

其次，为考查不同投入要素对资源配置扭曲的贡献，本章还从另外一个维度将资源配置扭曲分解为资本、劳动、能源以及产品市场扭曲，基于式（4-20）的计算结果显示，资本、劳动、能源等生产投入要素的贡献率分别为 47.7%、17.6%与 35.8%[①]，产品市场扭曲的贡献几乎为 0，能源要素扭曲对资源配置扭曲的贡献率仅次于资本要素扭曲，但却显著高于劳动要素扭曲以及产品市场扭曲，可见在考查资源配置效率时，忽略能源这一重要生产投入要素势必给研究结果的准确性和可靠性带来负面影响。图 4-14 绘制了 1998 年至 2013 年间资本、劳动、能源等生产投入要素以及产品市场扭曲对总资源配置扭曲贡献率变化的曲线图，图形从动态视角再次表明了能源要素的重要性，图 4-14 揭示，1998 年至 2013 年间资本与劳动要素扭曲对资源配置扭曲的贡献率呈下降趋势，产品市场扭曲的贡献率相对较为平稳，未表现出明显的上升或下降趋势，然而，与资本要素、劳动要素以及产品市场不同的是，能源要素的贡献率却呈现明显上升趋势，并且在 2008 年金融危机后逐步接近并超过资本成为资源配置扭曲的首要贡献者。资本要素扭曲与劳动要素扭曲对资源配置扭曲贡献率的下降表明，表明"消除要素扭曲、提高全

① 这几个数字之和略微超过 100%是由模型的非线性特征造成的。

要素生产率"政策在资本、劳动等传统关注的生产投入要素上已经初见成效，然而，能源要素扭曲对资源配置扭曲贡献率的上升则意味着，在矫正资源配置扭曲的过程中，能源这一重要生产投入要素似乎被忽视了。

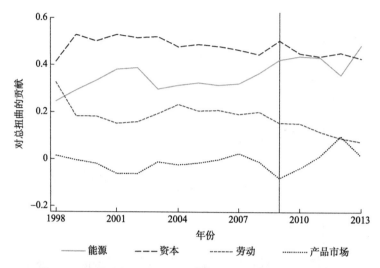

图 4-14　要素市场不同投入要素和产品市场对总扭曲的贡献

四、稳健性分析

鉴于文献中对中国资本与劳动的产出弹性取值并不统一，以及在计算全要素生产率时，不少文献采用工业增加值表示产出（Hsieh and Klenow，2009；Brandt et al.，2013；孙元元和张建清，2015），为确保上文结论的可靠性，接下来，我们尝试从两个角度对前文的结果进行稳健性检验：α、β 取不同于前文的数值以及采用工业增加值作为产出的代理变量。表 4-4 分别报告了前文基准情景、$\alpha=0.5$、$\beta=0.4$ 情景与采用工业增加值作为产出代理变量情景的主要结果。从表 4-4 中可以看出，α 与 β 数值的改变对前文主要结果的影响并不大，与基准情景相比，该情景下高、低能耗部门全要素生产率比例与资源配置扭曲程度小幅上升，分别从原来的 0.797 与 0.426 上升到 0.836 与 0.479；与基准情景的结果一样，省间与高、低能耗部门之间的要素扭曲对资源配置扭曲的贡献率大体相当，资本要素扭曲的贡献率最大，产品市场扭曲的贡献率几乎为零；虽然劳动要素扭曲对资源配置扭曲的贡献率有所上升，但依然低于能源要素扭曲的贡献率。就采用工业增加值作为产出代理变量的情景而言，劳动要素扭曲与产品市场扭曲对资源配置扭曲的贡献率与基准情景基本相同，其他个别结果虽然与基准情景有所偏离，但几乎都朝着加强本章主要论点的方向变化，比如，高、低能耗部门全要素生产率比例由 0.797

下降到 0.685 表明二者全要素生产率的差异更加显著，再比如，能源要素扭曲对资源配置扭曲的贡献率从基准情景的 0.358 上升到 0.421，并微弱超过资本要素扭曲，成为资源配置扭曲的首要贡献者，均表明将能源要素纳入中国资源配置效率研究框架的必要性。

表 4-4　稳健性分析结果

情景	高、低能耗部门 TFP 比例	资源扭曲	部门扭曲贡献	省间扭曲贡献	资本扭曲贡献	能源扭曲贡献	劳动扭曲贡献	产品扭曲贡献
基准情形	0.797	0.426	0.478	0.522	0.477	0.358	0.176	−0.010
$\alpha=0.5$、$\beta=0.4$	0.836	0.479	0.507	0.493	0.411	0.367	0.259	−0.037
工业增加值代表产出	0.685	0.465	0.565	0.435	0.418	0.421	0.181	−0.020

第五节　基于减霾稳增长双重约束的能源结构演化路径分析

能源要素的合理流动将带来能源结构的优化配置，会有效减缓大气污染，推动全要素生产率提升和经济高质量发展。本节将在第二章第二节测算主要因素对雾霾贡献度的基础上，进一步模拟实现减霾和经济增长双赢目标的能源结构演化路径与相应的政策配套。

一、实现雾霾下降目标的减煤量及降霾减煤的经济压力测试

如前所述，煤炭消耗特别是工业煤炭消耗是我国雾霾污染的首要贡献者。因此，实现降低雾霾污染的特定目标，首要的是减少工业煤炭的消耗。本节所要尝试回答的问题是，为实现 2020 年与 2025 年大气污染物 $PM_{2.5}$ 浓度分别在 2013 年的基础上下降 15% 与 30% 的大气污染防治目标，本节研究样本城市（74 个 $PM_{2.5}$ 重点监测城市）各自工业用煤的减少量。若假设雾霾污染排放方程中生活用煤、汽车保有量、建筑施工面积、绿化面积以及城市面积等变量继续按照 2003~2013 年平均增长率增长，根据联立方程组估计的变量系数可以计算得出，若要实现 2020 年与 2025 年大气污染物 $PM_{2.5}$ 浓度分别在 2013 年的基础上下降 15% 与 30% 的目标，2020 年与 2025 年的工业用煤需要在 2013 年的基础上分别平均降低 15% 和 21%。依据此比例，再结合研究样本城市 2013 年工业用煤量可以测算得到具体城市层面的减煤量，表 4-5 报告了这一结果。

表 4-5　实现减霾目标的降煤量（单位：万吨）

城市	2020	2025	城市	2020	2025
全国	54 411.26	76 592.87	湖州	107.7	151.6
北京	501.3	705.7	绍兴	164.4	231.5
天津	299.9	422.1	金华	132.1	185.9
石家庄	1 053.1	1 482.4	衢州	138.6	195.1
唐山	2 417.8	3 403.5	舟山	29.6	41.6
秦皇岛	167.4	235.7	台州	199.0	280.1
邯郸	1 404.7	1 977.3	丽水	11.0	15.5
邢台	102.1	143.7	合肥	188.9	266.0
保定	102.8	144.7	福州	334.5	470.9
张家口	56.8	80.0	厦门	73.4	103.3
承德	68.5	96.4	南昌	101.9	143.4
沧州	185.4	261.0	济南	277.6	390.8
廊坊	95.2	134.0	青岛	259.0	364.5
衡水	39.6	55.8	郑州	557.1	784.2
太原	1 037.6	1 460.7	武汉	511.8	720.4
呼和浩特	440.6	620.3	长沙	77.3	108.8
沈阳	448.4	631.1	广州	276.5	389.3
大连	310.7	437.4	深圳	60.2	84.7
长春	407.3	573.3	珠海	103.5	145.7
哈尔滨	280.2	394.5	佛山	184.7	260.0
上海	216.1	304.2	江门	53.2	74.9
南京	605.6	852.5	肇庆	70.4	99.1
无锡	524.4	738.2	惠州	101.8	143.3
徐州	992.1	1 396.6	东莞	54.9	77.3
常州	260.3	366.5	中山	22.3	31.5
苏州	1 098.2	1 545.9	南宁	108.8	153.1
南通	299.3	421.4	海口	0.3	0.5
连云港	125.6	176.8	重庆	802.5	1 129.6
淮安	173.7	244.6	成都	98.9	139.2
盐城	187.4	263.8	贵阳	198.3	279.1
扬州	197.7	278.3	昆明	314.4	442.5
镇江	311.7	438.8	拉萨	2.8	3.9
泰州	154.2	217.1	西安	152.6	214.8
宿迁	35.1	49.4	兰州	219.1	308.4
杭州	229.2	322.6	西宁	113.0	159.0
宁波	680.2	957.6	银川	748.0	1 052.9
温州	146.6	206.3	乌鲁木齐	384.4	541.1
嘉兴	275.7	388.1			

前文联立方程组估算结果显示，工业用煤投入是推动中国产出增长的重要引擎。简单地减少煤炭消耗必定会对基于煤炭主导的中国能源驱动式粗放增长带来较大影响。通过经济增长拟合方程，本章测算了前述降霾减煤对 GDP 的影响，表 4-6 报告了这一压力测试结果。从表 4-6 中可以看出，降霾减煤将导致全国 GDP 水平在 2020 年和 2025 年平均分别下降 3.4% 和 4.8%。从具体城市来看，降霾减煤对重工业城市的负面影响更大。比如，京津冀地区雾霾比较严重的邯郸市和唐山市，其工业煤炭结构在 2013 年高达 94% 和 91%，重工业比重也达到了 76% 和 71%，经济压力测试显示，降霾减煤将会造成这两个城市地区生产总值在 2020 年和 2025 年分别下降 8.84% 和 8.40% 以及 7.61% 和 7.23%；再看长三角雾霾比较严重的徐州市，其工业煤炭占比也高达 92%，降霾减煤将导致其地区生产总值在 2020 年和 2025 年分别下降 4.31% 和 4.10%。

表 4-6　经济压力测试结果：降霾减煤所引致的 GDP 增长率减少（单位：%）

城市	2020	2025	城市	2020	2025
全国	3.4	4.8	湖州	1.15	1.09
北京	0.50	0.47	绍兴	0.80	0.76
天津	0.40	0.38	金华	0.86	0.82
石家庄	4.17	3.97	衢州	2.53	2.40
唐山	7.61	7.23	舟山	0.61	0.58
秦皇岛	2.76	2.62	台州	1.22	1.16
邯郸	8.84	8.40	丽水	0.22	0.21
邢台	1.23	1.17	合肥	0.78	0.74
保定	0.68	0.65	福州	1.38	1.31
张家口	0.83	0.79	厦门	0.47	0.45
承德	1.04	0.99	南昌	0.59	0.56
沧州	1.19	1.13	济南	1.02	0.97
廊坊	0.94	0.90	青岛	0.62	0.59
衡水	0.71	0.68	郑州	1.73	1.65
太原	8.28	7.88	武汉	1.09	1.04
呼和浩特	3.13	2.98	长沙	0.21	0.20
沈阳	1.21	1.15	广州	0.35	0.33
大连	0.78	0.74	深圳	0.08	0.08
长春	1.57	1.49	珠海	1.20	1.14
哈尔滨	1.08	1.02	佛山	0.51	0.48
上海	0.19	0.18	江门	0.51	0.49
南京	1.46	1.38	肇庆	0.82	0.78
无锡	1.25	1.19	惠州	0.73	0.70
徐州	4.31	4.10	东莞	0.19	0.18
常州	1.15	1.09	中山	0.16	0.16

续表

城市	2020	2025	城市	2020	2025
苏州	1.62	1.55	南宁	0.75	0.71
南通	1.14	1.09	海口	0.01	0.01
连云港	1.36	1.29	重庆	1.22	1.16
淮安	1.55	1.48	成都	0.21	0.20
盐城	1.04	0.99	贵阳	1.83	1.74
扬州	1.17	1.11	昆明	1.77	1.69
镇江	2.05	1.95	拉萨	0.17	0.17
泰州	0.99	0.94	西安	0.60	0.57
宿迁	0.40	0.38	兰州	2.38	2.26
杭州	0.53	0.50	西宁	2.22	2.11
宁波	1.84	1.75	银川	11.18	10.63
温州	0.71	0.67	乌鲁木齐	3.36	3.20
嘉兴	1.69	1.60			

二、弥补煤炭缺口的能源结构演化路径

结合前文，合理的煤炭减量化区间不仅要考虑雾霾降低的约束性指标，还要同时考虑新常态下保持经济中高速增长的经济目标。因此，本章又设定了到 2025 年中国经济保持 6.5%增速情景，根据经济增长方程计算出必须保证此增速的煤炭投入量，再结合上述 PM$_{2.5}$ 减排情景和雾霾污染排放方程计算出的煤炭实际消耗量，得出我国工业耗煤 2020 年和 2025 年实际分别需要减少 5.4 亿吨和 7.7 亿吨，分别达到 31.1 亿吨和 28.7 亿吨。如此大的工业耗煤减少虽然降低了雾霾，但是必须通过更洁净能源的替代才能保证中高速经济增长所需要的能源投入。

本小节把上述由减煤降霾所引起的能源消费缺口按现有能源结构的一个合理变动范围分解到石油、天然气和以风能、太阳能为代表的新能源上，计算得到了未来两个五年规划期间全国、雾霾重污染地区和 74 个城市实现治霾和增长双赢目标的能源结构演化合理轨迹。图 4-15 绘制了全国、京津冀、长三角和珠三角区域煤炭比例动态演化路径。表 4-7 汇报了特定年份能源结构的演化。从全国层面来看，工业耗煤占一次工业能源消费的比重必须从 2013 年的 68.50%下降到 2020 年的 55.85%和 2025 年的 50.00%，天然气占比则要从 2013 年的 4.05%增加到 2020 年的 7.29%和 2025 年的 9.28%，而新能源结构则要在 2020 年达到 18.38%，2025 年达到 21.36%；从京津冀区域看，工业耗煤结构需要从 2013 年的 78.07%下降到 2020 年和 2025 年的 63.66%和 57.00%，天然气和新能源的占比则要达到 2020 年的 4.70%和 13.40%，2025 年的 7.06%和 16.94%；长三角工业耗煤的合理演化结构为 2013 年 62.93%、2020 年的 51.31%和 2025 年的 45.94%，天然气结构则要从

2013 年的 3.47%上升到 2020 年的 6.57%和 2025 年的 8.48%，新能源占比在 2020
年和 2025 年则应分别达到 21.37%和 24.23%；珠三角地区煤炭占比本身较低，天
然气和新能源在 2025 年将达到 13.16%和 25.58%。所有情形石油占比也都有小幅
度增加。可以说，深化能源要素市场改革，千方百计增加天然气和新能源消费，
提高石油制品质量，可以有效弥补煤炭减量的能源消费缺口。此外，表 4-8 还将
本章所预测 2020 年能源结构与马骏等（2013）的相应结果进行了比对，可以看出
二者结果较为相近，这也显示了本章结果的稳健性。

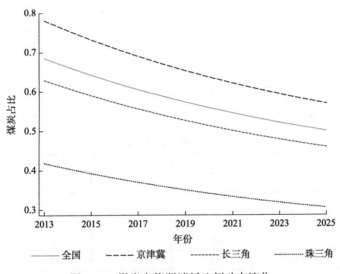

图 4-15　煤炭占能源消耗比例动态演化

表 4-7　全国及主要地区能源结构演化路径（单位：%）

能源类型	2013				2020				2025			
	全国	京津冀	长三角	珠三角	全国	京津冀	长三角	珠三角	全国	京津冀	长三角	珠二角
煤炭	68.50	78.07	62.93	41.82	55.85	63.66	51.31	34.10	50.00	57.00	45.94	30.53
石油	17.10	13.47	16.90	27.76	20.79	18.25	20.75	30.32	21.42	19.00	21.35	30.72
天然气	4.05	0.84	3.47	9.83	7.29	4.70	6.57	11.90	9.28	7.06	8.48	13.16
新能源	13.52	7.61	16.71	20.59	18.38	13.40	21.37	23.68	21.36	16.94	24.23	25.58

表 4-8　本节预测中国 2020 能源结构与已有文献的比对（单位：%）

文献	煤	石油	天然气	风能	太阳能	核能	水电	非化石能源
马骏等（2013）	52.8	20.0	12.0	2.5	0.02	3.2	9.2	14.3
本章	55.85	20.79	7.29					18.38

　　煤炭价格相对较为低廉，煤改气、煤改油、煤改新能源都会导致能源使用成
本的较大提高。我们初步测算了使用煤炭与使用石油、天然气和新能源替代的各

自成本（表4-9），发现全国2020年和2025年的能源使用成本需要提高1.933万亿元和2.589万亿元，其中唐山市能源成本在74个城市中增加最高，达到1203亿元和1611亿元，邯郸市次之，为698.6亿元和935.8亿元，徐州市为493.5亿元和661亿元，而北上广能源成本在2025年则分别要提高334亿元、143.9亿元和184.2亿元。谁来支付提高的能源使用成本呢？或者说，谁来为雾霾治理和经济增长买单呢？当然，作为市场主体的企业首当其冲，作为公共产品提供者的政府也责无旁贷。如果我们只考虑工业部门新能源成本，并简单假定新能源成本的提高由政府来补贴，表4-10汇报了初步测算结果，从表中可以看出，全国对工业部门新能源的财政补贴在2020年和2025年金额将分别达到0.9133万亿元和1.2230万亿元，占当年所估算财政支出比例分别为0.48%和0.31%。从2025年各城市测算看，最高的还是唐山市，邯郸市次之，其补贴需要达到554.43亿元和322.11亿元，占各自财政支出比例为4.16%和3.27%，北上广补贴需要114.96亿元、49.55亿元和63.41亿元，财政占比分别为0.10%、0.04%和0.17%。

表4-9　对非煤炭能源累计补贴数额（单位：亿元）

城市	2020	2025	城市	2020	2025
全国	19 330	25 890	湖州	53.6	71.8
北京	249.3	334.0	绍兴	81.8	109.5
天津	149.1	199.8	金华	65.7	88.0
石家庄	523.8	701.6	衢州	68.9	92.3
唐山	1 203.0	1 611.0	舟山	14.7	19.7
秦皇岛	83.3	111.5	台州	99.0	132.6
邯郸	698.6	935.8	丽水	5.5	7.3
邢台	50.8	68.0	合肥	94.0	125.9
保定	51.1	68.5	福州	166.4	222.9
张家口	28.3	37.9	厦门	36.5	48.9
承德	34.1	45.6	南昌	50.7	67.9
沧州	92.2	123.5	济南	138.1	185.0
廊坊	47.3	63.4	青岛	128.8	172.5
衡水	19.7	26.4	郑州	277.1	371.1
太原	516.1	691.3	武汉	254.5	340.9
呼和浩特	219.2	293.6	长沙	38.4	51.5
沈阳	223.0	298.7	广州	137.5	184.2
大连	154.5	207.0	深圳	29.9	40.1
长春	202.6	271.3	珠海	51.5	68.9
哈尔滨	139.4	186.7	佛山	91.9	123.1
上海	107.5	143.9	江门	26.4	35.4

续表

城市	2020	2025	城市	2020	2025
南京	301.2	403.5	肇庆	35.0	46.9
无锡	260.8	349.4	惠州	50.6	67.8
徐州	493.5	661.0	东莞	27.3	36.6
常州	129.5	173.4	中山	11.1	14.9
苏州	546.2	731.6	南宁	54.1	72.5
南通	148.9	199.4	海口	0.17	0.23
连云港	62.5	93.7	重庆	399.1	534.6
淮安	86.4	115.8	成都	49.2	65.9
盐城	93.2	124.9	贵阳	98.6	132.1
扬州	98.3	131.7	昆明	156.4	209.4
镇江	155.0	207.7	拉萨	1.4	1.8
泰州	76.7	102.8	西安	75.9	101.7
宿迁	174.6	233.9	兰州	109.0	145.9
杭州	114.0	152.7	西宁	56.2	75.3
宁波	338.3	453.2	银川	372.0	498.3
温州	72.9	57.6	乌鲁木齐	191.2	256.1
嘉兴	137.1	183.7			

表 4-10　对新能源累计补贴数额及占财政支出的比例

城市	2020		2025		城市	2020		2025	
	补贴金额/亿元	比例/%	补贴金额/亿元	比例/%		补贴金额/亿元	比例/%	补贴金额/亿元	比例/%
全国	9 133	0.48	12 230	0.31	湖州	18.08	0.79	24.70	0.55
北京	84.15	0.15	114.96	0.10	绍兴	27.60	0.64	37.71	0.45
天津	50.33	0.14	68.76	0.10	金华	22.17	0.50	30.29	0.35
石家庄	176.76	2.46	241.48	1.72	衢州	23.26	1.02	31.78	0.72
唐山	405.85	5.95	554.43	4.16	舟山	4.96	0.19	6.78	0.13
秦皇岛	28.11	1.02	38.40	0.71	台州	33.40	0.74	45.63	0.52
邯郸	235.79	4.68	322.11	3.27	丽水	1.85	0.07	2.53	0.05
邢台	17.14	0.48	23.41	0.34	合肥	31.71	0.37	43.33	0.26
保定	17.26	0.27	23.58	0.19	福州	56.15	0.77	76.71	0.54
张家口	9.54	0.24	13.03	0.16	厦门	12.32	0.17	16.83	0.12
承德	11.49	0.32	15.70	0.22	南昌	17.10	0.30	23.36	0.21
沧州	31.13	0.64	42.52	0.45	济南	46.60	0.65	63.66	0.46
廊坊	15.98	0.40	21.83	0.28	青岛	43.47	0.31	59.38	0.22
衡水	6.65	0.26	9.09	0.18	郑州	93.51	0.83	127.75	0.58

续表

城市	2020 补贴金额/亿元	比例/%	2025 补贴金额/亿元	比例/%	城市	2020 补贴金额/亿元	比例/%	2025 补贴金额/亿元	比例/%
太原	174.18	3.98	237.94	2.78	武汉	85.90	0.56	117.35	0.39
呼和浩特	73.96	1.83	101.04	1.28	长沙	12.97	0.13	17.72	0.09
沈阳	75.26	0.62	102.81	0.44	广州	46.42	0.24	63.41	0.17
大连	52.16	0.35	71.25	0.25	深圳	10.11	0.04	13.81	0.03
长春	68.36	0.79	93.39	0.55	珠海	17.37	0.50	23.73	0.35
哈尔滨	47.04	0.48	64.26	0.34	佛山	31.00	0.46	42.35	0.32
上海	36.27	0.06	49.55	0.04	江门	8.93	0.31	12.19	0.21
南京	101.66	0.87	138.88	0.61	肇庆	11.82	0.43	16.15	0.30
无锡	88.03	0.90	120.26	0.63	惠州	17.09	0.38	23.35	0.27
徐州	166.54	2.04	227.51	1.42	东莞	9.21	0.15	12.59	0.11
常州	43.70	0.76	59.70	0.53	中山	3.75	0.12	5.12	0.08
苏州	184.34	1.11	251.82	0.77	南宁	18.26	0.32	24.95	0.22
南通	50.25	0.64	68.64	0.44	海口	0.06	0.00	0.08	0.00
连云港	21.09	0.42	28.81	0.30	重庆	134.70	0.32	184.02	0.22
淮安	29.16	0.55	39.84	0.39	成都	16.60	0.10	22.67	0.07
盐城	31.46	0.41	42.98	0.29	贵阳	33.28	0.62	45.46	0.43
扬州	33.19	0.76	45.33	0.53	昆明	52.77	0.66	72.09	0.46
镇江	52.33	1.33	71.48	0.93	拉萨	0.46	0.03	0.63	0.02
泰州	25.89	0.55	35.37	0.38	西安	25.62	0.26	35.00	0.18
宿迁	5.89	0.14	8.05	0.10	兰州	36.77	1.11	50.23	0.77
杭州	38.47	0.33	52.55	0.23	西宁	18.96	0.67	25.90	0.47
宁波	114.18	0.89	155.98	0.62	银川	125.55	4.15	171.52	2.90
温州	24.60	0.41	33.61	0.29	乌鲁木齐	64.53	1.33	88.15	0.93
嘉兴	46.28	1.11	63.23	0.78					

第六节　优化能源要素配置，更好实施政府财政政策

本章研究揭示，在当前经济转型进入关键期的背景下，切实提高我国资源配置的全要素生产率特别是能源要素配置效率，减少煤炭消费总量，优化能源结构，将是减少我国大气污染，推动经济可持续高质量发展的根本举措。

一、矫正能源要素配置扭曲，提升资源配置全要素生产率

本章研究发现：①虽然中国全要素生产率持续增长，但是资源配置效率还相对较低，这集中体现在，1998 年至 2013 年资源配置扭曲导致中国全要素生产率平均下降 42.6%；②纳入能源要素的整体研究发现，中国资源配置效率并未随着时间的推移而得到显著改善，具体而言，几乎与 21 世纪初出现的重工业膨胀同步，资源配置效率从 2003 年开始持续走低，2008 年爆发的金融危机更是将资源配置效率降到最低，危机期间资源配置扭曲程度比其他时期平均高了 12 个百分点，危机后的资源配置扭曲程度则比危机前高出 7%；③虽然整体而言我国资源配置效率随时间推移没有显著改善，然而可喜的是，得益于经济结构的调整，经济发展进入新常态以来资源配置效率开始出现相对较为明显的改善；④资源配置效率分解显示，地区间与部门间要素扭曲对资源配置扭曲的贡献率大体相当，分别为52.2%与47.8%；⑤能源扭曲对资源配置扭曲的贡献仅次于资本，平均而言，资本、劳动、能源扭曲对资源配置扭曲的贡献率分别为47.7%、17.6%与35.8%，产品市场扭曲的贡献则不显著，从变化趋势上来看，资本与劳动扭曲的贡献率呈下降趋势，产品市场扭曲的贡献率始终接近于零，然而，能源扭曲的贡献率却呈现明显上升趋势，并且在金融危机后逐步超过资本成为资源配置扭曲的首要贡献者。该结论表明，能源要素扭曲是中国资源配置扭曲的重要贡献者，并且从趋势上看，其相对贡献率还在提高，这充分显示，除了关注资本与劳动要素扭曲等传统扭曲之外，当前在"矫正要素配置扭曲，提高全要素生产率"的过程中更为重要的是矫正能源要素配置扭曲，推动能源要素配置效率提升。

二、通过财政补贴促进煤炭使用减少和能源结构优化

本章研究还发现，煤炭消耗是中国雾霾污染的主要贡献者，因此减少煤炭消耗就自然成了降低雾霾污染浓度的重要手段。然而，简单地减少煤炭消耗必定会对基于煤炭主导的中国能源驱动式粗放经济增长带来较大影响。本章压力测试结果显示，降霾减煤将导致全国 GDP 水平在 2020 年和 2025 年平均分别下降 3.4%和 4.8%，以雾霾比较严重的邯郸市和唐山市为例，降霾减煤将导致这两座城市经济增长率在 2025 年分别下降 8.40%和 7.23%。可见，为实现降霾和增长的双赢目标，一方面需要降低煤炭消耗，另一方面还需填补因减煤所造成的保持新常态下经济增长的能源缺口。特别地，为同时实现 2025 年经济增长率保持 6.5%和 $PM_{2.5}$ 浓度在 2013 年的基础上下降 30%的大气污染防治目标，工业耗煤占一次工业能

源消费比重须从 68.5%下降到 50%，天然气和石油占比则要从 4.05%、17.10%分别增加到 9.28%与 21.42%，新能源比重要达到 21.36%。

　　相对于其他能源价格，煤炭价格比较低廉，因此上述能源结构不会自行优化，需要政府财政补贴。本章初步测算结果显示，到 2020 年 2025 年政府对新能源的补贴应分别达到 0.9133 万亿元与 1.2230 万亿元，占当年所估算财政支出比例分别为 0.48%和 0.31%。大气雾霾治理投资中，政府的财政支出当然是最重要的，今后可以通过不断优化资源税和开征环境税来增强政府的相应财力。同时也不能过度依赖政府财政性投入，需要进一步拓宽雾霾治理的投融资渠道，引入民间资本和社会资本，引导银行业加大信贷支持力度，更要强化企业主体责任，通过合理的价格机制使其污染成本内部化，促进其加大投入、提高技术以实现低排放。由于雾霾的区域间传输，可考虑在区域间统一分配财政补贴，把有限的资金更多投给那些雾霾污染严重而又技术水平较低的地区能收获更好的减排效果。

附录一　公 式 证 明

1. 资源有效配置下不同部门要素比例相同证明

理论上，在资源最有效率配置的情形下，不同部门要素间的比例应相同或相似，简单证明如下：

$$\text{Max} \quad Y = \left(\sum_{i=1}^{N} Y_i^{1-\sigma} \right)^{\frac{1}{1-\sigma}} \tag{A.1}$$

约束条件为

$$Y_i = A_i K_i^{\alpha} L_i^{\beta} E_i^{1-\alpha-\beta} \tag{A.2}$$

$$\sum_{i=1}^{N} K_i = K \quad \sum_{i=1}^{N} L_i = L \quad \sum_{i=1}^{N} E_i = E \tag{A.3}$$

拉格朗日函数为

$$\mathcal{L} = \left[\sum_{i=1}^{N} \left(A_i K_i^{\alpha} L_i^{\beta} E_i^{1-\alpha-\beta} \right)^{1-\sigma} \right]^{\frac{1}{1-\sigma}} + \lambda_1 \left(K - \sum_{i=1}^{N} K_i \right) + \lambda_2 \left(L - \sum_{i=1}^{N} L_i \right) + \lambda_3 \left(E - \sum_{i=1}^{N} E_i \right) \tag{A.4}$$

对 K_i、L_i 求导：

$$\frac{1}{1-\sigma} Y^{\sigma} (1-\sigma) Y_i^{-\sigma} \alpha A_i K_i^{\alpha-1} L_i^{\beta} E_i^{1-\alpha-\beta} = \lambda_1 \tag{A.5}$$

$$\frac{1}{1-\sigma}Y^{\sigma}\left(1-\sigma\right)Y_i^{-\sigma}\beta A_i K_i^{\alpha}L_i^{\beta-1}E_i^{1-\alpha-\beta}=\lambda_2 \tag{A.6}$$

$$\frac{1}{1-\sigma}Y^{\sigma}\left(1-\sigma\right)Y_i^{-\sigma}\left(1-\alpha-\beta\right)A_i K_i^{\alpha}L_i^{\beta-1}E_i^{-\alpha-\beta}=\lambda_3 \tag{A.7}$$

由式（A.5）、式（A.6）以及式（A.7）可得

$$\frac{K_i}{L_i}=\frac{\alpha\lambda_2}{\beta\lambda_1} \tag{A.8}$$

$$\frac{K_i}{E_i}=\frac{\gamma\lambda_3}{\beta\lambda_1} \tag{A.9}$$

2. τ_{iy}、τ_{ijk}、τ_{ijl} 与 τ_{ije} 的识别

根据式（4-9）、式（4-10）与式（4-11）可得

$$1+\tau_{ijk}\propto\frac{P_{ij}Y_{ij}}{K_{ij}} \tag{B.1}$$

$$1+\tau_{ijl}\propto\frac{P_{ij}Y_{ij}}{L_{ij}} \tag{B.2}$$

$$1+\tau_{ije}\propto\frac{P_{ij}Y_{ij}}{E_{ij}} \tag{B.3}$$

由式（4-5）可得

$$1+\tau_{iy}\propto\left(P_iY_i\right)^{-\theta}P_i^{\theta-1} \tag{B.4}$$

3. 要素的均衡配给

由式（4-9）、式（4-10）与式（4-11）可得

$$\frac{K_{ij}}{E_{ij}}=\left[\frac{\left(1+\tau_{ije}\right)\rho}{1-\alpha-\beta}\right]\left[\frac{\left(1+\tau_{ijk}\right)r}{\alpha}\right]^{-1} \tag{C.1}$$

$$\frac{L_{ij}}{E_{ij}}=\left[\frac{\left(1+\tau_{ije}\right)\rho}{1-\alpha-\beta}\right]\left[\frac{\left(1+\tau_{ijl}\right)w}{\beta}\right]^{-1} \tag{C.2}$$

将式（C.1）和式（C.2）代入式（4-1）得

$$Y_{ij}=\left[\left(\frac{\rho}{1-\alpha-\beta}\right)^{\alpha+\beta}\left(\frac{r}{\alpha}\right)^{-\alpha}\left(\frac{w}{\beta}\right)^{-\beta}\right]\left[A_{ij}\left(1+\tau_{ije}\right)^{\alpha+\beta}\left(1+\tau_{ijk}\right)^{-\alpha}\left(1+\tau_{ijl}\right)^{-\beta}\right]E_{ij} \tag{C.3}$$

把式（C.3）进一步代入式（4-2）得到 Y_i：

$$Y_i = \left[\left(\frac{\rho}{1-\alpha-\beta} \right)^{\alpha+\beta} \left(\frac{r}{\alpha} \right)^{-\alpha} \left(\frac{w}{\beta} \right)^{-\beta} \right] \left[\sum_{j=h,l} \left[A_{ij} \left(1+\tau_{ije} \right)^{\alpha+\beta} \left(1+\tau_{ijk} \right)^{-\alpha} \left(1+\tau_{ijl} \right)^{-\beta} \left(E_{ij}/E_i \right) \right]^{1-\sigma} \right]^{\frac{1}{1-\sigma}} E_i$$

（C.4）

结合式（4-7）可得

$$\frac{Y_{ij}}{Y_i} = \frac{A_{ij} \left(1+\tau_{ije} \right)^{\alpha+\beta} \left(1+\tau_{ijk} \right)^{-\alpha} \left(1+\tau_{ijl} \right)^{-\beta}}{\left[\sum_{j=h,l} \left[A_{ih} \left(1+\tau_{ije} \right)^{\alpha+\beta} \left(1+\tau_{ijk} \right)^{-\alpha} \left(1+\tau_{ijl} \right)^{-\beta} \left(E_{ij}/E_i \right) \right]^{1-\sigma} \right]^{\frac{1}{1-\sigma}}} \frac{E_{ij}}{E_i} = \left(\frac{P_{ij}}{P_i} \right)^{-\frac{1}{\sigma}}$$

（C.5）

结合能源市场出清条件式（4-14）可得能源要素在 i 省内的均衡配给表达式：

$$\frac{E_{ij}}{E_i} = \frac{\left[A_{ij} \left(1+\tau_{ije} \right)^{\alpha+\beta} \left(1+\tau_{ijk} \right)^{-\alpha} \left(1+\tau_{ijl} \right)^{-\beta} \left(P_{ij} \right)^{1/\sigma} \right]^{-1}}{\sum_{j=h,l} \left[A_{ij} \left(1+\tau_{ije} \right)^{\alpha+\beta} \left(1+\tau_{ijk} \right)^{-\alpha} \left(1+\tau_{ijl} \right)^{-\beta} \left(P_{ij} \right)^{1/\sigma} \right]^{-1}}$$

（C.6）

若进一步将 $\left[\sum_{j=h,l} \left[A_{ih} \left(1+\tau_{ije} \right)^{\alpha+\beta} \left(1+\tau_{ijk} \right)^{-\alpha} \left(1+\tau_{ijl} \right)^{-\beta} \left(E_{ij}/E_i \right) \right]^{1-\sigma} \right]^{\frac{1}{1-\sigma}}$ 定义为 Λ_i，那么

$$\Lambda_i = \frac{P_i^{-\frac{1}{\sigma}}}{\sum_{j=h,l} \left[A_{ij} \left(1+\tau_{ije} \right)^{\alpha+\beta} \left(1+\tau_{ijk} \right)^{-\alpha} \left(1+\tau_{ijl} \right)^{-\beta} \left(P_{ij} \right)^{1/\sigma} \right]^{-1}}$$

（C.7）

采用类似的方法（即，将 Y_i 的表达式（C.4）代入式（4-1），在此基础上结合式（4-5）与能源市场出清条件式（4-12））可求得能源要素在省间均衡配给表达式：

$$\frac{E_i}{E} = \frac{\left[\Lambda_i \left(1+\tau_{iy} \right) P_i^{\frac{1}{\theta}} \right]^{-1}}{\sum_{i=1}^{N} \left[\Lambda_i \left(1+\tau_{iy} \right) P_i^{\frac{1}{\theta}} \right]^{-1}}$$

（C.8）

同理可得到资本与劳动要素的均衡配给 $\dfrac{K_{ij}}{K_i}$、$\dfrac{K_i}{K}$、$\dfrac{L_{ij}}{L_i}$ 与 $\dfrac{L_i}{L}$。

附录二　数据处理说明

在构建主要变量之前，本章首先对中国工业企业数据库进行了清理。正如聂辉华等（2012）所注意到的那样，工业企业数据虽然具有样本大、时间长、指标全面等优势，但还存在诸如指标缺失、大小值异常、测度误差明显和变量定义模糊等问题，如果没有采取有效方法缓解或消除这些缺陷，将会对研究产生负面影响。为缓解这一问题，本章参照 Cai 和 Liu（2009）的做法，对 1998 年至 2013 年工业企业数据进行如下处理：删除诸如资产总额、雇佣工人人数、工业增加值、固定资产净额或销售额这些关键指标缺失的观测值；删除固定资产低于 100 万元、总资产低于 100 万元同时雇佣工人数量少于 8 人的观测值；删除诸如总资产减去流动资产小于 0、总资产减去固定资产小于 0、总资产减去固定资产净额小于 0 或者累计折旧小于当期折旧等会计指标异常的观测值。

工业企业数据中并无与耗能高低直接相关的信息，因此无法直接把数据集结到跨地区、跨部门（高、低耗能部门）层面上。本章解决这一问题的思路是，首先根据企业的地理与行业信息把工业企业数据整合到跨地区（省、市）、跨行业（二位数行业），然后在此基础上根据行业能耗的高低进一步将跨地区（省、市）、跨行业（二位数行业）数据归并到跨地区（省、市）、跨部门（高、低耗能部门），其中高、低能耗行业的划分标准参见陈诗一（2011b）。以上主要讨论了数据的清理与归并问题，接下来着重介绍在数据清理与归并的基础上如何构建产出、资本、劳动与能源等核心投入产出变量。

本章产出分别采用工业总产值与工业增加值表示。由于本章的投入要素除了包括资本与劳动外，还包括能源要素，该情形下，采用工业总产值更能准确计算全要素生产率（陈诗一，2010c），为此，本章主要采取工业总产值作为产出的代理变量，工业增加值留待稳健性分析。中国工业企业数据库中 2001 年与 2004 年工业增加值数据缺失，本章采用"工业增加值=工业总产值-中间投入+增值税"这一会计公式计算这两年的工业增加值。中国工业企业数据库 2008 年至 2013 年既未报告工业增加值数据，也未给出能够计算出工业增加值的相关变量，观察数据我们发现工业增加值与工业总产值的比例十分稳定，因此，本章通过 1998 年至 2007 年工业增加值占工业总产值比例的平均值乘以 2008 年至 2013 年各年工业总产值来推算 2008 年至 2013 年间相应年份的工业增加值数据。此外，由于中国工业企业数据库中报告的工业总产值与工业增加值均为名义值，包含了各年的价格变动因素，并不能确切地反映实物变动，为确切反映产出变动，需要采用价格指数数据对各地区产出的名义值进行平减。本章平减名义产出所采用的价格指数摘自 CEIC 数据库中的省级工业生产者出厂价格指数（1998=100）。

资本存量是投入产出核算的核心变量之一，然而这一变量不像产出一样可以直接从数据中观察到，需要基于已有数据信息进行估算。本章采用永续盘存法这一文献常用做法对研究样本区间内的资本存量进行估算，估算公式如下：

$$k_t = I_t + (1 - \delta_t) / k_{t-1}$$

其中，k_t 与 k_{t-1} 分别表示 t 期与 $t-1$ 期的资本存量；I_t 表示实际固定资产投资；δ_t 表示资本存量的折旧率。观察上式不难发现，实际固定资产投资 I_t，资本折旧率 δ_t 与初始年份资本存量 k_0 是估算资本存量序列的三个关键参数。这三个关键参数的获得方法为：$I_t =$（本年固定资产原值−上年固定资产原值）/本年价格指数，其中价格指数采用省级固定资产投资价格指数（1998=100）；$\delta_t =$本年折旧/上年固定资产原值，值得注意的是本年折旧与固定资产原值数据是随地区、部门与时间变化而变化的，因此，与多数文献采用一个固定不变的折旧率不同，本章折旧率 δ_t 在地区、部门与时间这三个维度上均存在差异；初始年份资本存量 $k_0 =$初始年份实际固定资产净值。与资本数据需要估算不同，劳动数据的构建相对较为简洁，本书沿用文献的通常做法，采用中国工业企业数据库中报告的从业人员数表示劳动数据。

就能源消耗而言，不仅已有公开资料尚未报告跨地区、跨部门（或行业）、长时序相对完整的数据，而且中国工业企业数据库也未提供能源消耗数据的相关信息，因此跨地区、跨部门能源数据甚至也无法像产出、资本与劳动一样从中国工业企业数据库（直接或间接）集结得到。由于《中国能源年鉴》提供了分行业能源消耗数据，为尽可能准确、合理地构造模型所需的能源数据，本章采用如下方法对已有数据进行整合处理：首先根据工业企业数据计算出省级各行业工业总产值（或工业增加值）占全国的比重，然后基于这一比重将《中国能源年鉴》所报告的分行业能源消费数据分配到省级对应行业，这样就得到了跨省、跨行业能源消费数据，最后再根据前文高低能耗行业划分标准将跨省、跨行业能源消费数据归并为跨省、跨部门数据。至此，就完成了第三节理论模型所需的主要投入产出变量面板数据的构建。

第五章 大气污染、环境全要素生产率与经济高质量发展评估

本章聚焦大气污染减排如何影响环境全要素生产率进而影响经济转型以及高质量发展路径。为此，本章扩展数据包络分析（data envelopment analysis，DEA）框架，构建了模拟大气污染行为的方向性距离函数（directional distance function，DDF）行为分析模型（activity analysis model，AAM），并把它作为分析大气污染与经济转型以及构建经济转型动态评估指数的理论模型，在此基础上对大气污染防治约束下的中国 73 个重点城市的经济高质量转型进行评估。评估结果表明在考虑雾霾污染的情况下，在 2004~2016 年 13 年间，我国大部分城市环境效率和经济高质量转型指数双双下降，大部分城市的经济增长是以牺牲环境为代价的，2013 年之后大部分城市才开始走出一条绿色发展与经济高质量转型协调发展的道路。根据评估结果，各地方政府应因地制宜制定合理的经济和大气污染防治政策来持续促进地方经济动态转型与高质量发展。

第一节 唯 GDP 考核与我国严重的大气污染现象

随着中国经济工业化进程加速，雾霾问题日趋严重，深刻影响着人们的日常生活和社会生产。由于长期粗放式的发展方式，很多城市的大气污染物排放水平已处于临界点，李克强总理在 2014 年的政府工作报告中明确指出，"雾霾天气范围扩大，环境污染矛盾突出，是大自然向粗放发展方式亮起的红灯"，"我们要像对贫困宣战一样，坚决向污染宣战"[1]。2017 年，《城市蓝皮书：中国城市发展报

---

[1] 李克强. 2014-03-05. 政府工作报告——2014 年 3 月 5 日在第十二届全国人民代表大会第二次会议上. http://www.gov.cn/guowuyuan/2014-03/14/content_2638989.htm.

告 No.10——大国治霾之城市责任》指出，全国地级及以上城市空气质量达标的增加了 11 个，平均优良天数所占比例同比上升 2.1 个百分点，$PM_{2.5}$ 年均浓度同比下降 7.1%，空气质量总体向好。但与此同时，京津冀、长三角等重点区域以及河南、山东、山西、陕西等人口密集地区的空气污染程度依然较重，中西部地区部分城市的 $PM_{2.5}$ 浓度相比 2015 年不降反升，各地区雾霾成因各异、复合型特征突出，全国范围内重污染天气频发、空气重污染现象尚未得到有效遏制。

雾霾已成为影响我国大气环境质量的首要污染物。严重的雾霾污染归咎于长期执行的 GDP 考核指标，以往只要经济增长，不要碧水蓝天的粗放型经济增长模式已经不可持续。但在经济发展的新常态下，如何合理评估目前环境污染和经济增长之间的关系；如何走出一条既考虑环境污染问题，又不损害经济增长的可持续发展道路关系着目前我国生态文明建设等一系列发展战略的实施效果。只考虑经济增长，不考虑资源消耗和环境污染在目前中国经济发展的新常态下必然不可取；但一味考虑资源节约、环境友好，却又不考虑经济增长的发展模式也面临着经济社会承载力等一系列问题。为此，在资源和经济增长双重约束下必须要设计出一个合理的经济绿色转型评估指标，并对中国重点城市的雾霾治理和经济增长之间的绿色发展和转型进行合理评估具有重大的现实意义。

第二节　如何在考虑大气污染情景下评估经济高质量绿色发展

绿色发展这一概念主要源自联合国 1987 年提出的可持续发展这一概念，这里可持续发展被定义为"既满足当代人的需要，又不对后代人满足其需要的能力构成危害的发展"。可持续发展始终离不开环境这个维度。胡鞍钢和周绍杰（2014）也鲜明指出，进入 21 世纪后，人类社会进入第四次工业革命，即绿色工业革命，发展模式将从前三次工业革命的"黑色发展模式"转向全面的"绿色发展模式"。

要合理评估经济的绿色发展转型，需要相应的理论机制。冯之浚和周荣（2010）就曾指出低碳经济是中国实现绿色发展的根本途径。刘伟（2010）也从两个方面来阐述经济转型或经济发展方式转变，首先在微观上需要推动投入要素配置方式的转变，提高全要素生产率，其次还需要从宏观上寻求增长的均衡性或公平性。涂正革和王秋皓（2018）的文章也指出，绿色发展实质上就是要求经济既能保持快速高效的增长，又不能破坏环境。因此，经济高质量绿色发展本质上要求我们将经济增长和环境污染纳入我们的分析框架，传统的 GDP 衡量指标只单纯考虑到经济增长，未合理考虑到环境污染，造成了盲目地追求经济增长的同时，牺牲了环境，这也是目前大气污染严重的根本原因。

　　要评估转型进程，构建合适的经济转型动态评估指数就十分必要。Solow（1956）提出的全要素生产率指标可以很好地衡量技术对经济增长的贡献度，特别是除去资本、劳动等有形要素外其他因素对经济增长的贡献，但该全要素生产率指标未考虑到环境因素对经济增长的影响，也没有将绿色发展纳入分析框架。部分学者利用数据包络分析最优化思想，将非期望产出或者说坏产出纳入分析框架，通过方向性距离函数方法，构建环境全要素生产率分析指标来评估经济绿色发展绩效，如陈诗一（2009，2012）、涂正革（2008）的研究就是利用了这个方法。方向性距离函数方法能够合理地评估并测度非期望产出情况下的环境效率，但是其缺点是要求非期望产出和期望产出同比例地减少，缺乏合理的机制。为此，陈诗一（2012）提出使用基于松弛向量度量（slacks based measure，SBM）模型对低碳经济发展进行评估，但是 SBM 模型过于宽松的假定损失了投入-产出之间原始比例信息。这类纳入环境污染非期望产出的数据包络分析模型也称为环境规制行为分析模型。本章利用两种指数的综合方法构建基于系数度量（epsilon based measure，EBM）的模型进行分析，EBM 模型既能考虑到投入-产出比例信息，也不至于对好产出和坏产出施加过多约束，对于经济高质量绿色发展转型评估有着重要的借鉴作用。具体而言，本章借鉴陈诗一（2012）的研究，使用由 EBM-DDF-AAM 方法所度量的环境全要素生产率来刻画经济增长的质量贡献（即 TFP 占经济产出的贡献份额），以此作为经济高质量绿色发展转型动态评估指数，这个指数不仅描述了绿色发展转型的动态演进过程，而且可以判断经济是否发生了绿色转型。

　　目前也有不少文献对绿色发展转型进行评估。2017 年我国首次开展生态文明建设年度评价工作，"绿色发展指数"成为各省党政领导综合考核评价、干部奖惩任免的重要依据。绿色发展指数包含 6 个方面的一级指标，55 个二级指标。2010年，北京师范大学、西南财经大学和国家统计局中国经济景气监测中心曾测算出全国 30 个省（区、市）（不含港澳台和西藏）的绿色发展指数，该指数由 3 个一级指标、9 个二级指标和 54 个三级指标平均得出。联合国可持续发展委员会（United Nations Commission on Sustainable Development，UNCSD）所修订的可持续发展指标体系也与此类似。这些指数的构成能够在一定程度上评价绿色发展的状况。但是，首先，这些指数的编制都没有考虑到雾霾污染这一污染物对环境造成的影响，其次，这些指数主要进行比较静态分析，难以对绿色发展客观转变过程特别是转折节点进行动态比较。最后，这些指数的编制过于复杂，在可操作性和目标考核方面不便于识别。本章构建的 EBM-DDF-AAM 经济高质量绿色发展转型评估指数不仅具备很强的可操作性，也能对经济绿色发展进行动态评估比较。

第三节　经济高质量绿色发展转型评估指数构建及其理论框架

为了准确构建中国经济高质量绿色发展转型评估指数,我们必须在投入-产出视角下评估中国各城市的经济绿色发展。正确地反映中国各城市之间投入-产出的关系成为评估的一大难点。传统的参数模型(比如随机前沿生产函数模型)需要设定具体的函数形式,在经济系统比较复杂的情况下特别是存在非期望产出情况下难以有效使用。而非参数的数据包络分析模型可以在统一的框架下运用多投入-多产出模型,并且能够考虑到存在大气污染等非期望产出的情形,因此可以作为有效的理论分析框架使用。

从测算方法来看,DEA 模型可以分为径向模型和非径向模型两种,径向模型主要有 CCR(Charnes-Cooper-Rhodes)、BCC(Banker-Charnes-Cooper)模型两种,非径向模型以 SBM 模型为主。两者差异主要体现在:径向模型假定投入或者产出具有比例调整的特性,可以达到生产最优效率,但其忽略了非径向情况下松弛性(slackness)的存在,而非径向模型虽然考虑了松弛性的存在,也没有假定投入和产出同比例调整,但是非径向模型过于宽松的假定损失了投入-产出之间原始比例信息,并且在线性规划求解过程中,SBM 模型暴露出不足,即取零值和正值的最优松弛具有显著的差别。最重要的是,SBM 模型在经济含义上存在一定的理解困难,并不像传统径向模型和方向性距离函数那样易于解释。

为了有效解决径向模型和非径向模型在效率测算方面存在的问题,我们有必要使用一个综合模型,为此,Tone 和 Tsutsui(2010)构建了一个综合径向和非径向特点的 EBM 模型,本章主要使用 EBM 模型进行分析。

对于具有 m 个投入要素(x)和 s 个产出(y)的 n 个决策单元,EBM 模型可以表示为

$$\gamma^* = \min_{\theta,\lambda,s^-} \theta - \varepsilon_x \sum_{i=1}^{m} \frac{\omega_i^- s_i^-}{x_{io}} \tag{5-1}$$

$$\text{S.T. } \theta x_0 - X\lambda - s^- = 0$$

$$Y\lambda \geqslant 0$$

$$\lambda \geqslant 0$$

$$s^- \geqslant 0$$

式(5-1)为面向投入的 EBM 模型。其中,θ 是 CCR 模型测度出来的效率

值，X 表示投入向量，Y 表示产出向量，s^- 表示投入松弛，ω_i^- 表示第 i 个投入权重，λ 表示拉格朗日乘子。EBM 模型中最关键的因素是 ε_x，它表示了径向 θ 和非径向松弛之间的份额比例。当 $\theta = \varepsilon_x = 1$ 时，EBM 模型就转换为 SBM 模型，当 $\varepsilon_x = 0$ 时，EBM 模型就转换为径向模型。同时，根据对偶性原理我们可以求解出面向产出的 EBM 效率值，如假定 $\sum \lambda = 1$，我们可以求出变动规模报酬（variable returns to scale，VRS）情形下的效率值。为了更加符合现实，效率是在 VRS 框架下和投入产出综合考虑的情况下的效率值。

在 EBM 模型中，Tone 和 Tsutsui（2010）提出了运用投入变量的关联矩阵，并求出关联矩阵的最大特征值和对应的特征向量来求出 ρ 和 ω_i^-，并求解 EBM 模型，其求解公式如下：

$$\varepsilon_x = \frac{m - \rho_x}{m - 1}$$

$$\omega^- = \frac{\omega_x}{\sum_{i=1}^m \omega_{xi}} \tag{5-2}$$

但是，根据 Cheng 和 Qian（2011）的研究，用最大特征值表示 ρ 在存在多个有效率的决策单元时，其求解存在一定问题，因此，他们建议用皮尔森相关系数来表示 ρ。在本章中，我们也采取皮尔森相关系数来替代 ρ。

进一步，为了从环境效率得分中测算得到环境全要素生产率，根据鲁恩博格（Luenberger）方法，求得 Malmquist-Luenberger 指数，为求解该指数，我们需要计算四种效率得分值，具体计算过程这里不展开。

如果计算得到的决策单元都处于技术前沿面时，即效率值都为 1 时，这时不便于比较其效率的高低，为此，我们可以根据 Tone（2002）提出的超效率（super-efficiency）模型，进一步对这些有效的决策单元进行排名。最后，我们根据计算得到的环境全要素生产率增长除以各城市地区生产总值增长率，就可得到各地区经济绿色转型指数。

第四节　城市数据和基于不同污染的经济转型评估指数构建

一、城市面板数据构造

本章以城市决策单元为研究对象，为了合理地对中国城市层面的环境与经济增长之间的协调性进行评估，本章搜集了除西藏外其他环保部门重点监测的 73 个城市面板数据进行评估。

（一）能源环境数据

为了合理评估雾霾污染情况下的中国经济绿色转型指数，我们需要搜集较长时间的雾霾面板数据，但是由于环境保护部公开信息平台直到 2014 年才公布雾霾污染数据，2014 年，全国共有 190 个城市公布了空气质量相关数据，而 2015 年和 2016 年全国共有 367 个城市公布了空气质量相关数据。该平台公布的关于 $PM_{2.5}$ 的数据主要有两种：一种是每小时 $PM_{2.5}$ 的均值，另一种是 $PM_{2.5}$ 的 24 小时的滑动平均值。我们以每日每小时 $PM_{2.5}$ 浓度的平均值为原始数据，并按算术平均的方法分别计算出各城市的 $PM_{2.5}$ 年度数据。

2014 年以前的 $PM_{2.5}$ 搜集与处理是本书的一大难题，我们根据第三章中 Ma 等（2016）以及陈诗一和陈登科（2018）的研究获得 $PM_{2.5}$ 浓度数据。该数据为 $0.1° \times 0.1°$ 经纬度栅格数据，通过将卫星监测数据——卫星搭载的中分辨率成像光谱仪所测算得到的气溶胶光学厚度以及地面监测数据同时纳入两阶段空间统计学模型测算得到。我们进一步利用 ArcGIS 软件将此栅格数据解析为 2004~2013 年中国 74 个地级及以上城市 $PM_{2.5}$ 浓度数据，该 $PM_{2.5}$ 浓度数据已经在非经济领域的高质量研究中使用。

我们在评估各城市的雾霾污染时，需要考虑雾霾的空间扩散性问题。雾霾具有相对较为复杂的成因，其来源非常复杂，而且和气象条件如风速、气压、温度、湿度、降雨量有着紧密联系，因此，雾霾具有很强的空间关联性。考虑 $PM_{2.5}$ 跨区域输送规律是合理评估 $PM_{2.5}$ 污染的有效途径。为此，我们基于 CAMx 模型（comprehensive air quality model with extensions）的颗粒物来源追踪技术（particulates sources analysis technology）定量模拟了全国 $PM_{2.5}$ 及其化学组分的跨区域输送规律，建立了全国 31 个省（区、市）（源）间 333 个地级城市（受体）的 $PM_{2.5}$ 及其化学组分传输矩阵。对全国 333 个地级及以上城市 $PM_{2.5}$ 及其化学组分空间来源进行分析得到 31 个省（区、市）间 $PM_{2.5}$ 相互传输矩阵，外来源对各省（区、市）$PM_{2.5}$ 的贡献如表 5-1 所示。

表 5-1　各省（区、市）$PM_{2.5}$ 受外来源的贡献（单位：%）

地区	贡献率	地区	贡献率
北京	37	湖北	42
天津	42	湖南	39
河北	36	广东	35
山西	31	广西	46
内蒙古	22	海南	71

续表

地区	贡献率	地区	贡献率
辽宁	33	重庆	31
吉林	48	四川	28
黑龙江	20	贵州	37
上海	54	云南	36
江苏	50	西藏	1
浙江	48	陕西	31
安徽	42	甘肃	33
福建	41	青海	13
江西	48	宁夏	35
山东	41	新疆	0
河南	37	平均值	36

同时，根据数据的可得性，环境污染产出还可以使用 SO_2、废水和粉尘来表示，由于缺乏城市整体层面的数据，我们采用工业层面数据来表示。

（二）产出、劳动和资本存量数据

产出主要来源于城市统计年鉴，用各城市地区生产总值来表示，但城市统计年鉴公布的地区生产总值是现值数据，所以必须要用指数进行平减，由于缺乏城市层面的 GDP 指数数据，我们根据省级层面的 GDP 指数，将产出换算成 2004 年不变价 GDP 数据。

劳动使用《中国城市统计年鉴》中的从业人员数据来表示。

资本存量用永续盘存法计算获得，价格指数由于缺乏城市层面的价格指数数据，我们使用各省的固定资本价格指数替代，投资用各城市的固定资产投资总额来替代，折旧率设为 5%。在测算基期资本存量时，由于我们的数据年份较少，可能会产生偏误，为了得到更准确的估计，我们在测算基期资本存量时，根据所能获得的数据从 1992 年开始测算。

二、模型的不同变量组合设定

本章所构建的投入-产出模型中包括期望产出 1 种，以各城市的地区生产总值来表示。非期望产出按照我们的研究一共有 4 种，包括 $PM_{2.5}$、SO_2 排放、废水排放（WW）和烟粉尘排放（WD），投入变量一共有 2 种，分别为劳动（L）和资本存量（K）。

正式度量时，本章根据变量之间的关系和不同的样本区间设定了 8 个模型，这些模型共同包含劳动、资本存量、地区生产总值，前 4 个模型分别加入 $PM_{2.5}$、SO_2、

WD、WW 等变量作为非期望产出以便于比较其差异；后 4 个模型包括了共同变量 PM$_{2.5}$，再依次加入 SO$_2$、WW、WD 以及同时加入 SO$_2$、WW、WD。

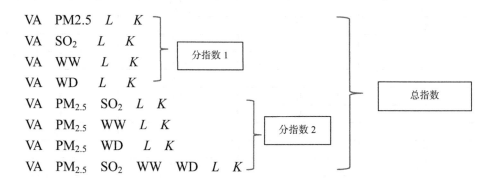

本章根据由 8 个子指数和 2 个分指数简单平均生成的总指数对经济高质量绿色发展转型进行评估，有效地克服了个别模型设定偏误可能带来的影响，是对不同角度度量结果的综合。同时，我们还可以根据该指数值是否越过了临界值（0）来判断经济有没有实现绿色发展，如果评估指数大于 0，代表这些城市在追求经济增长的同时也兼顾了绿色发展。指数值本身的高低变化也可以用来捕捉绿色发展转型的具体演化程度。这样一种由绿色发展转型经济机制所内生而成的综合指数所具有的动态评估功能是其他多层级绿色发展统计指数所不能比拟的，同时该指数也具备内在的合理性。

第五节　我国城市经济高质量绿色发展转型进程评估

一、环境技术效率测度

首先利用 EBM 模型测度了 73 个城市的环境技术效率值，限于篇幅，我们只报告部分城市的结果，其结果如表 5-2 所示。

表 5-2　各城市各种污染物 EBM 环境技术效率均值

污染物 城市	PM$_{2.5}$（未考虑外来源）	PM$_{2.5}$（考虑外来源）	SO$_2$	WW	WD	PM$_{2.5}$排名（未考虑外来源）	PM$_{2.5}$排名（考虑外来源）	SO$_2$排名	WW 排名	WD 排名
保定市	0.519	0.516	0.555	0.559	0.540	68	68	62	68	61
北京市	0.825	0.804	0.989	1.029	1.008	20	16	5	3	5

续表

污染物 城市	PM$_{2.5}$（未考虑外来源）	PM$_{2.5}$（考虑外来源）	SO$_2$	WW	WD	PM$_{2.5}$排名（未考虑外来源）	PM$_{2.5}$排名（考虑外来源）	SO$_2$排名	WW 排名	WD 排名
成都市	0.478	0.467	0.534	0.593	0.481	72	71	67	61	68
承德市	0.925	0.847	0.734	0.910	0.727	8	12	33	12	29
大连市	0.794	0.750	0.759	0.726	0.758	24	28	28	42	27
东莞市	0.975	0.964	0.954	0.981	0.955	5	5	7	7	7
广州市	0.955	0.943	0.949	0.942	0.947	7	6	8	10	8
贵阳市	0.478	0.443	0.398	0.512	0.410	71	72	73	70	72
海口市	1.040	1.316	1.474	1.207	2.427	3	1	1	1	1
邯郸市	0.547	0.545	0.552	0.680	0.539	61	62	63	46	62
昆明市	0.902	0.612	0.429	0.532	0.455	11	49	71	69	70
兰州市	0.549	0.527	0.519	0.602	0.526	60	64	68	59	65
廊坊市	0.582	0.580	0.703	0.730	0.656	51	53	37	41	38
丽水市	1.017	1.015	1.022	0.977	1.017	4	3	4	8	4
上海市	1.052	1.076	1.038	1.029	1.046	1	2	3	2	3
绍兴市	0.637	0.653	0.650	0.623	0.624	44	41	45	56	45
深圳市	1.044	1.013	1.068	1.027	1.165	2	4	2	4	2
沈阳市	0.607	0.579	0.663	0.827	0.560	49	54	43	24	56
石家庄	0.554	0.552	0.561	0.625	0.565	59	60	61	54	54
苏州市	0.906	0.919	0.908	0.907	0.883	10	8	12	13	11
宿迁市	0.682	0.686	0.846	0.752	0.719	40	35	16	36	30
台州市	0.743	0.756	0.745	0.816	0.775	31	27	30	26	23
太原市	0.555	0.543	0.535	0.659	0.527	57	63	66	50	64
泰州市	0.609	0.617	0.692	0.665	0.646	47	46	38	48	41
唐山市	0.798	0.796	0.796	0.855	0.780	23	17	20	20	21
天津市	0.782	0.778	0.785	0.848	0.792	25	21	22	21	19
西安市	0.410	0.383	0.413	0.455	0.405	73	73	72	73	73
中山市	0.865	0.814	0.932	0.866	0.911	16	15	9	18	9
重庆市	0.534	0.492	0.454	0.475	0.450	63	69	70	72	71
舟山市	0.964	0.940	0.981	0.996	1.000	6	7	6	5	6
珠海市	0.871	0.780	0.770	0.797	0.805	14	19	26	27	17
均值	0.709	0.699	0.722	0.752	0.715					

注：表中均值是全部 73 个城市的均值

根据表 5-2，我们可以得出如下结论。

第一，在雾霾的处置上，无论我们考虑外来源影响与否，各城市的排名相差不大，上海、广州等城市排名基本上未发生改变，主要是由于雾霾是相互影响的。考虑外来源影响后，北京排名上升了 4 个名次，从 20 名上升到 16 名。虽然北京的雾霾易受到外来源的影响，但北京产生的雾霾同样也会影响到其他城市，北京受到外来源的影响较大，因此在考虑外来源影响情况下北京的环境技术效率值呈现下降趋势，但北京雾霾同样也会影响到其他城市，因此其他城市的环境技术效率也会呈下降趋势。在考虑雾霾的外来源影响时前沿面发生了显著移动，比如海口在不考虑外来源影响时排名第3，但在考虑外来源影响时排名第1。由于海口受外来源影响很大，其排名在考虑外来源影响时提高了，并且拉动了整体城市技术前沿的移动。另外我们可以看到，上海在考虑了雾霾这个非期望产出时环境效率始终较为靠前，对于大城市来说上海模式值得借鉴。

第二，相对于其他污染物，部分城市在考虑雾霾这个坏产出后环境效率表现不佳。如北京等雾霾污染严重的城市，其环境技术效率值较低，但北京在其他污染物方面表现较为良好。部分省会城市及直辖市，如西安、贵阳、成都、合肥、重庆等城市，在考虑雾霾后环境效率不佳。京津冀地区的石家庄、邯郸、邢台、保定等城市环境效率亦表现不佳，没有做到协调发展。由于京津冀地区整体而言雾霾污染较为严重，在考虑雾霾这个坏产出的情况下京津冀地区的排名较为靠后。在考虑了雾霾污染及外来源影响后京津冀地区除了张家口环境效率排名居第18位，排名较为靠前外，还有一个特例是唐山，唐山虽然有着较为严重的雾霾污染，但由于其高速的经济增长模式，其考虑了雾霾污染及考虑了外来源影响后环境效率排名居于所有城市中第17位，环境效率排名比雾霾较少的张家口略好。这表明要达到较好的环境效率，如果污染较为严重必须依赖于经济持续快速的增长。在同等经济规模上考虑环境目标和经济增长目标对于部分城市而言是有压力的，考虑雾霾情况下环境效率表现较好的城市为海口、上海、丽水、深圳、东莞、广州、舟山等城市。这些城市或者属于沿海等空气质量良好的城市，或者就是经济较为发达的城市，大多数都居于长三角和珠三角等地区，整体而言，经济规模上的优势使得部分城市的环境技术效率较高。

第三，少数城市如长沙、北京、合肥，虽然在雾霾为非期望产出的情况下环境效率表现不佳，但在考虑其他非期望产出情况时，其表现均优于考虑雾霾污染的情形，如北京整体而言，在雾霾为非期望产出并考虑外来源时排名第16位，但是在SO_2为非期望产出时排名上升到第5位。如果一个城市在雾霾为非期望产出时环境技术效率排名较高，那其他污染物为非期望产出时排名同样靠前，如海口、广州、上海等城市，这代表雾霾的成因更为复杂，它作为污染物的综合产出，要想达到相对良好的治理效果需要多方面协调，如果想要治理好雾霾，对于其他污染物如废水、烟粉尘和SO_2要共同治理，但相反，不一定意味着治理好废水、烟粉尘和SO_2就能治理好雾霾。雾霾有可能受到其他因素，如机动车保有量、气候等因素的共同作用。

第四，对比雾霾、SO_2、废水、烟粉尘的结果可以看出，考虑雾霾这种非期望产出后的环境效率表现最差，废水的表现最好。总体而言，我们对雾霾的处置上没有表现出与对其他几种污染物同样的环境技术，对雾霾的处理问题第一受制于技术，第二受制于意识，目前我国对雾霾的处理仍然没有行之有效的技术方法，并且雾霾问题直到 2013 年前后才引起民众重视，因此整体而言雾霾的环境技术效率表现最差。

表 5-3 为利用 8 种方法计算的各城市环境技术效率总指数，我们将其由低到高进行了排名。

表 5-3 各城市环境技术效率均值排名

城市	环境技术效率	城市	环境技术效率	城市	环境技术效率	城市	环境技术效率
西安市	0.425	南昌市	0.604	哈尔滨市	0.732	青岛市	0.823
贵阳市	0.458	南通市	0.609	长春市	0.742	江门市	0.832
重庆市	0.474	徐州市	0.635	张家口市	0.744	承德市	0.844
南宁市	0.520	厦门市	0.644	宁波市	0.745	衢州市	0.854
成都市	0.532	绍兴市	0.644	金华市	0.757	沧州市	0.869
保定市	0.545	湖州市	0.646	大连市	0.762	西宁市	0.877
兰州市	0.553	杭州市	0.646	镇江市	0.764	无锡市	0.893
郑州市	0.557	合肥市	0.647	常州市	0.770	中山市	0.898
昆明市	0.558	银川市	0.649	温州市	0.772	苏州市	0.904
嘉兴市	0.562	扬州市	0.655	宿迁市	0.772	佛山市	0.919
邢台市	0.567	济南市	0.660	惠州市	0.774	广州市	0.943
太原市	0.574	泰州市	0.667	长沙市	0.774	东莞市	0.963
淮安市	0.577	沈阳市	0.686	秦皇岛市	0.782	北京市	0.984
武汉市	0.580	盐城市	0.688	肇庆市	0.792	舟山市	0.988
石家庄市	0.581	廊坊市	0.689	台州市	0.794	丽水市	1.018
连云港市	0.582	乌鲁木齐市	0.700	珠海市	0.798	上海市	1.040
邯郸市	0.590	福州市	0.710	天津市	0.804	深圳市	1.061
南京市	0.603	衡水市	0.721	唐山市	0.807	海口市	2.012

注：限于篇幅，本表未报告均值最低的呼和浩特市

从表 5-3 的各城市的环境技术效率总指数及其排名中可以看出以下结论。

在综合指数的排名上，基本上与雾霾作为非期望产出计算的指数排名较为一致。环境技术效率较为落后的依然是西安、贵阳、重庆、南宁等城市。这些城市污染物排放较多，其典型特征是仍处于快速工业化阶段，第二产业特别是某些污染产业占比较重，第三产业份额仍然不够，导致其环境技术效率低下。在表现较好的城市中，从经济绿色发展的角度出发，我们可以将其分为两种主要模式：一种是海口、丽水、舟山等环境友好型模式，在经济总量较小的情况下优先考虑环

境承载力；另一种是上海、广州、东莞、深圳的经济增长模式，在优先考虑经济增长的情况下也不过分地污染环境，注重对环境的保护。我们认为，这两种模式都是值得借鉴的，特别是对于一些经济总量较小的城市而言，必须在发展的过程中注重对环境的保护，不能再继续"边污染边发展""先污染后治理"的经济增长模式。对于大城市而言，其经济转型更为重要，上海、广州等城市的发展路径值得借鉴，特别是对于部分城市如重庆、成都而言，虽然在经济总量上已经跃居全国前列，但整体而言，其环境效率仍然较为落后。

进一步，为了得到各主要城市群之间的差异，我们测算得到各主要城市群环境技术效率均值，如表5-4所示。

表5-4　各主要城市群环境技术效率均值

城市群	PM$_{2.5}$（未考虑外来源）	PM$_{2.5}$（考虑外来源）	SO$_2$	WW	WD	PM$_{2.5}$+SO$_2$	PM$_{2.5}$+WW	PM$_{2.5}$+WD	均值
京津冀	0.702	0.687	0.716	0.773	0.705	0.721	0.770	0.713	0.733
长三角	0.689	0.710	0.742	0.737	0.705	0.756	0.753	0.722	0.738
珠三角	0.900	0.863	0.889	0.878	0.898	0.893	0.880	0.894	0.887

通过比较表 5-4 各主要城市群环境技术效率值我们可以看出，在雾霾作为非期望产出的环境技术效率排名上，如果不考虑外来源排名最差的是长三角地区，其次是京津冀地区，排名最好的是珠三角地区；如果考虑外来源排名最差的是京津冀地区，其次是长三角地区，表现最好的是珠三角地区。珠三角整体在雾霾的表现上较好，环境技术效率较为靠前。长三角和京津冀地区仍然存在较多的污染，环境和经济增长的协调性仍然不够，特别是京津冀地区，在不考虑外来源对雾霾影响的情况下，其环境技术效率值排名最后，说明京津冀地区雾霾仍然较为严重。在综合指数的排名上，排名最为靠前的依然是珠三角地区，其次是长三角地区，最差的仍然是京津冀地区。

为了分析各主要城市群环境技术效率发展的均衡性，我们求得各主要城市群环境技术效率的变异系数，如表5-5所示。

表5-5　各主要城市群环境技术效率变异系数

城市群	PM$_{2.5}$（考虑外来源）	SO$_2$	WW	WD	PM$_{2.5}$+SO$_2$	PM$_{2.5}$+WW	PM$_{2.5}$+WD	均值
京津冀	0.327	0.317	0.326	0.317	0.328	0.326	0.323	0.319
长三角	0.314	0.305	0.290	0.287	0.305	0.282	0.281	0.274
珠三角	0.328	0.334	0.333	0.333	0.341	0.330	0.332	0.328

通过变异系数表我们可以发现，从变异系数来看，差异最大的是珠三角地区，

其次是京津冀地区，最后是长三角地区。这表明，虽然珠三角地区的环境技术效率
排名较为靠前，但是珠三角地区的发展均衡性最差，广州和肇庆等城市差异明显。
均衡程度最好的是长三角地区，各城市之间发展没有呈现出显著的差异。京津冀地
区发展均衡性上，北京等特大城市和保定等城市的环境技术效率差异明显，和珠三
角地区基本上一致。这表明，除了注重城市自身的发展外，还要注重各城市之间的
协调发展。从区域角度出发，特别是对于京津冀地区而言，雾霾污染是京津冀地区
的普遍现象，该地区一定要做到区域联防联控，不能仅靠个别城市的努力。

　　图 5-1 为各城市环境技术效率年度均值图，从图 5-1 中我们可以看出，环境
技术效率在 2004~2006 年呈现下降趋势，在 2007~2009 年呈现出动态调整趋势，
然后在 2010~2012 年又呈现出下降趋势，在 2012 年达到最低后，在 2013~2016
年又开始缓慢上升。这表明,中国的经济增长在 2012 年前是以牺牲环境为代价的，
在 2012 年环境技术效率降到最低后，2013 年雾霾现象开始出现，此后，公众和
政府的环境意识开始逐步提升，企业生产过程中的环境压力也在不断加大，导致
企业注重环境技术效率的升级，企业环境技术效率开始不断上升，但整体而言
2004 年环境技术效率最高，从过去的经验来看，虽然中国的经济在不断地增长，
但是环境技术效率却呈现出下降的趋势，高速的经济增长和高速的绿色增长在中
国并没有大规模的出现，中国的经济在迈入新常态背景下，急需走出一条经济绿
色发展的道路。

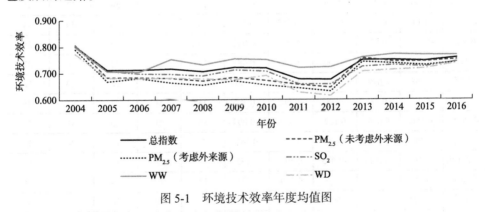

图 5-1　环境技术效率年度均值图

二、经济高质量绿色发展转型动态评估

　　前面的分析都只是对环境技术效率进行静态测度和分析，只体现了绿色发展
的理念，并没有从根本上反映经济绿色转型的要求。进一步，我们需要从动态视
角分析各城市的经济绿色转型状况。但是，正如前文所述，全要素生产率增长率
的高和低并不必然意味着转型评估指数的高和低，同时也要考虑到经济增长的影

响。为此，我们构建了经济绿色转型发展指数进行分析，该指数将 GDP 的增长率作为分母，将环境全要素生产率的增长率作为分子，以此来评价全要素生产率增长在 GDP 增长中的比重，其结果如表 5-6 所示。

表 5-6　雾霾约束下各主要城市经济高质量绿色发展转型评估指数

污染物 城市	PM_{2.5}（未考虑外来源）	PM_{2.5}（考虑外来源）	SO_2	WW	WD	PM_{2.5} 排名（未考虑外来源）	PM_{2.5} 排名（考虑外来源）	SO_2 排名	WW 排名	WD 排名
保定市	−0.849	−0.815	−0.483	−0.636	−0.478	68	66	60	66	54
北京市	0.390	0.306	0.291	0.056	0.437	8	10	15	28	12
成都市	0.305	0.250	0.523	0.649	0.428	14	13	11	5	13
承德市	−0.026	−0.491	−0.832	−0.451	−0.906	25	50	67	55	67
大连市	0.341	0.350	0.588	0.568	0.456	10	8	9	7	9
东莞市	−0.127	−0.148	−0.206	−0.179	−0.204	33	31	49	41	35
广州市	0.481	0.483	0.587	0.495	0.632	6	6	10	8	5
贵阳市	−0.342	−0.535	−0.659	−0.327	−0.462	44	53	64	46	53
海口市	−0.018	−0.124	1.469	−0.054	1.038	24	29	1	37	1
邯郸市	−0.731	−0.729	−0.738	0.221	−0.684	64	64	65	19	63
杭州市	0.051	0.126	0.045	−0.014	0.048	22	18	30	33	20
昆明市	0.190	0.113	−0.320	0.010	−0.310	18	20	54	32	41
兰州市	−0.405	−0.478	−0.350	−0.355	−0.338	49	49	56	49	44
廊坊市	−0.576	−0.556	0.252	0.241	−0.042	56	56	18	18	25
丽水市	0.018	0.012	0.000	−0.481	−0.081	23	23	32	56	27
上海市	0.068	0.049	0.080	0.045	0.090	21	22	28	29	18
绍兴市	−0.361	−0.332	−0.387	−0.602	−0.395	45	41	57	64	45
深圳市	0.156	0.056	0.107	0.017	−0.004	19	21	25	31	21
沈阳市	0.405	0.384	0.479	0.615	0.441	7	7	13	6	11
石家庄市	−0.104	−0.120	−0.075	0.305	0.152	31	28	38	15	17
苏州市	0.329	0.296	0.113	0.279	0.238	12	11	24	16	16
台州市	−0.338	−0.347	−0.061	−0.356	−0.454	43	42	36	50	51
太原市	−0.427	−0.440	−0.282	−0.237	−0.406	50	46	52	43	47
唐山市	−0.163	−0.164	−0.204	0.124	−0.141	34	32	48	25	32
天津市	0.677	0.640	0.727	0.665	0.862	3	2	5	4	2
西安市	−0.065	−0.219	0.189	0.179	0.059	27	37	21	22	19
宿迁市	−0.765	−0.711	−0.017	−0.511	−0.398	66	63	34	59	46
中山市	−0.196	−0.355	−0.151	−0.288	−0.285	38	43	43	45	40
重庆市	0.775	0.676	0.657	0.757	0.661	2	1	6	3	4

续表

污染物城市	PM2.5（未考虑外来源）	PM2.5（考虑外来源）	SO2	WW	WD	PM2.5排名（未考虑外来源）	PM2.5排名（考虑外来源）	SO2排名	WW排名	WD排名
舟山市	−0.063	−0.199	−0.045	−0.264	−0.074	26	36	35	44	26
珠海市	−0.269	−0.701	−0.522	−0.794	−0.712	39	62	62	68	65
均值及负增长数量	−0.196	−0.234	−0.058	−0.100	−0.186	23	23	31	32	20

从表 5-6 的结果可以看出，总体而言无论哪种污染物作为非期望产出，2004~2016 年实现经济绿色转型的城市较少。在雾霾作为非期望产出的情况下实现绿色转型的城市较少，只有 23 个，占所有样本的比例不到 1/3；而考虑 SO2 和废水的情况下实现经济绿色转型的城市也仅仅只有 31 个和 32 个，不到 1/2；在烟粉尘作为非期望产出时实现绿色转型的城市更少，只有 20 个城市实现了经济绿色转型。烟粉尘之所以最少，原因很可能和污染处置的技术水平有关，对于烟粉尘的去除技术较为困难，同时需要较高成本，因此其实现绿色转型也较为困难。同时，从我们的数据可以看出，2004~2016 年，样本中的大部分城市都实现了经济的高速增长。如果仅仅用 GDP 作为考核指标，难以反映各城市对环境的保护情况。但如果将环境因素纳入我们的考查范畴，真正实现经济增长和环境优化的城市就较少了，这代表过去中国在快速工业化和城市化的进程中，大部分城市依然是走的高污染、高能源消耗和高速经济增长的模式。中国主要城市的绿色转型情况不太理想，大部分城市并没有实现经济增长的同时环境污染也能够逐步下降。从中国经济绿色转型指数来看，也只有少数城市如成都、重庆、南京等城市在实现经济增长的同时绿色发展指数也实现了同步增长，但结合我们对环境效率分析可以看出，成都、重庆、南京这些城市的环境效率本来就十分低下，因此，在其绿色发展基础较为薄弱的情况下实现经济绿色转型增长也是十分正常的，难度也并不是很大。在众多城市中表现最好的是海口市，海口市无论是环境效率值还是经济绿色转型都实现了显著的增长，虽然这种增长主要是靠 SO2 和烟粉尘的去除实现的，但海口的发展模式仍然值得其他城市学习。同时广州市的环境效率和经济绿色转型指数排名也较为靠前，这主要是由于作为广州城市经济基础部门的工业和建筑业的地位下降，而服务业占比逐步上升，已经发展成为基础性经济部门，产业转型升级的同时也拉动了广州经济的高速增长，广州这种依靠产业转型升级拉动绿色转型的模式更值得大部分城市借鉴。

对比各污染物的状况，我们可以看到，整体而言，在考虑外来源情况下的雾霾转型指数要显著低于未考虑外来源情况下的雾霾转型指数，雾霾转型指数又显著低于烟粉尘，其次是废水，最后是 SO_2。但无论哪种产出为代表的指数值均小于 0，代表各污染物的绿色转型到目前为止并不成功。考虑外来源情况下雾霾转型指数值的降低主要是由于外来源对部分城市的绿色转型影响很大，如果剔除掉这种外来因素，实际上部分城市的绿色转型还是很成功的。从本部分结果可以看出，无论对雾霾变量如何处置，环境效率和转型发展指数都不是很理想，可见，雾霾对绿色转型的负面影响很大，意味着我们需要在雾霾的治理和相关转型上加大力度。

最终根据我们测算得到的八种指数的综合指数，对各城市的环境技术效率进行排名，其结果如表 5-7 所示。

表 5-7　雾霾约束下各主要城市经济绿色转型指数及其排名

城市	指数	城市	指数	城市	指数	城市	指数
江门市	−1.139	兰州市	−0.330	郑州市	−0.043	哈尔滨市	0.144
秦皇岛市	−1.087	淮安市	−0.327	唐山市	−0.043	西安市	0.148
邢台市	−0.890	宿迁市	−0.310	扬州市	−0.043	苏州市	0.233
西宁市	−0.877	太原市	−0.303	温州市	−0.028	北京市	0.252
肇庆市	−0.802	厦门市	−0.236	南宁市	−0.020	长沙市	0.405
张家口市	−0.746	台州市	−0.215	济南市	−0.009	武汉市	0.433
银川市	−0.621	中山市	−0.209	徐州市	0.012	宁波市	0.493
珠海市	−0.620	金华市	−0.205	福州市	0.029	沈阳市	0.493
承德市	−0.548	镇江市	−0.194	昆明市	0.029	青岛市	0.494
保定市	−0.547	东莞市	−0.185	深圳市	0.034	大连市	0.503
衡水市	−0.534	盐城市	−0.159	上海市	0.054	成都市	0.512
泰州市	−0.460	呼和浩特市	−0.155	连云港市	0.078	常州市	0.519
惠州市	−0.457	衢州市	−0.135	杭州市	0.099	广州市	0.579
乌鲁木齐市	−0.435	舟山市	−0.113	长春市	0.103	南京市	0.636
南昌市	−0.417	嘉兴市	−0.111	廊坊市	0.114	重庆市	0.698
贵阳市	−0.414	沧州市	−0.105	佛山市	0.118	天津市	0.751
绍兴市	−0.396	丽水市	−0.062	石家庄市	0.123	无锡市	0.836
湖州市	−0.360	南通市	−0.053	合肥市	0.125	海口市	1.606

注：限于篇幅，本表未报告得分最低的城市邯郸市

根据表 5-7 的结果我们可以看出，各主要城市的综合排名跟环境技术效率排名呈现出很大的不同。环境技术效率的高和低并不代表经济绿色转型发展的高和低，转型是一个动态的过程。部分城市如江门、银川等的环境技术效率虽然在所有样本城市中居中间水平，但是其经济绿色转型指数却居于所有样本城市靠后位置，这些城市重工业仍然居于主导地位，对环境的破坏依然比较严重，导致了其转型指数较低。而东莞其环境技术效率综合排名居所有城市第 7 位，但其经济绿色转型指数只居所有城市的 45 位，东莞城市转型也并不成功，主要是由于这些城

市产业结构在 2004~2016 年这 13 年并没有发生很大改变。从绿色转型的角度出发，最成功的还是海口、无锡、天津、重庆、南京等城市，天津、无锡等城市转型成功主要是由于这些城市通过不断地引入第三产业，发展高新技术产业，产业结构逐步形成了三二一的产业结构优势，并且环境状况逐步改善，废水、废气等污染物的产出逐步减少，虽然雾霾污染指数并没有显著下降，但是也没有呈现出显著上升趋势，因此这些城市排名较为靠前。但同时，我们也要看到，部门城市如贵阳等城市，在环境技术效率的排名上居于第 71 位，在转型指数排名上却也十分靠后。这些城市需要进一步地发展低碳产业，发展绿色经济及服务业，同时，也要注意对环境的保护和治理，做到创新、绿色、协调的高质量发展。

进一步，我们对主要城市群的经济高质量绿色发展转型进行评价，其结果如表 5-8 所示。

表 5-8　雾霾约束下各主要城市群经济绿色转型指数

城市群	PM$_{2.5}$（未考虑外来源）	PM$_{2.5}$（考虑外来源）	SO$_2$	WW	WD	PM$_{2.5}$+SO$_2$	PM$_{2.5}$+WW	PM$_{2.5}$+WD	总指数
京津冀	−0.310	−0.382	−0.261	−0.165	−0.275	−0.199	−0.092	−0.199	−0.395
长三角	−0.187	−0.124	0.127	−0.008	−0.070	0.151	0.098	0.021	0.825
珠三角	−0.148	−0.200	−0.001	−0.028	−0.146	0.151	0.083	0.049	0.507

从转型指数而言，我们可以看出，京津冀地区经济绿色转型最差，其次是珠三角，再次是长三角。从整体状况来看，京津冀地区的各个经济绿色转型指数均为负值，表示京津冀地区的经济增长对环境破坏严重。长三角和珠三角为正值，从区域上看，长三角和珠三角做到了转型发展，长三角整体指数的增长上较珠三角地区要好，表示长三角的经济绿色转型状况要优于珠三角。所以，最值得我们注意的仍然是京津冀地区，京津冀地区特别是河北省重工业密集，煤炭、钢铁等重工业污染比较严重，京津冀地区产业结构亟须优化调整。

图 5-2 为各年份的经济高质量经济绿色转型指数的年度均值。从图 5-2 可以看出，无论是以哪一种污染物为代表作为非期望产出，指数均在 2013 年前呈现负增长的趋势，只有个别指数在少数年份如 2009 年和 2012 年持平，在 2013 年经济绿色转型指数开始跌入谷底，随后慢慢回升。这和环境技术效率的发展基本上保持一致，从我们的测度结果可以看出，2013 年之前中国经济增长对环境的破坏十分严重，中国的经济增长始终都是以第二产业占主导地位的模式，在经济快速增长的过程中必不可少地对环境进行了破坏，同时由于政府和公众的环境意识不强，各种环境污染问题频发。特别是雾霾的问题上，以雾霾为非期望产出计算的经济绿色转型指数一直以来都呈现出了高度的负增长趋势，在几种污染物中是最高的，这代表雾霾污染一直以来在中国就长期存在，但一直未受到足够重视，直到 2013

年雾霾开始全面爆发后，公众和企业的环境意识开始不断增强，中国才开始逐步注重节能减排和大气污染治理，开始逐渐走出一条绿色转型的发展道路。

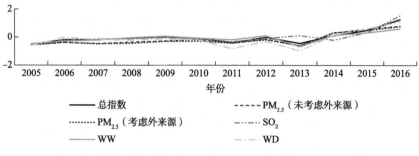

图 5-2　雾霾约束下各城市经济高质量经济绿色转型指数变化

第六节　绿色发展评估指标引领治霾转型双赢发展

　　本章的结论表明，整体而言，雾霾约束条件下中国各城市的经济绿色转型表现并不理想，部分城市出现了环境效率和环境生产率双重恶化的趋势。在 2013年前中国大部分城市的经济增长基本上是以环境污染为代价，2013 年之后大部分城市才开始走出一条绿色转型与经济增长协调发展的道路。

　　本章的研究还表明，在考虑雾霾影响情况下，从中国目前重点监测的环境效率来看，中国的绿色发展有两种道路可供选择，一种是环境友好型的发展模式，不追求经济总量的快速增长，注重对自身良好生态环境的保护，如海口、舟山等城市；另外一种是经济增长型的发展模式，在追求经济总量增长的同时，加大环境保护力度，如上海、广州等城市。选择哪种发展模式需要结合城市自身的特点出发，根据城市的资源禀赋及技术优势选择一条合理的高质量发展道路。

　　环境技术效率的高低也不代表经济绿色转型之路的优劣，部分城市虽然在考虑雾霾影响情况下环境效率呈现了增长，但是环境全要素生产率却没有呈现出较大的进步，因此，导致了经济绿色发展转型并不理想。本章的结果也表明了这一点，由此，对于一些环境污染较为严重的城市而言，绿色发展之路重点应该体现在绿色上，要大力加强环境治理，不要再以 GDP 作为唯一的考核目标，本章构建的经济绿色转型指数是一个理想的对地方政府或各城市进行评估的指标。

　　本章的结论表明，在雾霾已经成为经济社会转型的重要约束的情况下，部分城市要实现绿色转型、解决好生态环境问题、做好雾霾治理工作的道路任重道远，既要绿水青山，又要金山银山之路并不会一蹴而就。由于部分城市的能源结构、产业结构和消费结构等三重结构的约束，其环境污染具有路径依赖的特性，雾霾对经济社会的影响必将持续，想在 GDP 高速增长的情况下又实现绿色转型较为困难，在这种情况下，必须提高我们指标中分子的比重，狠抓绿色发展的力度，以雾霾治理作为重要任务，实现绿色转型。同时，这也是完全有可能实现的，环境效率低意味着存在较大的转型空间，重庆、南京等城市就是很好的范例。对于经济总量不是很大的城市而言，完全有可能走出一条绿色发展转型的高质量发展道路。

中国 2004~2016 年的经验表明，经济增长的环境代价十分沉重，大部分城市的环境状况都在不断恶化，雾霾问题也成为中国必须解决的重要问题。中国目前亟须合理规划，以尽可能地确定一条符合中国国情的可持续发展道路。经济绿色转型之路仍然存在较多的困难，如何合理地规划配置中国有限的资源，同时不过分地污染环境，这需要顶层设计，例如在环境税设计和优化、碳排放权的交易普遍建立和污染问责方面做出更多的努力。本章提出的经济绿色转型指数很好地刻画了中国主要城市的绿色发展转型之路，同时也对未来有一定的预测和指导作用。因此，可以将该指数作为中国各城市的经济绿色发展考核指标。

第六章 大气污染影子价格与清洁空气的经济价值

第一节 大气污染影子价格估算

环境税是大气污染防治的重要政策，但是环境税税率大小的确定始终是环境税改革的一大难题。最优税率应等于环境污染排放物的边际减排成本（marginal abatement cost，MAC）或者说影子价格（陈诗一，2011a），但是，由于不存在环境污染市场定价机制，因此，对其成本进行经济评估一直是环境经济学最基础的问题之一[①]。具体到大气污染防治，环境税率的制定必须基于大气污染物的边际减排成本或者说其影子价格，而且要考量相邻地区的大气污染影子价格差异。本节将基于上一章介绍的环境规制行为分析理论模型的扩展模型——参数化超越对数方向性距离函数来估算我国主要大气污染物——二氧化硫、氮氧化物和烟粉尘的影子价格，讨论它们与现行环保税率的差异，以解决大气污染物的市场价格缺失问题，为下一章分析我国现行环保税存在的问题及改革方向做准备。

一、影子价格估算与参数化方向性距离函数模型

文献中对环境污染变量的处理要比能源变量复杂得多，这主要是因为缺乏环境污染的市场定价，把污染排放计入生产成本比较困难，所以，长期以来环境因素往往被研究者有意无意地忽视。为了克服环境污染价格信息缺失的困境，度量污染排放影子价格或边际减排成本的文献开始陆续出现，环境污染的边际减排成本常通过环境污染物的影子价格来表示。环境污染影子价格在环境公共政策和绿

---

① 比如，李金华（2009）指出，环境成本始终是环境经济综合核算体系的重要核算内容。

色增长核算等领域有着重要的应用，比如可以用作环境税税率设定和污染排放权交易定价的参考价值，可以用来构造环境需求方程和进行绿色国民收入核算，也使得依赖价格信息的传统生产率指数计算成为可能，因此，影子价格已经成为环境经济学研究的重要概念，对影子价格进行准确估计非常重要。

影子价格的计算方法主要包括参数和非参数两种方法，通常都是基于方向性距离函数来估计，如 Marklund 和 Samakovlis（2007）、Cuesta 等（2009）、Färe 等（2010）、陈诗一（2010b、2011a）、涂正革（2010）、魏楚（2014）等。相对而言，参数化方法因参数表达式可以进行微分和代数处理，可计算得到各决策单元的非期望产出影子价格，因而是应用相对更为广泛的影子价格计算方法。而且，陈诗一（2010a）在用参数和非参数两种方法估计中国工业行业 CO_2 影子价格时发现两者得到的数值和趋势是基本类似的。因此，本节选择参数化方法来估计主要大气污染物的影子价格。

利用超越对数函数来参数化产出方向性距离函数，具有不需要产出变量做强处置假定的优点，因此，本节借鉴陈诗一（2010a）的处理方法，亦选择超越对数产出方向性距离函数。在投入产出变量选择上，投入主要包括资本（x_1）、劳动（x_2）和能源（x_3），期望产出（y）为各地区经济产出，非期望产出（b）为二氧化硫排放量、氮氧化合物排放量和烟粉尘排放量。对某个区域 k，具体的超越对数产出方向性距离函数设定为

$$
\begin{aligned}
\ln \vec{D}\left(x^k, y^k, b^k; g\right) = {} & \alpha_0 + \sum_{n=1}^{3} \alpha_n \ln x_n^k + \beta_1 \ln y^k + \gamma_1 \ln b^k \\
& + \frac{1}{2} \sum_{n=1}^{3} \sum_{n'=1}^{3} \alpha_{nn}\left(\ln x_n^k\right)\left(\ln x_{n'}^k\right) + \frac{1}{2}\beta_2 \ln^2 y^k + \frac{1}{2}\gamma_2 \ln^2 b^k \quad (6\text{-}1) \\
& + \sum_{n=1}^{3} \delta_n \ln x_n^k \ln y^k + \sum_{n=1}^{3} \eta_n \ln x_n^k \ln b^k + \mu \ln y^k \ln b^k
\end{aligned}
$$

其中，g 表示方向向量；k 表示第 k 区域；α、β、γ、δ、μ 均表示待估计系数。则非期望产出（b）相对于经济产出的相对影子价格可写为

$$
\begin{aligned}
p_b^k &= p_y^k \cdot \frac{\partial \vec{D}\left(x^k, y^k, b^k; g\right)/\partial b^k}{\partial \vec{D}\left(x^k, y^k, b^k; g\right)/\partial y^k} \\
&= p_y^k \cdot \frac{\partial \ln \vec{D}\left(x^k, y^k, b^k; g\right)/\partial \ln b^k}{\partial \ln \vec{D}\left(x^k, y^k, b^k; g\right)/\partial \ln y^k} \cdot \frac{y^k}{b^k}
\end{aligned}
\quad (6\text{-}2)
$$

其中，p_b、p_y 分别表示污染物和经济产出的影子价格。

而式（6-1）中参数的求解可采用以下带约束的线性规划方法来进行估计：

$$\min \sum_{k=1}^{K} \ln \vec{D}\left(x^k, y^k, b^k; 1, -1\right)$$

$$\text{s.t.}\begin{cases} (\text{i}) \ln \vec{D}\left(x^k, y^k, b^k; g\right) \geqslant 0, \quad k = 1, 2, \cdots, K \\[2mm] (\text{ii}) \dfrac{\partial \ln \vec{D}\left(x^k, y^k, b^k; g\right)}{\partial \ln b^k} \geqslant 0, \quad k = 1, 2, \cdots, K \\[2mm] (\text{iii}) \dfrac{\partial \ln \vec{D}\left(x^k, y^k, b^k; g\right)}{\partial \ln y^k} \leqslant 0, \quad k = 1, 2, \cdots, K \\[2mm] (\text{iv}) \dfrac{\partial \ln \vec{D}\left(x^k, y^k, b^k; g\right)}{\partial \ln x_n^k} \geqslant 0, \quad n = 1, 2, 3; k = 1, 2, \cdots, K \\[2mm] (\text{v}) \beta_1 - \gamma_1 = -1, \beta_2 = \mu = \gamma_2, \delta_n = \eta_n, n = 1, 2, 3 \\[2mm] (\text{vi}) \alpha_{nn'} = \alpha_{n'n}, \quad n, n' = 1, 2, 3 \end{cases} \quad (6\text{-}3)$$

其中，在式（6-3）中，目标函数要最小化所有样本同前沿的离差和，约束条件（ⅰ）确保所有观测点是可行的；约束条件（ⅱ）和（ⅲ）限定了期望产出和非期望产出的影子价格分别为非负和非正；约束条件（ⅳ）表示对每种投入要素施加的单调性约束（魏楚，2014）；约束条件（ⅴ）表示对产出变量的一阶齐次性假定，即对产出变量是弱处置的；约束条件（ⅵ）则表示距离函数的对称性。

实际上，根据约束条件（ⅵ）和（ⅴ），部分估计参数是相同的，所以只有 15 个不同的估计参数，即最优化问题式（6-3）可重新写为

$$\min D\left(x^k, y^k, b^k; g\right) = \alpha_0 + \alpha_1 x_1^k + \alpha_2 x_2^k + \alpha_3 x_3^k + \beta_1 y^k + (\beta_1 + 1)b^k$$

$$+ \frac{1}{2}\left(\alpha_{11} x_1^k x_1^k + 2\alpha_{12} x_1^k x_2^k + 2\alpha_{13} x_1^k x_3^k + \alpha_{22} x_2^k x_2^k \right.$$

$$\left. + 2\alpha_{23} x_2^k x_3^k + \alpha_{33} x_3^k x_3^k\right) + \frac{1}{2}\beta_2\left(\left(y^2\right)^k + \left(b^2\right)^k + y^k b^k\right)$$

$$+ \delta_1\left(x_1^k y^k + x_1^k b^k\right) + \delta_2\left(x_2^k y^k + x_2^k b^k\right) + \delta_3\left(x_3^k y^k + x_3^k b^k\right)$$

$$\text{s.t.}\begin{cases} (\text{i}) \ -D(x^k, y^k, b^k; g) \leqslant 0, \quad k = 1, 2, \cdots, K \\[2mm] (\text{ii}) -\left((\beta_1 + 1) + \beta_2\left(b^k + y^k\right) + \delta_1 x_1^k + \delta_2 x_2^k + \delta_3 x_3^k\right) \leqslant 0, \quad k = 1, 2, \cdots, K \\[2mm] (\text{iii}) \ \beta_1 + \beta_2\left(b^k + y^k\right) + \delta_1 x_1^k + \delta_2 x_2 + \delta_3 x_3 \leqslant 0, \quad k = 1, 2, \cdots, K \\[2mm] (\text{iv}) -\left(\alpha_1 + \alpha_{11} x_1^k + \alpha_{12} x_2^k + \alpha_{13} x_3^k + \delta_1\left(y^k + b^k\right)\right) \leqslant 0, \quad k = 1, 2, \cdots, K \\[2mm] \quad -\left(\alpha_2 + \alpha_{12} x_1^k + \alpha_{22} x_2^k + \alpha_{23} x_3^k + \delta_2\left(y^k + b^k\right)\right) \leqslant 0, \quad k = 1, 2, \cdots, K \\[2mm] \quad -\left(\alpha_3 + \alpha_{13} x_1^k + \alpha_{23} x_2^k + \alpha_{33} x_3^k + \delta_3\left(y^k + b^k\right)\right) \leqslant 0, \quad k = 1, 2, \cdots, K \end{cases}$$

$$(6\text{-}4)$$

从而，根据模型（6-2）和模型（6-4），非期望产出的影子价格估计公式可重新写为

$$p_b^k = p_y^k \left(\cfrac{1}{\beta_1 + \beta_2 \ln y^k + \sum\limits_{n=1}^{3} \delta_n \ln x_n^k + \beta_2 \ln b^k} + 1 \right) \cdot \cfrac{y^k}{b^k} \qquad （6\text{-}5）$$

另外，根据式（6-4）和式（6-5），影子价格估计的结果应为负值，因此，为了便于分析，我们对式（6-5）两边取绝对值，从而使得估计的影子价格变为正值，相应的经济学意义即污染物排放对应的边际产出价值。另外，通常假定期望产出的影子价格就等于它的市场价格，即 p_y 为 1 元。因此，非期望产出的影子价格进一步可写为

$$p_b^k = \left| \left(\cfrac{1}{\beta_1 + \beta_2 \ln y^k + \sum\limits_{n=1}^{3} \delta_n \ln x_n^k + \beta_2 \ln b^k} + 1 \right) \cdot \cfrac{y^k}{b^k} \right| \qquad （6\text{-}6）$$

二、省级与城市层面数据说明

根据以上研究方法，本节所需的数据，一是与雾霾污染程度相关的数据，主要使用 $PM_{2.5}$ 浓度，数据来源于第三章中陈诗一和陈登科（2018）所构建的地级城市层面的数据；二是省级地区和地级城市两个层面雾霾主要污染源排放影子价格估计所需要的数据，包括期望产出、非期望产出以及资本、劳动力和能源三种投入变量，具体数据来源与指标说明如下。

（一）省级层面相关变量与数据

根据现有研究文献和数据可获得性，我们选择 2005~2015 年作为样本期间，因西藏数据有较大空缺，我们共考虑了 30 个省（区、市），共 330 个样本对象。

期望产出选择常用的 GDP 指标，为各地区以 2005 年为基期的实际 GDP 数据。非期望产出主要包括二氧化硫、氮氧化物和烟粉尘三种废气排放量。实际 GDP 和污染排放数据均来源于《中国统计年鉴》（2006—2016），但氮氧化物排放量从 2011 年才有相应的统计数据。

资本投入变量通常选择资本存量指标，但无论省级层面还是城市层面总体的资本存量都没有直接统计，需要进行估计，本节采用永续盘存法对其进行估计，具体如下：

$$K_t = K_{t-1}(1 - \delta_t) + I_t \qquad （6\text{-}7）$$

其中，K_t 表示第 t 年的资本存量；I_t 表示第 t 年的投资；δ_t 表示固定资产折旧率。

假设基期时的资本存量为 K_0，则通过迭代，式（6-7）可变为

$$K_t = K_0(1-\delta)^t + \sum_{s=1}^{t} I_s(1-\delta)^{t-s} \tag{6-8}$$

为计算式（6-8），需要确定 3 个参数：一是经济折旧率，参考单豪杰（2008）的研究，采用 10.96% 的数值；二是每年的投资额，为地区固定资产投资总额，并通过各地固定资产投资价格指数进行平减，由于城市层面缺乏相应的固定资产投资价格指数，我们采用 GDP 平减指数替代；三是基期资本存量，关于基期的选择现有研究一般是 1952 年较多（张军等，2004），对于省级层面的基期资本存量估计，本节直接采用单豪杰（2008）估计出的各省（区、市）2003 年的资本存量作为基期存量。同时，由于原数据中四川省和重庆市数据没有分开，本节根据基本假设"经济稳态的情况下存量资本的增长率与投资增长率是相等的"，以及折旧率和平均固定资产投资增长率数据补充重庆市的数据。其中，固定资产投资总额和固定资产投资价格指数均来自《中国统计年鉴》（2006—2016）。

劳动力投入变量选择全部从业人员数量指标，因为《中国统计年鉴》相应的就业数据主要为城镇单位或私营和个体单位就业人数，与总体就业数据有较大差距（如 2017 年全国总就业人数为 7.67 亿，而城镇单位就业人数为 1.79 亿，私营和个体单位就业人数合计为 3.09 亿），因此相关数据主要来源于各省（区、市）统计年鉴（2006—2016）。由于煤炭消费是导致环境污染的主要一次能源，因而煤炭消费量是目前相关研究常用的能源投入变量，本节亦选取全国分地区的煤炭消费量作为能源投入变量指标，其中，数据来源于《中国能源统计年鉴》（2006—2016）。

（二）城市层面相关变量与数据

城市层面数据相对非常分散，在一种统计年鉴中很难找到完整的变量数据，理想的数据为城市总体的 GDP、大气污染物排放、资本存量、就业总人数和能源消费数据，但除 GDP 外，其他变量都没有统一统计或不完整，因此无法应用城市总体的投入产出数据进行估计。而考虑到工业行业是大气污染排放的主体，也是环保税征收的主要对象，因此，参照涂正革（2010）和陈诗一（2011a）等，本节也以城市层面工业行业作为主要研究对象。

即使是工业行业数据，在城市层面也不完整、不统一，如在城市主要数据来源的《中国城市统计年鉴》中，没有统计对应的能源或煤炭消费数量，而且从 2010 年开始也不再公布工业从业人员数量，这使得投入要素数据就缺失了两项。因此，数据来源可能需要多个统计年鉴，但为了降低多种数据来源可能导致统计口径不一致等问题的影响，本节也尽量减少使用统计年鉴的数量。本节城市层面相关变量和数据说明如下。

1. 期望产出、资本和劳动力投入变量

因中国工业企业数据库中有比较完整的工业总产值、固定资产和从业人员数量的数据，所以本节尝试使用中国工业企业数据库数据，将企业数据按照相应城市进行汇总得到相应的城市工业行业投入产出数据。其中，期望产出变量为工业企业总产值，并以 2005 年为基期，按照各地区相应的工业品出厂价格指数（producer price index，PPI）进行平减。资本投入变量为工业企业固定资产合计，并以 2005 年为基期，按照各地区相应的固定资产投资价格指数进行平减。劳动力投入变量为工业企业年均全部就业人数。

另外，为了考查工业企业汇总数据的可靠性，本节将其与《中国城市统计年鉴》相应的城市数据进行了比较，企业数据中存在缺失行政地区编码的数据，故对其进行了相应的剔除，因此，总产值总计比城市统计年鉴中的低，比例为 91%。从城市个体来看，大部分都是 100% 对应的。以 2005 年为例，城市个数为 287 个，其中有 251 个城市两种数据来源统计的城市工业总产值的偏差在 10% 以内。所以，可以认为以中国工业企业数据库汇总的城市工业数据是可靠的。

2. 非期望产出和能源投入变量

由于中国工业企业数据库缺乏污染物排放和能源投入数据，因此不得不寻找其他数据出处。而从相对完整统一的数据来源看，《中国环境年鉴》有相应重点城市环境统计数据和工业煤炭消费数据，进一步与《中国城市统计年鉴》对应的工业二氧化硫排放等数据对比来看，两者基本是一致的。所以，尽管《中国环境年鉴》统计的城市样本范围较少，每年为 113 个城市，但数据统计相对比较完整统一，因此由于数据限制，本节选择了《中国环境年鉴》作为相应的数据来源。其中，非期望产出变量为二氧化硫、氮氧化物和烟粉尘三种废气排放量（氮氧化物数据从 2006 年开始统计）。能源投入变量数据为工业煤炭消费量数据（2011 年前没有直接的煤炭消费量，为燃料煤和原料煤消费量的汇总数据）。

3. 城市层面样本数据的总体说明

结合以上分析，城市层面样本数据主要来源于中国工业企业数据库和《中国环境年鉴》，但是对于中国工业企业数据库，我们只能获取到 2013 年及以前的数据，因此，我们考查的时期为 2005~2013 年。而《中国环境年鉴》的城市统计样本为 113 个城市，因拉萨市对应的工业投入产出数据缺失，因此最终有效样本只有 112 个城市。所以，本节城市层面的研究样本为 2005~2013 年 9 年间共 1008 个重点城市样本对象。

省级与城市层面主要变量数据的描述性统计情况见表 6-1。

表 6-1　主要变量统计描述

样本对象	变量	观测值个数	均值	标准差	最小值	最大值
省级层面	$\text{Ln}(y)$	330	8.8792	0.9730	6.1206	10.7613
	$\text{Ln}(b^1)$	330	3.9705	0.8425	1.1725	5.2081
	$\text{Ln}(b^2)$	330	1.8529	2.0867	0.0000	5.1936
	$\text{Ln}(b^3)$	330	3.6174	0.9312	0.3840	5.2024
	$\text{Ln}(x_1)$	330	7.5828	0.8114	5.6735	8.8107
	$\text{Ln}(x_2)$	330	8.5863	1.0659	5.8239	10.8374
	$\text{Ln}(x_3)$	330	9.1024	0.9084	5.8058	10.6195
城市层面	$\text{Ln}(y)$	1008	7.2439	1.3357	2.0486	11.2369
	$\text{Ln}(b^1)$	1008	1.8872	1.0211	−6.7254	4.2648
	$\text{Ln}(b^2)$	1008	1.4868	1.1305	−5.0360	3.3874
	$\text{Ln}(b^3)$	1008	1.1933	1.0982	−4.6670	3.9240
	$\text{Ln}(x_1)$	1008	6.3148	1.0285	2.4106	9.4123
	$\text{Ln}(x_2)$	1008	3.5193	1.3190	−0.7868	13.1343
	$\text{Ln}(x_3)$	1008	6.8925	1.0390	0.0000	9.0483

注：y 是期望产出（单位：亿元）；b^1、b^2 和 b^3 分别为二氧化硫、氮氧化物和烟粉尘变量（单位：万吨）；x_1、x_2 和 x_3 分别为资本（单位：亿元）、劳动力（单位：万人）和煤炭消费变量（单位：万吨）

三、省级层面大气污染物影子价格分析

基于模型（6-4）所估算的省级方向性距离函数的参数估计结果见表 6-2。

表 6-2　省级层面方向性距离函数的相关参数估计结果

系数	估计值		
	二氧化硫	氮氧化物	烟粉尘
α_0	−2.7260	0.3200	−2.9222
α_1	0.9629	0.2763	1.0377
α_2	−0.4673	0.7680	1.5116
α_3	−0.8112	−0.8057	1.0591
β_1	0.7608	−0.2193	−1.9721
$\gamma_1 = \beta_1 + 1$	1.7608	0.7807	−0.9721
α_{11}	−0.1590	−0.8096	−0.6766
α_{12}	0.3794	0.0874	0.2746
α_{13}	1.0123	0.2328	0.0641
α_{22}	−0.1051	−0.2805	−0.2385
α_{23}	0.2372	0.1923	0.3834

续表

系数	估计值		
	二氧化硫	氮氧化物	烟粉尘
α_{33}	0.0693	−0.0807	−0.4483
β_2	0.4870	−0.1896	0.0360
δ_1	−0.4509	0.3318	0.2244
δ_2	−0.0597	0.0551	−0.1390
δ_3	−0.4027	−0.0574	0.0490

从表 6-2 可知，三类污染物方向性距离函数估计系数并不完全一致，氮氧化物对应的期望产出的一次系数（β_1）为负，说明经济水平越高的地区相应的环境无效率值越低，从而氮氧化物的影子价格也越高；而非期望产出的系数为正，说明氮氧化物排放越高的地区相应的影子价格越低。但二氧化硫对应的期望产出与非期望产出的一次系数均为正值，即并不能说明经济水平越高的地区二氧化硫的影子价格越高。类似地，烟粉尘对应的期望产出与非期望产出的一次系数均为负值，即烟粉尘排放水平越高地区对应的影子价格越高。这与当地经济水平、能源结构与产业结构等有较大关系，如山东省等高经济增长高污染排放地区。

根据表 6-2，可以估计得到全国三类污染物排放影子价格在 2005~2015 年均值的趋势图，如图 6-1 所示。

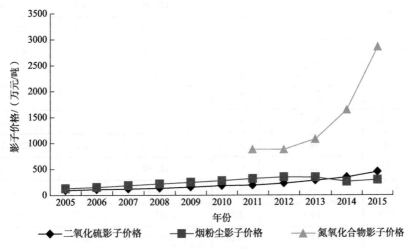

图 6-1　三种大气污染物平均影子价格年度变化趋势（2005~2015 年）

注：限于数据可获得性，氮氧化物影子价格数据是从 2011 年至 2015 年

从图 6-1 可以看出，三类污染物的影子价格总体都呈现显著的上升趋势，如 SO_2 平均影子价格从 2005 年的 92.86 万元/吨，增长到 2015 年的 449.98 万元/吨，

2005~2015 年增长了 3.85 倍，氮氧化合物影子价格在 5 年间便增长了 2.24 倍。这表明，随着我国环境治理强度的不断加大，尤其是 2013 年《大气污染防治行动计划》的实施，使得我国绿色生产率水平有了较大提升，即在经济保持持续增长的情况下，污染排放持续降低，如我国二氧化硫排放总量从 2005 年的 2549 万吨下降到了 2015 年的 1859 万吨，下降幅度达到 27%，但同期不变价 GDP 增长了近 2 倍。因此，相对同样数量的污染物排放对应的经济产出也越来越大，从而相应的雾霾治理的边际成本也越来越高，从绝对数值来看，已远高于涂正革（2010）等的二氧化硫影子价格的估计结果。在此意义上，为更有效地倒逼与鼓励企业减少大气污染排放，我国环境税额标准应当提升。

根据表 6-2，进一步计算得到二氧化硫、氮氧化物和烟粉尘在各省（区、市）间影子价格的差异情况，见表 6-3。

表 6-3 我国各省（区、市）三种大气污染物平均影子价格（单位：万元/吨）

排序	地区	二氧化硫影子价格	地区	氮氧化合物影子价格	地区	烟粉尘影子价格
1	上海	2 846.87	北京	10 912.58	广东	1 046.90
2	天津	797.87	海南	8 724.24	山东	642.99
3	北京	760.77	广西	5 490.94	浙江	613.18
4	广东	634.85	云南	4 748.02	江苏	581.44
5	辽宁	611.98	四川	4 119.94	四川	567.80
6	福建	470.61	湖南	2 736.30	福建	429.25
7	江苏	406.71	江西	1 726.84	湖北	428.83
8	浙江	406.19	福建	1 667.39	安徽	397.74
9	重庆	263.99	湖北	1 657.16	河南	371.08
10	山东	192.55	甘肃	1 275.24	湖南	315.64
11	四川	189.51	浙江	1 125.34	辽宁	251.12
12	湖北	164.74	广东	1 112.92	云南	174.89
13	黑龙江	149.21	重庆	1 074.49	河北	174.41
14	湖南	119.85	上海	1 015.07	广西	163.54
15	广西	114.27	安徽	851.35	重庆	158.91
16	江西	108.55	河南	705.97	上海	151.41
17	吉林	99.76	贵州	608.82	黑龙江	149.18
18	河北	87.29	江苏	591.66	天津	133.45
19	新疆	79.77	天津	577.79	海南	85.59

续表

排序	地区	二氧化硫影子价格	地区	氮氧化合物影子价格	地区	烟粉尘影子价格
20	内蒙古	71.64	山东	570.78	贵州	84.11
21	青海	61.14	青海	477.45	吉林	81.69
22	河南	61.06	陕西	355.03	陕西	73.54
23	陕西	40.58	吉林	324.76	江西	70.84
24	云南	30.81	黑龙江	318.39	北京	62.47
25	海南	28.56	辽宁	265.18	甘肃	43.94
26	甘肃	25.21	河北	252.25	山西	43.19
27	安徽	22.37	山西	89.33	内蒙古	34.26
28	山西	15.22	新疆	86.87	新疆	29.28
29	贵州	14.92	内蒙古	64.04	宁夏	8.05
30	宁夏	8.05	宁夏	35.63	青海	4.46
平均		296.16		1 785.39		245.77

根据表6-3，从三类大气污染物的影子价格差异情况来看，同一地区三类大气污染物排放的平均影子价格也存在较大差异。其中，氮氧化物影子价格远高于二氧化硫和粉烟尘的影子价格，是烟粉尘平均影子价格的 7.26 倍，但按照各省（区、市）相关污染物的环保税额，氮氧化物的环保税额标准与二氧化硫相当，而只有烟粉尘环保税额标准的1/3[①]。因此，如果以边际减排成本（影子价格）为标准，则氮氧化物的影子价格严重偏低了，未来氮氧化物税额标准应做出相对更大幅度的提高。

从表6-3还可以看出，各省（区、市）影子价格差异较大，如二氧化硫影子价格最高的上海与最低的宁夏差了 350 多倍。因此，考虑到不同地区间污染排放的边际成本的显著差异，各地区大气污染物的环保税额标准趋同显然不尽合理，应该实行有差异的环保税税额标准，否则可能限制环境税对污染治理的有效性。

---

① 数据为笔者根据各省（区、市）相关大气污染物环保税额平均得到，并将各污染物的污染当量值转换成实物排放量值（单位：元/公斤），其中，二氧化硫和氮氧化物的污染当量值为 0.95 千克，烟尘为 2.18 千克，一般性粉尘为 4 千克。污染当量是指根据污染物或者污染排放活动对环境的有害程度以及处理的技术经济性，衡量不同污染物对环境污染的综合性指标或者计量单位。同一介质相同污染当量的不同污染物，其污染程度基本相当。

四、城市层面大气污染物影子价格分析

类似省级层面方向性距离函数系数的估计，根据模型（6-4）可以估计得到城市层面的系数如表 6-4 所示。

表 6-4　城市层面方向性距离函数的相关参数估计结果

系数	估计值（二氧化硫）	估计值（氮氧化物）	估计值（烟粉尘）
α_0	2.9100	4.6944	1.7972
α_1	0.1284	0.1439	0.4469
α_2	0.1391	0.1819	0.4133
α_3	0.0986	−0.6156	0.0735
β_1	−0.5342	−0.4261	−0.5241
$\gamma_1 = \beta_1 + 1$	0.4658	0.5739	0.4759
α_{11}	0.0473	0.0189	−0.0012
α_{12}	−0.0460	−0.0420	−0.0601
α_{13}	0.0985	0.1772	0.1429
α_{22}	0.0519	0.0157	0.0986
α_{23}	0.0129	−0.0078	−0.0065
α_{33}	−0.0025	0.0969	−0.0414
β_2	0.039 0	0.0578	0.0398
δ_1	−0.0336	−0.0437	−0.0445
δ_2	0.0114	0.0281	−0.0100
δ_3	−0.0623	−0.0928	−0.0504

从表 6-4 可以看出，城市层面方向性距离函数估计系数中，期望产出的一次系数均为负值，而非期望产出的系数为正，同样，说明产出越高的地区相应的影子价格也越高，而污染排放越高的地区相应的影子价格越低。与一般的研究结果类似。

进一步，基于表 6-4 可以估计得到城市层面的影子价格，因为篇幅原因，我们只列出了前 15 名和后 15 名的城市，如表 6-5 所示。

表 6-5　主要城市污染物影子价格情况（单位：万元/吨）

排序	地区	二氧化硫影子价格	地区	氮氧化合物影子价格	地区	烟粉尘影子价格
前 15 名						
1	深圳市	1725.68	深圳市	3027.61	深圳市	3465.38
2	海口市	1585.82	中山市	2165.67	中山市	755.70
3	开封市	848.00	厦门市	1390.68	海口市	647.40
4	北京市	534.88	广州市	788.26	广州市	496.86
5	广州市	459.55	泉州市	779.67	佛山市	473.76
6	中山市	452.71	南昌市	762.17	威海市	470.26
7	三亚市	448.31	北京市	699.30	成都市	453.91
8	佛山市	409.72	佛山市	696.85	温州市	397.97
9	杭州市	304.62	杭州市	675.68	青岛市	392.86
10	常州市	298.46	青岛市	646.99	北京市	358.71
11	青岛市	289.11	南通市	645.49	珠海市	322.10
12	绍兴市	287.84	常州市	619.17	上海市	312.49
13	南通市	279.13	威海市	570.72	杭州市	289.40
14	威海市	278.38	海口市	555.35	泉州市	288.62
15	泉州市	278.25	烟台市	522.33	绍兴市	272.56
后 15 名						
98	攀枝花市	17.25	太原市	26.28	唐山市	16.57
99	包头市	16.58	赤峰市	17.92	太原市	16.33
100	呼和浩特市	14.10	金昌市	17.87	乌鲁木齐市	14.90
101	临汾市	13.99	乌鲁木齐市	16.78	西宁市	14.79
102	铜川市	13.59	牡丹江市	16.74	金昌市	11.35
103	赤峰市	12.15	包头市	14.98	齐齐哈尔市	10.23
104	乌鲁木齐市	11.14	呼和浩特市	14.47	阳泉市	10.05
105	齐齐哈尔市	10.67	齐齐哈尔市	12.85	张家界市	9.49
106	牡丹江市	10.40	铜川市	12.70	曲靖市	8.26
107	曲靖市	10.32	阳泉市	10.82	铜川市	6.59
108	长治市	7.50	长治市	10.79	石嘴山市	5.70
109	大同市	6.00	曲靖市	9.47	临汾市	5.50
110	阳泉市	5.56	大同市	8.32	大同市	5.22
111	金昌市	4.01	临汾市	5.37	长治市	4.83
112	石嘴山市	3.58	石嘴山市	5.19	牡丹江市	4.46

根据表 6-5，首先，从三类大气污染物的影子价格来看，应用城市层面数据，仍然得到氮氧化物影子价格平均高于二氧化硫和粉烟尘的影子价格，进一步佐证了省级层面的结论。而且根据各城市三类大气污染物的排放量来看，大多城市的氮氧化物排放量也占到了很大比例，因此，从经济成本角度看，氮氧化物排放的环保税额标准应该有所提高。其次，从各城市影子价格数值来看，差异也巨大，例如二氧化硫影子价格最高的深圳市是最低的石嘴山市的近 500 倍，这在一定程度上表明在不同地区应该区分不同的环保税率，以最大限度提高雾霾治理的有效性，同时，通过环保税额标准与当地影子价格的匹配，以及合理的区域间税收转移支付促进区域经济的协调发展。再次，从边际成本的城市排序看，边际成本较高的城市普遍是经济相对发达的城市，如深圳市、北京市等；而较低的城市往往是经济发展水平相对较低且能源资源相对丰富的城市，如大同市、石嘴山市等，这些城市实施较高的环境税额标准可能对其经济增长产生较大的影响。

第二节　大气污染对我国房地产市场的影响

第三章曾从三个方面讨论了大气污染对经济发展的影响机制，包括大气污染通过降低城市的房价水平来抑制经济增长。大气污染是否以及在多大程度上对我国房地产市场与经济产生影响是一个十分重要的研究问题。接下来两小节使用与第三章相同的城市 $PM_{2.5}$ 浓度面板数据来定量评估 $PM_{2.5}$ 雾霾污染对我国房地产价格与经济产生的影响。

一、关注雾霾污染对房价影响的意义

进入 21 世纪后，中国房价出现了大幅上涨，同时空气污染也变得愈发严重。从 2003 年至 2013 年，中国各地房价平均上涨了两倍。而在中国经济最发达的四大城市——北京、上海、广州和深圳，房价则增长了三倍，年均增长率达到了 13.1%。这一增长速度超过了 21 世纪初美国房地产泡沫时期的房价涨幅，可以与 20 世纪 80 年代日本房地产泡沫时期的房价涨幅相媲美（Fang et al., 2016）。毫无疑问，房价大幅上涨和房地产市场的繁荣促使房产成为中国居民家庭最重要的资产。与此同时，在这期间，大气污染则日益成为中国公众关注的主要问题。作为雾霾元凶，$PM_{2.5}$ 在空气中的浓度不断攀升，迄今为止仍没有得到有效控制。

从 1998 年开始，中国开展了以市场为导向的房价改革，过去福利分房制度被废除了，人们必须从房地产市场购买房屋。从那时候起，中国的房地产市场迎来

了快速发展，展现出较大波动性以及在不同地域有较大异质性这两个特点。图 6-2
描绘了 1995~2016 年房价的趋势。从图中我们可以发现：房价除了 2008 年和 2014
年，在所有其他的年份都呈井喷式上升；房价的上涨在 2003 年之前与之后呈现出
不同的模式。1995~2003 年，中国尚未加入世界贸易组织（World Trade
Organization，WTO），房价的上涨相对较小，年均增长率 3.6%。2003 年以后，
中国房价迅猛提升，2003~2016 年均增长率达到 6.4%。

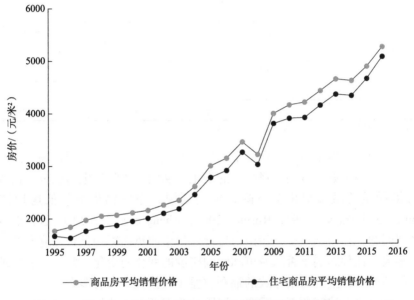

图 6-2　1995~2016 年中国房价年度平均发展趋势

资料来源：《中国统计年鉴》，所有价格采用 2000 年不变价格

　　房价的变动模式不仅随着时间的改变而不同，房价在不同的地级市也呈现出
异质性。表 6-6 显示了 2013 年中国主要城市的房价情况。与内陆地区相比，沿海
地区的房价会高很多。沿海地区主要城市的平均房价（10 850 元/米^2）是内陆地
区主要城市房价（6050 元/米^2）的 1.79 倍。与表 6-6 中房价最低的城市拉萨相比，
四大城市（北京、上海、广州、天津）的平均房价高出了 2.48 倍。

表 6-6　2013 年中国主要地级及以上城市房价

城市	房价/（元/米^2）	城市	房价/（元/米^2）
北京	18 553	武汉	7 742
天津	8 746	长沙	6 304
石家庄	5 503	广州	15 330
太原	7 425	南宁	6 959
呼和浩特	5 233	海口	7 426

续表

城市	房价/（元/米²）	城市	房价/（元/米²）
沈阳	6 348	重庆	5 569
长春	6 025	成都	7 197
哈尔滨	6 187	贵阳	4 998
上海	16 420	昆明	5 795
南京	11 495	拉萨	4 247
杭州	15 022	西安	6 693
合肥	6 283	兰州	5 510
福州	11 236	西宁	4 628
南昌	7 101	银川	4 856
济南	7 163	乌鲁木齐	6 000
郑州	7 162	标准差	3 695

注：这里主要地级及以上城市是指直辖市与省会城市

研究表明，长期生活在严重的空气污染环境下，特别是细颗粒物 $PM_{2.5}$ 会导致一些重大疾病（如心脏病和哮喘）的发生，从而大幅降低生活质量。这预示着空气污染严重的城市房价会下降，换句话说，空气污染会降低房地产价格（Gyourko and Tracy，1991；Rosen，2002；Zheng et al.，2014）。这自然地引起了一系列问题，在中国，空气污染对房地产价格的负面影响是否普遍存在？该种影响有多大？该种影响是否随城市和时间跨度的变化而变化？此外，从房地产市场估值的角度看，空气污染导致的福利收益（或损失）又有多大？

系统地解决上述问题至关重要，原因至少有两个。首先，正如前面提到的，住房已经成为中国大多数家庭最重要的资产，因此对房价产生不利影响的因素自然是中国家庭和政府非常关注的对象。其次，尽管居民有改善空气质量的意愿，中央政府有净化空气的决心，但一些地方政府改善空气质量的积极性仍相对较低。某些地方政府担心严厉的环境规制会对地方经济产生负面影响，保持经济增长与践行环境规制之间存在着两难（Zhao et al.，2014）。然而，地方政府这种传统的对清洁空气价值的认识没有考虑到清洁空气对房价的影响效应。在空气污染会显著降低当地房价的情形下，环境规制所带来的经济损失被严重高估。事实上，这些损失能够部分甚至完全被空气质量改善带来的房价上涨所抵消，而这将促使地方政府更积极地践行环境规制政策。

尽管探明环境污染对中国房地产价格的负面影响是极其有意义的，但关于如何充分解决这个问题的论文相对较少。本书至少从三方面对相关文献进行了补充。首先，与大多数现有论文主要关注环境污染对个人健康状况的影响或对一般经济表现的影响不同，本书聚焦大气污染对房地产价格的影响，这是目前中国政府和居民家庭都关注的问题；其次，本节使用独特的长时段的中国地级市 $PM_{2.5}$ 浓度数据来研究大气污染对房地产价格的影响。此前关于这个主题的研究，如 Zheng 等（2010）只关注常规空气污染物，如二氧化硫、PM_{10}、NO_2 或 O_3 等，该研究只使用了 35 个城市的数据，而本书的城市数量达到 286 个；最后，本节还阐明了在城市和时间两个维度下 $PM_{2.5}$ 对房地产价格影响的异质性。

二、我国雾霾与房价的典型特征事实分析

本书分析对象是介于省和县行政区划的地级市。2013 年，中国各地级市土地面积中位数和人口中位数分别为 12 362 平方公里和 380 万人。地级市的这种地理特征和人口规模使其成为研究中合适的分析单位（Bombardini and Li，2016）。本书的地级市覆盖了中国的大部分地区，因此该数据具有全国代表性。

（一）变量介绍

2004~2013 年 286 个地级市的房地产价格数据来源于 CEIC 的中国溢价数据库（China Premium Database）（2013 年样本中只有 284 个城市）。和 Zheng 等（2014）一样，本节的房地产价格是以占中国城市住宅交易量绝大部分（超过 70%）的新建商品住宅的平均销售价格为代表。统计发现，数据集中各个城市的房地产价格差异较大。以 2013 年为例，全国 284 个地级市的房价平均值为 4665 元/米^2，房价中位数为 3963 元/米^2，第 10 分位数为 2886 元/米^2，第 90 分位数为 7020 元/米^2。

本节使用的城市 $PM_{2.5}$ 浓度已经在第三章介绍，这里不再赘述。与房价数据类似，$PM_{2.5}$ 浓度在城市间也具有较大的差异。在 2013 年，中国各城市 $PM_{2.5}$ 浓度的平均值为 63 微克/米^3，中位数为 60 微克/米^3，第 10 分位数为 35 微克/米^3，第 90 分位数为 94 微克/米^3。其中污染最严重的城市是河北省衡水市，由于其重工业比例极高，该市 2013 年 $PM_{2.5}$ 浓度月均值达到 123 微克/米^3；而最干净的城市是位于中国南端的海南省三亚市，2013 年 $PM_{2.5}$ 浓度月均值仅为 21 微克/米^3。

其他可能与房地产价格相关的人口和社会经济变量有：人均 GDP、人均年工资、人口密度、第三产业与第二产业的比例、医生数量，大学教师人数、书籍数量、道路面积和有连接互联网的家庭数量等。这些数据摘自中国国家统计局出版的省或市的统计年鉴。此外，为了构建 $PM_{2.5}$ 浓度的工具变量，遵循 Chen 等（2013）的做法，根据中国的地理坐标计算各座城市与淮河的相对纬度差。表 6-7 报告了各个变量的定义和描述性统计。从中可以明显看出，各个变量在城市间存在较大变异，这对于识别 $PM_{2.5}$ 浓度对房地产价格的数量影响很有帮助。

表 6-7　变量定义与统计描述

变量	定义	观测个数	均值	标准差	10th	中位数	90th
REP	新建住宅平均销售价格/（元/米²）	2 475	3 113	2 202	1 337	2 593	5 275
$PM_{2.5}$	细颗粒物 $PM_{2.5}$/（微克/米³）	2 840	64.32	21.44	37.32	61.56	95.83
GDP_Per	人均 GDP/元	2 871	28 975	26 632	8 079	21 260	58 337
Wage	人均年工资/元	2 919	27 477	13 708	12 954	25 543	43 944
POP_Density	人口密度/（人/平方公里）	2 948	415.95	319.81	84.80	336.60	802.40
Industry_Structure	第三产业占比与第二产业占比之比	2 905	0.80	0.42	0.45	0.72	1.19
Doctor_Per	医生数量/（人/万人）	2 947	18.09	9.89	9.09	15.92	29.03
Teacher_Per	大学老师/（人/万人）	2 800	24.13	20.98	4.26	18.10	52.28
Books_Per	图书数量/（册/百人）	2 943	48.27	112.76	11.71	26.55	90.72
Road_Per	公路面积/（平方公里/人）	2 937	10.53	26.81	3.84	8.56	16.99
Internet	连接互联网的家庭数量/万人	2 926	51.87	142.35	4.90	20.66	112.00
L	相对于淮河的纬度数差/（°）	2 892	−0.74	6.65	−9.88	−1.21	8.12
North	二值变量：1=位于淮河以北；0=其他地区	2 948	0.31	0.46	0	0	1
SO_2	SO_2 排放量/万吨	2 924	7.54	10.92	1.06	5.13	13.37
Soot	烟灰排放量/万吨	2 924	4.09	19.50	0.43	1.97	6.17
TCZ	二值变量：1=双控区；0=其他地区	2 948	0.31	0.46	0.00	0.00	1.00

注："双控区"（two control zones，TCZ）政策是 1998 年由中国中央政府启动实施的旨在降低环境污染严重城市 SO_2 排放量的政策，最后，总共有 175 个城市实施了双控区政策

（二）典型特征事实

接下来给出 2004~2013 年中国各地级市 $PM_{2.5}$ 浓度与房地产价格之间关系的典型事实，如图 6-3 所示，其中纵坐标为取对数后的房地产价格。从图中大致可以看出，$PM_{2.5}$ 浓度越高，房地产价格则越低。两者的相关系数在 1%显著性水平下统计显著。根据人口密度和经济重要性，可以将中国的城市划分为五个梯队，其中第一梯队是人口和经济重要性最大的五个城市，即北京、上海、广州、深圳和天津。第二梯队由重庆、20 个省的省会城市和 12 个其他城市组成[①]，这些城市通常是工业或商业中心。此外，可以根据城市人口密度和经济重要性将余下样本城市继续分为第三梯队、第四梯队和第五梯队。从不同梯队城市的地理位置分布看，一线城市和二线城市都位于华东地区，而三线城市、四线城市和五线城市则分布于中国各地。

---

① 这 12 个城市包括唐山、大连、无锡、苏州、宁波、温州、厦门、青岛、淄博、烟台、佛山和东莞。由于经济发展存在差距，乌鲁木齐、拉萨和海口并不包括在第二梯队城市中。

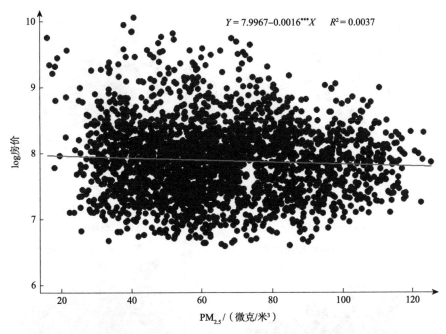

图 6-3 中国不同城市 $PM_{2.5}$ 浓度和房地产价格

计量方程式系数右上角的***表示系数在 1%的水平上显著

众所周知，中国各城市在人口、经济和地理特征等方面差异较大。因此，在直觉上能够想象的是，$PM_{2.5}$ 浓度与房地产价格之间的关系在不同城市间可能也不同。图 6-4 展示了这种异质性关系，其中 5 个子图分别描绘了一线城市至五线城市的 $PM_{2.5}$ 浓度与房地产价格的相关关系。从图中可以清楚地看出，$PM_{2.5}$ 浓度与房地产价格的相关性不断下降：一线城市为 0.0120，二线城市为 0.0055，三线城市为 0.0050，四线城市为 0.0029，而五线城市相关系数的绝对值仅为 0.0013，统计上也不再显著。因此，基于图 6-4 所描绘的典型事实，本书除了探究 $PM_{2.5}$ 浓度对中国房地产价格的影响，还将考虑这种影响在城市间的异质性。

三、理论框架与计量经济模型

本书的主要目标是评估 $PM_{2.5}$ 浓度是否以及在多大程度上降低了中国的房地产价格。为此，本小节提出了理论框架并介绍相应的实证方法和识别策略。在实证部分，首先使用普通最小二乘法（ordinary least squares，OLS）进行模型估计。随后，为进一步解决不可观测特征所导致的内生性问题，本书使用工具变量（instrumental variable，IV）或两阶段最小二乘法（two stage least squares，2SLS）进行模型估计。

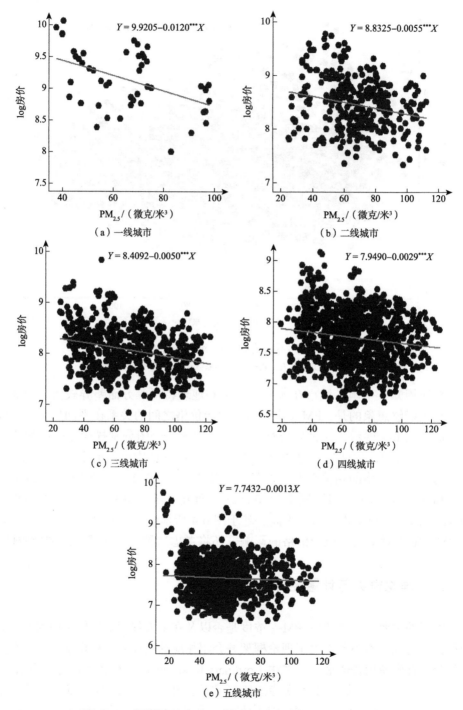

图 6-4　不同梯队城市 $PM_{2.5}$ 浓度和房地产价格的相关系数

注：计量方程式系数右上角的***表示系数在 1% 的水平上显著

（一）理论框架

为指导下文的实证模型设定，本节基于 Rosen-Roback 传统框架提出了一个简单的空间均衡模型。在该标准的空间均衡模型中，经济系统由一些城市（用字母 c 表示）构成，市民可以在城市间自由流动。居住于城市 c 的市民的效用可以表示为

$$V_c = \frac{w_c \times z_c(p_c, X_c)}{H_c}, \frac{\partial Z_c(p_c, X_c)}{p_c} < 0 \qquad （6-9）$$

其中，w 表示工资；Z 表示城市的宜居度；p 表示空气污染程度；X 表示其他能影响城市宜居度的特征向量；H 表示房地产价格。表达式 $\frac{\partial Z_c(p_c, X_c)}{p_c} < 0$ 阐述了这样一个事实：空气污染程度与城市的宜居度呈负相关。

由于市民可以在城市间自由迁移，因此在均衡时，不同城市居民的效用应该相同：

$$V_c = \frac{w_c \times z_c(p_c, X_c)}{H_c} = V^* \qquad （6-10）$$

对式（6-10）求偏导，能够得到式（6-11）：

$$\frac{\partial H_c}{\partial p_c} < 0 \qquad （6-11）$$

式（6-11）意味着空气污染对房地产价格存在负面影响。在直觉上这可以理解为，在均衡时，空气污染越严重的城市需要以越低的房价弥补由空气污染导致的居民效用损失，反之亦然。

（二）OLS 回归模型

使用中国 286 个地级市 2004~2013 年的面板数据，设定如下回归模型：

$$\text{REP}_{it} = \alpha_0 + \alpha_1 \text{PM}_{it}^{2.5} + X_{it}\Theta + \varepsilon_{it} \qquad （6-12）$$

其中，REP_{it} 和 $\text{PM}_{it}^{2.5}$ 分别表示 i 城市 t 年的房地产价格和 $\text{PM}_{2.5}$ 浓度值；X_{it} 表示反映 i 城市 t 年的人口、社会经济特征向量。表 6-7 给出了式（6-12）中各个变量的定义和描述性统计。α_1 是房地产价格对 $\text{PM}_{2.5}$ 浓度的回归系数，是本书感兴趣的系数。

（三）工具变量（IV 或 2SLS）回归

正确识别式（6-12）模型中感兴趣的系数 α_1 所需要的关键假设是在给定式（6-12）模型中所有协变量的条件下，$\text{PM}_{2.5}$ 浓度与误差项 ε 不相关。尽管采取诸如滞后项等措施可以缓解这种相关性，但仍然存在不可观测的混杂因素引起 $\text{PM}_{2.5}$

浓度与误差项 ε 相关。例如，经济越发达的城市，房价一般也越高，其环境规制的执行力度也会越严厉。如果环境规制能够有效地降低城市 $PM_{2.5}$ 浓度，那么在其他条件都相同的情况下，仅仅由于实施了环境规制，经济越发达的城市其 $PM_{2.5}$ 浓度也会越低，这就出现了内生性问题（Selden and Song, 1995；Zheng et al., 2014）。为了尽可能地克服由该种情形导致的识别偏误，依循 Chen 等（2013）和 Zheng 等（2014）的做法，本书用每个城市的地理位置信息以及与淮河的相对纬度差异信息作为 $PM_{2.5}$ 浓度的工具变量，使用两阶段最小二乘法估计如下回归模型以识别 $PM_{2.5}$ 浓度对房地产价格的影响效应：

$$\text{PM}_{it}^{2.5} = \beta_0 + \beta_1 \text{North}_i + \beta_2 f(L_i) + X_{it}\Lambda + \varsigma_{it} \qquad (6\text{-}13)$$

$$\text{REP}_{it} = \alpha_0 + \alpha_1 \hat{\text{PM}}_{it}^{2.5} + X_{it}\Pi + \xi_{it} \qquad (6\text{-}14)$$

式（6-13）中 North 表示城市地理位置的虚拟变量，如果城市处于淮河以北，则 North $=1$，否则 North $=0$；L 表示城市所在的地理纬度与淮河所在纬度的具体差异，同样地 $L > 0$ 表示城市位于淮河以北，$L < 0$ 则表示位于淮河以南。式（6-14）中 $\hat{\text{PM}}_{it}^{2.5}$ 是根据式（6-13）模型估计得到的 $PM_{2.5}$ 浓度值。式（6-13）和式（6-14）中其他变量的含义和式（6-12）中一样。

四、大气污染对城市房价影响结果：基于内生性缓解的分析

表 6-8 报告了使用 OLS 估计式（6-12）模型得到的回归系数值，列（1）~列（4）为包含不同控制变量和固定效应所得到的回归系数值。其中列（1）是不添加任何控制变量和固定效应的回归模型估计系数，估计系数 $\widehat{\alpha_1}$ 为负，表明 $PM_{2.5}$ 浓度与房价之间存在负相关性，但估计系数在统计上并不显著；列（2）的回归模型中引入了变量人均 GDP，以控制各个城市的经济发展程度。这在一定程度上解决了回归模型中由遗漏可观测变量而导致的内生性问题，即房地产价格很可能由一些可观测特征来解释，并且这些特征与 $PM_{2.5}$ 浓度相关。具体而言，经济越发达的地区通常房价也越高。同时，经济发展程度与重工业的发展程度有关，而重工业的发展是导致 $PM_{2.5}$ 浓度骤增的主要原因。此外，列（2）中还包含了其他可能潜在影响房地产价格的变量，以缓解其他内生性问题。可以看到，控制可观测变量后，列（2）的估计系数为 -14.009，表明 $PM_{2.5}$ 每增加 1 微克/米^3，房地产价格平均下降 14.009 元/米^2。与列（1）相比，列（2）的估计系数变得更大，并且在 1% 显著性水平下统计显著。列（3）和列（4）在列（1）和列（2）模型设定的基础上引入了省份和年份固定效应，以控制不可观测的省份差异以及各年度的宏观因素。可以发现，估计系数的绝对值变得更大，并且也都统计显著。此外，表 6-8 中各个控制变量的估计系数其符号也符合预期。

表 6-8　PM$_{2.5}$ 和房地产价格的 OLS 估计结果

变量	（1）	（2）	（3）	（4）
	REP	REP	REP	REP
PM$_{2.5}$	−5.641 （3.897）	−14.009*** （2.589）	−11.931*** （3.493）	−14.242*** （2.995）
GDP_Per		0.028*** （0.001）		0.019*** （0.001）
Wage		0.043*** （0.002）		0.008*** （0.002）
POP_Density		2.192*** （0.192）		1.662*** （0.175）
Industry_Structure		456.209*** （74.849）		642.700*** （67.087）
Doctor_Per		38.432*** （4.161）		28.956*** （3.614）
Teacher_Per		15.992*** （2.282）		11.332*** （1.777）
Books_Per		0.416** （0.182）		0.666*** （0.162）
Road_Per		0.918 （0.795）		0.600 （0.712）
Internet		1.240*** （0.178）		1.009*** （0.162）
Constant	3515.621*** （273.458）	−501.150** （203.774）	9522.700*** （1090.761）	4013.105*** （785.765）
省份固定效应	N	N	Y	Y
年份固定效应	N	N	Y	Y
观测数量	2551	2375	2551	2375

注：括号内数值是估计系数的稳健标准误

***表示 $p<0.01$，**表示 $p<0.05$

一种担忧是，表 6-8 报告的显著为负的估计系数可能是虚假关系或者纯粹巧合的结果。为了排除这种担忧，本书进行了一系列"安慰剂"检验。具体而言，首先以原始面板数据集中 PM$_{2.5}$ 浓度数据为抽样总体，随机抽样生成各个城市每个年度的"伪"PM$_{2.5}$ 浓度值；其次，将该随机生成的"伪"PM$_{2.5}$ 浓度变量去替换表 6-8 列（4）所示模型中的 PM$_{2.5}$ 浓度变量，重新估计模型，得到"伪"PM$_{2.5}$ 浓度对房价影响的回归系数；最后，重复上述步骤 1000 次，得到 1000 个"伪"PM$_{2.5}$ 浓度对房价影响的回归系数。图 6-5 子图（a）绘出了这 1000 个回归系数 P 值的密度分布图，子图（b）则绘出了这 1000 个回归系数的密度分布图。因此，如果表 6-8 列（4）估计得到的显著为负的回归系数是真实有效的，那么基于"伪"

PM$_{2.5}$浓度数据得到的回归系数就应该统计不显著。从图 6-5 的子图（a）可以发现，在 1%显著性水平下，"伪" PM$_{2.5}$ 浓度的回归系数几乎都不显著。此外，如果表 6-8 列（4）中 PM$_{2.5}$浓度的回归系数是虚假关系或巧合的结果，那么其应该大致位于"伪" PM$_{2.5}$ 浓度回归系数分布的中间。不过，从图 6-5 子图（b）可以看出，基于"真实" PM$_{2.5}$ 浓度估计得到的系数位于由"伪" PM$_{2.5}$ 浓度估计得到的系数分布的左侧尾部，远离系数分布的均值。因此，根据上述"安慰剂"检验的结果，我们能够谨慎地认为，表 6-8 中报告的 PM$_{2.5}$ 浓度对房地产价格的影响不是由虚假关系或巧合造成的。

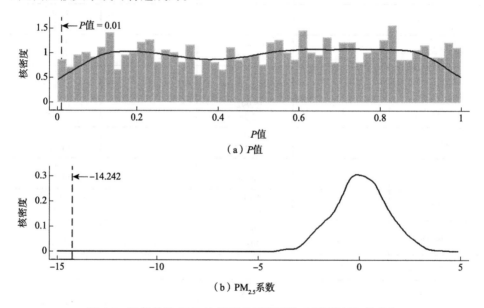

图 6-5　重复估计 1000 次得到的回归系数（"安慰剂"检验）

　　除了上文所述的虚假关系外，另一种威胁表 6-8 回归系数有效性的情形是，如果城市居民意识到 PM$_{2.5}$ 空气污染会对房价产生负面影响，要求政府实施严格的环境管制以降低 PM$_{2.5}$ 的水平，那么就存在"反向因果关系"，而这会导致内生性问题的产生。对于该种内生性问题，通过在回归模型中添加控制变量[如表 6-8 列（2）和列（4）所示]并不能解决。对此，我们对式（6-12）模型中的核心变量 PM$_{2.5}$ 浓度取滞后一期，也就是将房地产价格对滞后一年的 PM$_{2.5}$ 浓度进行回归，这可以在部分程度上解决该种内生性问题。回归结果如表 6-9 所示。表 6-9 各列所示的回归模型设定，与表 6-8 相比，除了将 PM$_{2.5}$ 浓度变量取滞后一期外，其余则完全一样。由表 6-9 可以发现，列（1）报告的滞后一期的 PM$_{2.5}$ 浓度的回归系数显著为正，这与直觉完全相反，表明回归模型由于遗漏变量导致估计系数存在严重的向上估计偏误。对此，通过在回归模型中引入更多的控制变量，列（3）

和列（4）报告的估计结果出现了明显变化，符号与表 6-8 报告的结果相一致，估计系数绝对值也变得更大，这也表明在中国 $PM_{2.5}$ 浓度对房地产价格存在显著的抑制作用。

表 6-9　滞后一年的 $PM_{2.5}$ 浓度与房地产价格 OLS 估计结果

变量	（1）	（2）	（3）	（4）
	REP	REP	REP	REP
L.PM$_{2.5}$	16.670*** （3.931）	−12.958*** （2.585）	−17.750*** （3.495）	−18.886*** （2.991）
GDP_Per		0.027*** （0.001）		0.018*** （0.001）
Wage		0.043*** （0.002）		0.008*** （0.002）
POP_Density		2.149*** （0.194）		1.703*** （0.177）
Industry_Structure		395.457*** （74.616）		613.303*** （66.185）
Doctor_Per		38.558*** （4.146）		28.198*** （3.573）
Teacher_Per		15.585*** （2.306）		11.455*** （1.791）
Books_Per		0.364** （0.180）		0.609*** （0.157）
Road_Per		0.921 （0.785）		0.602 （0.693）
Internet		1.215*** （0.177）		0.981*** （0.159）
Constant	2 114.137*** （277.214）	−481.769** （199.317）	12 000*** （1 322.383）	5 035.373*** （790.763）
省份固定效应	N	N	Y	Y
年份固定效应	N	N	Y	Y
观测数量	2 509	2 334	2 509	2 334

注：括号内数值是估计系数的稳健标准误，L.代表滞后一期算子

***表示 $p<0.01$，**表示 $p<0.05$

正如典型事实所介绍的，$PM_{2.5}$ 浓度对房地产价格的影响在不同城市间可能存在异质性。这里我们对该假说进行检验，回归结果如表 6-10 所示，其中列（1）和列（2）是一线城市和二线城市的回归结果，列（3）和列（4）是三线城市的回归结果，列（5）至列（8）分别是四线城市和五线城市的回归结果。由于一线城市只有 5 个城市样本，为了缓解小样本问题，在实证分析时，将一线城市和二线

城市当作同一群体放在一起回归。表 6-10 显示，从前线城市到非前线城市，$PM_{2.5}$ 浓度对房价的影响效应逐渐下降。具体而言，在一线和二线城市，$PM_{2.5}$ 浓度每增加 1 微克/米^3 将引起房价下降 57.406 元/米^2；而在四线城市和五线城市，该影响大小降低至 7.492 元/米^2 和 8.846 元/米^2。表 6-10 报告的 $PM_{2.5}$ 对房价影响的城市异质性与事实一致，即空气污染，尤其是 $PM_{2.5}$，在前线城市比在后线城市受到更广泛、更密切的关注。

表 6-10　基于不同梯队城市异质性的 $PM_{2.5}$ 和房地产价格估计结果

变量	一线和二线城市		三线城市		四线城市		五线城市	
	（1）	（2）	（3）	（4）	（5）	（6）	（7）	（8）
	REP	REP	REP	REP	REP	REP	REP	REP
$PM_{2.5}$	−40.601*** (15.074)	−57.406*** (8.832)	−17.543** (8.013)	−13.777* (7.687)	7.767*** (2.333)	−7.492*** (2.272)	−4.745 (4.100)	−8.846* (4.546)
GDP_Per		0.005* (0.003)		0.005 (0.004)		0.013*** (0.003)		0.013*** (0.003)
Wage		0.032 (0.023)		0.005 (0.014)		0.001 (0.001)		0.006* (0.004)
POP_Density		2.711*** (0.512)		0.311 (0.727)		0.385*** (0.133)		0.899*** (0.289)
Industry_Structure		3 251.438*** (519.193)		1 304.543*** (379.527)		−51.102 (106.479)		257.621*** (58.084)
Doctor_Per		56.000*** (11.571)		16.921* (8.689)		−0.269 (3.877)		2.773 (5.107)
Teacher_Per		−7.675 (5.366)		3.459 (5.011)		5.040** (2.005)		5.868* (3.323)
Books_Per		3.259*** (0.830)		3.778* (1.932)		−0.008 (0.091)		0.057 (0.324)
Road_Per		−0.003 (1.186)		6.327 (9.847)		−0.805 (5.733)		−9.560 (7.048)
Internet		0.304 (0.278)		1.167 (1.058)		3.727*** (0.849)		9.087** (4.361)
Constant	11 000*** (2 261.0)	−2 900** (1 428.70)	3 411.462*** (1 136.8)	−349.626 (1 262.3)	6 167.418** (569.3)	5 784.283*** (544.5)	2 730.104*** (586.4)	0.000 (0.00)
省份固定效应	Y	Y	Y	Y	Y	Y	Y	Y
年份固定效应	Y	Y	Y	Y	Y	Y	Y	Y
观测数量	350	331	500	486	904	862	797	696

注：括号内数值是估计系数的稳健标准误

***表示 $p<0.01$，**表示 $p<0.05$，*表示 $p<0.1$

如在前文所介绍的，本书还借鉴如 Chen 等（2013）的方法，采用基于中国淮河的地理位置构建工具变量来解决回归中的内生性问题。这是因为在中国，以淮河为界，淮河以北的城市在冬季会获得集中供暖，而淮河以南的城市则没有。并且该供暖政策外生于各个城市。冬季供暖需要燃烧大量煤炭，从而释放出大量的空气污染物，尤其是细颗粒物，因此，对于淮河以北的城市而言，PM$_{2.5}$ 的浓度预计会更高。这一点可以从图 6-6 得到验证。图中横坐标为城市相对于淮河的纬度差异，纵坐标为城市 2004~2013 年 10 年间的年均 PM$_{2.5}$ 浓度。从图中可以看出，淮河以北城市（$L \rightarrow 0^{+}$）的 PM$_{2.5}$ 浓度相对于淮河以南城市（$L \rightarrow 0^{-}$）出现了向上的跳跃。

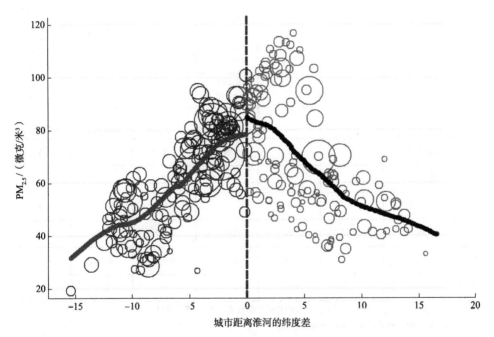

图 6-6　PM$_{2.5}$ 浓度和距离淮河的纬度差

图中每个圆圈代表一座城市，圆圈的大小表示城市的人口密度；曲线是以人口密度为权重使用局部加权平滑得到的 PM$_{2.5}$ 浓度估计值

表 6-11 报告了在使用不同控制变量和工具变量情形下两阶段最小二乘法回归中第一阶段的估计结果。在列（1）和列（2），用虚拟变量 North 和城市相对于淮河纬度差的一次多项式作为 PM$_{2.5}$ 的工具变量；在列（3）和列（4），用虚拟变量 North 和城市相对于淮河纬度差的二次多项式作为 PM$_{2.5}$ 的工具变量；在列（5）和列（6），用虚拟变量 North 和城市相对于淮河纬度差的三次多项式作为 PM$_{2.5}$ 的工具变量。而列（1）和列（2）、列（3）和列（4）以及列（5）和列（6）的差异在于回归模型中是否包含了反映城市人口、经济和社会特征的控制变量。值得

注意的是，表 6-11 中所有模型都加入了省份和年份固定效应。和预想的一致，除列（4）外，表 6-11 各列所报告的 $PM_{2.5}$ 浓度与虚拟变量 North 之间存在显著的正相关关系。表 6-11 最后一行则展示了弱工具变量检验的检验结果，可以看到 F 统计值较大，表明不存在弱工具变量的问题。

表 6-11　　$PM_{2.5}$ 和房地产价格 IV 估计的第一阶段回归

变量	一次多项式		二次多项式		三次多项式	
	（1）	（2）	（3）	（4）	（5）	（6）
	$PM_{2.5}$	$PM_{2.5}$	$PM_{2.5}$	$PM_{2.5}$	$PM_{2.5}$	$PM_{2.5}$
North	7.402** （3.335）	5.764* （3.141）	6.055* （3.262）	4.458 （3.087）	8.890*** （3.404）	7.006** （3.229）
L	0.237 （0.514）	0.421 （0.482）	0.893* （0.525）	1.052** （0.495）	−0.411 （0.719）	−0.128 （0.681）
L^2			−0.137*** （0.034）	0.131*** （0.032）	0.179*** （0.037）	0.169*** （0.035）
L^3					0.008*** （0.003）	0.007** （0.003）
控制变量	N	Y	N	Y	N	Y
省份固定效应	Y	Y	Y	Y	Y	Y
年份固定效应	Y	Y	Y	Y	Y	Y
观测个数	2745	2497	2745	2497	2745	2497
R^2	0.769	0.787	0.781	0.799	0.789	0.802
工具变量的联合 F 检验	5.72**	4.23**	4.78**	3.33**	7.02***	5.01**

注：L 表示城市距离淮河的维度差；括号内数值是估计系数的稳健标准误

***表示 $p<0.01$，**表示 $p<0.05$，*表示 $p<0.1$

表 6-12 报告了两阶段最小二乘法第二阶段回归的估计结果。其中列（1）至列（6）与表 6-11 列（1）至列（6）相对应。例如，表 6-12 列（6）中 $PM_{2.5}$ 浓度变量是用表 6-11 列（6）中虚拟变量 North 以及城市与淮河的纬度差的三次多项式作为工具变量估计得到的。此外列（6）的模型中还包含城市的人口和经济社会特征变量。两阶段最小二乘法第二阶段的估计结果表明，$PM_{2.5}$ 浓度与房地产价格之间存在显著的负向关系，并且估计系数的绝对值明显大于 OLS 估计系数，这意味着使用 OLS 回归方法估计得到的 $PM_{2.5}$ 对房地产价格的负面影响被大幅低估了。表 6-12 列（6）报告的估计结果表明，$PM_{2.5}$ 浓度每增加 1 微克/米³ 会导致房价下降 45.933 元/米²，大约是前文使用 OLS 回归得到的估计系数的 2.43 倍。

表 6-12　PM₂.₅ 与房地产价格 IV 估计的第二阶段回归

变量	一次多项式		二次多项式		三次多项式	
	（1）	（2）	（3）	（4）	（5）	（6）
	REP	REP	REP	REP	REP	REP
$PM_{2.5}$	−54.423 （37.362）	−63.103** （29.473）	−36.429* （19.863）	−35.979** （14.791）	−45.277*** （17.147）	−45.933*** （12.901）
GDP_Per		0.018*** （0.001）		0.019*** （0.001）		0.018*** （0.001）
Wage		0.009*** （0.002）		0.010*** （0.002）		0.010*** （0.002）
POP_Density		1.591*** （0.280）		1.384*** （0.192）		1.475*** （0.184）
Industry_Structure		759.921*** （68.458）		757.666*** （68.464）		763.619*** （68.224）
Doctor_Per		30.340*** （3.877）		31.020*** （3.762）		30.539*** （3.735）
Teacher_Per		10.354*** （1.724）		10.289*** （1.717）		10.457*** （1.705）
Books_Per		0.776*** （0.181）		0.831*** （0.174）		0.813*** （0.173）
Road_Per		0.809 （0.761）		0.706 （0.754）		0.751 （0.753）
Internet		1.255*** （0.166）		1.274*** （0.165）		1.272*** （0.165）
Constant	$1.0 \times 10^{4***}$ （2618.118）	5294.397*** （1997.425）	8943.222*** （1609）	3595.852*** （1182.726）	9522.162*** （1465.083）	4205.799*** （1079.938）
省份固定效应	Y	Y	Y	Y	Y	Y
年份固定效应	Y	Y	Y	Y	Y	Y
观测数量	2745	2497	2745	2497	2745	2497
豪斯曼检验	82.24***	36.90	82.02***	67.92***	84.18***	55.23***

注：括号内数值是估计系数的稳健标准误；最后一行"豪斯曼检验"的原假设是 OLS 估计值与 IV 估计值之间不存在显著差异

***表示 $p<0.01$，**表示 $p<0.05$，*表示 $p<0.1$

五、大气污染对城市房价影响结果：异质性研究

本小节探讨 $PM_{2.5}$ 浓度对房地产价格的影响是否在城市和年份间存在异质性。虽然之前的 OLS 回归模型中已经考查了城市间的异质性（见表 6-10），但估计得到的异质性结果可能由于内生性问题而存在偏差。考虑到这一点，我们使用 IV

方法重新估计各城市群体的异质性，结果如表 6-13 所示。与表 6-10 相似，表 6-13 估计得到的 $PM_{2.5}$ 对房价的影响系数在不同城市群体间存在很大差异，从前线城市到非前线城市影响幅度出现大幅下降。具体而言，在一线城市和二线城市，$PM_{2.5}$ 浓度每增加 1 微克/米^3，房地产价格随之下降 275.318 元/米^2，而在三线城市该影响效应为 72.804 元/米^2。此外，四线城市和五线城市的估计系数进一步降低至 5.764 元/米^2 和 15.656 元/米^2，而且不再统计显著。如前文所强调的，该估计结果与中国所面临的事实相一致，即前线城市比非前线城市更关注空气污染。

表 6-13　基于城市异质性的 $PM_{2.5}$ 和房地产价格 IV 估计

变量	一线和二线城市		三线城市		四线城市		五线城市	
	（1）	（2）	（3）	（4）	（5）	（6）	（7）	（8）
	REP	REP	REP	REP	REP	REP	REP	REP
$PM_{2.5}$	−475.560** (189.062)	−275.318*** (38.993)	−71.386 (48.169)	−72.804** (33.617)	−4.541 (7.607)	−5.764 (7.758)	−15.307 (14.645)	−15.656 (14.510)
GDP_Per		0.007** (0.003)		0.001 (0.004)		0.013*** (0.003)		0.013*** (0.003)
Wage		−0.049** (0.024)		0.006 (0.014)		0.001 (0.001)		0.006* (0.004)
POP_Density		5.011*** (0.623)		0.807 (0.733)		0.387** (0.184)		1.063** (0.415)
Industry_Structure		4 143.195*** (420.023)		947.128*** (335.551)		−59.609 (107.522)		262.203*** (58.074)
Doctor_Per		43.669*** (10.523)		14.843* (8.947)		0.306 (3.933)		3.145 (5.067)
Teacher_Per		16.089*** (5.911)		−1.307 (5.099)		5.157** (2.223)		4.907 (3.666)
Books_Per		2.203*** (0.801)		4.005** (1.869)		−0.008 (0.092)		0.015 (0.327)
Road_Per		0.796 (1.151)		9.058 (9.257)		−1.874 (5.817)		−9.055 (7.144)
Internet		0.141 (0.265)		1.580 (1.048)		3.699*** (0.862)		9.053** (4.388)
Constant	37 000*** (12 000)	10 000*** (2 592.401)	4 313.451*** (1 546.675)	0.000 (0.000)	0.000 (0.000)	0.000 (0.000)	0.000 (0.000)	0.000 (0.000)
省份固定效应	Y	Y	Y	Y	Y	Y	Y	Y
年份固定效应	Y	Y	Y	Y	Y	Y	Y	Y
观测数量	490	415	535	507	906	864	814	711

注：括号内数值是估计系数的稳健标准误；所有模型设定中都使用虚拟变量 North 和 L 的三次多项式作为 $PM_{2.5}$ 的工具变量

　　***表示 $p<0.01$，**表示 $p<0.05$，*表示 $p<0.1$

尽管长期以来中国都面临着空气污染的问题，但直到最近其才成为公众关注的焦点。事实上，中国公众对空气污染的关注度逐年攀升。这自然地会引起一个猜想，即 $PM_{2.5}$ 浓度对中国房地产价格的负面影响在研究期间不断变大。为了验证这一猜想，首先按照年份，尽可能平均地将数据集分成三部分，即 2004~2006 年、2007~2009 年和 2010~2013 年；然后，与表 6-13 一样使用 IV 方法对每个子样本进行估计，估计结果如表 6-14 所示。从表 6-14 可以看到，$PM_{2.5}$ 浓度对房地产价格的负面影响随着时间的推移越来越大，这证实了我们的猜想。可以看到，2010~2013 年估计得到的系数大约是 2004~2007 年的 2.3 倍。

表 6-14　基于时间异质性的 $PM_{2.5}$ 和房地产价格 IV 估计

变量	2004~2006		2007~2009		2010~2013	
	（1）	（2）	（3）	（4）	（5）	（6）
	REP	REP	REP	REP	REP	REP
$PM_{2.5}$	−26.542** （13.209）	−29.239*** （9.207）	−54.222** （24.711）	−54.004*** （17.163）	−57.170** （27.541）	−66.662*** （18.203）
GDP_Per		0.019*** （0.003）		0.018*** （0.004）		0.010*** （0.001）
Wage		0.004 （0.003）		0.068*** （0.014）		0.002 （0.002）
POP_Density		0.546*** （0.126）		1.888*** （0.358）		2.793*** （0.402）
Industry_Structure		124.558** （52.236）		1 234.485*** （139.938）		717.963*** （194.490）
Doctor_Per		12.215** （4.893）		27.516*** （6.333）		20.776*** （4.506）
Teacher_Per		6.800*** （1.462）		7.740*** （2.342）		13.776*** （2.563）
Books_Per		6.589*** （0.756）		0.233 （0.170）		1 731*** （0.429）
Road_Per		−5.439 （6.124）		0.548 （0.706）		0.740 （0.595）
Internet		3.648*** （0.507）		0.969*** （0.191）		0.180 （0.137）
Constant	6 834.196*** （1 046.508）	2 367.291*** （745.515）	0.000 （0.000）	0.000 （0.000）	21 000*** （2 633.429）	13 000*** （1 701.477）
省份固定效应	Y	Y	Y	Y	Y	Y
年份固定效应	Y	Y	Y	Y	Y	Y
观测数量	1 049	920	1 128	1 046	1 139	1 063

注：括号内数值是估计系数的稳健标准误；所有模型设定中都使用虚拟变量 North 和 L 的三次多项式作为 $PM_{2.5}$ 的工具变量

***表示 $p<0.01$，**表示 $p<0.05$

第三节　大气污染的经济损失分析

在上一节的基础上，本节介绍一系列稳健性检验，以进一步排除其他可能威胁本节估计结果的情形。然后基于本节的回归结果估算大气污染的成本，即 $PM_{2.5}$ 雾霾污染所导致的经济损益。

一、稳健性检验

首先，前文所述的回归系数可能会由于数据集本身的特征而出现估计偏误。例如，数据集中各城市间房地产价格存在很大差异，排名位于前 1% 的房价是 12 936 元/米^2，而排名位于末 1% 的房价仅为 858 元/米^2。这使得样本中可能存在异常值，回归系数则可能受到影响。为了排除这种担忧，我们删掉房价低于 858 元/米^2 或高于 12 936 元/米^2 的样本观测，使用 IV 方法重新进行估计。估计结果如表 6-15 列（3）和列（4）所示，能够发现没有证据表明极端值对估计结果产生很大影响。

表 6-15　基于不同数据集 IV 估计的稳健性检验

变量	全部样本（基准回归）		删掉前 1% 和后 1% 的样本	
	（1）	（2）	（3）	（4）
	REP	REP	REP	REP
$PM_{2.5}$	−45.277*** （17.147）	−45.933*** （12.901）	−33.403*** （12.470）	−35.060*** （10.118）
GDP_Per		0.018*** （0.001）		0.015*** （0.001）
Wage		0.010*** （0.002）		0.007*** （0.002）
POP_Density		1.475*** （0.184）		0.954*** （0.151）
Industry_Structure		763.619*** （68.224）		464.692*** （54.276）
Doctor_Per		30.539*** （3.735）		20.731*** （2.978）
Teacher_Per		10.457*** （1.705）		12.832*** （1.357）

续表

变量	全部样本（基准回归）		删掉前 1%和后 1%的样本	
	（1）	（2）	（3）	（4）
	REP	REP	REP	REP
Books_Per		0.813*** （0.173）		0.263* （0.135）
Road_Per		0.751 （0.753）		1.314** （0.579）
Internet		1.272*** （0.165）		2.511*** （0.254）
Constant	9522.162*** （1465.083）	4205.799*** （1079.938）	7446.299*** （1076.440）	3683.085*** （843.741）
省份固定效应	Y	Y	Y	Y
年份固定效应	Y	Y	Y	Y
观测数量	2745	2497	2691	2450

注：括号内数值是估计系数的稳健标准误；所有模型设定中都使用虚拟变量 North 和 L 的三次多项式作为 $PM_{2.5}$ 的工具变量

***表示 $p<0.01$，**表示 $p<0.05$，*表示 $p<0.1$

表 6-16 报告了其他稳健性检验的结果，以进一步证明前文回归模型中感兴趣的估计系数不是其他空气污染物或环境规制政策的影响效应。其中列（1）是表 6-12 列（6）模型设定下的回归结果，是此处比较分析的基准；列（2）和列（3）则在列（1）的回归模型中分别添加 SO_2 和烟尘（Soot）浓度这两个变量。事实上，这两者也是导致中国大气污染的主要污染物；列（4）则在回归模型中引入了代表"双控区政策"（TCZ）的虚拟变量；而在列（5），回归模型中引入了所有的控制变量。从表 6-16 可以看到，估计得到的 $PM_{2.5}$ 浓度对房地产价格的影响基本保持不变并且统计显著，这充分表明，本书估计得到的 $PM_{2.5}$ 浓度对房地产价格的影响与真实值极其接近。此外，表 6-16 中 SO_2 和烟尘的估计系数也符合预期：SO_2 和烟尘浓度越高的地方房地产价格一般也越低。

表 6-16　基于更多控制变量 IV 估计的稳健性检验

变量	基准回归	控制 SO_2	控制烟尘（Soot）	控制双控区政策（TCZ）	全部控制（SO_2, Soot 和 TCZ）
	（1）	（2）	（3）	（4）	（5）
	REP	REP	REP	REP	REP
$PM_{2.5}$	−45.933*** （12.901）	−44.683*** （13.230）	−47.547*** （13.312）	−46.353*** （12.901）	−44.679*** （13.233）
SO_2		−25.723*** （6.405）			−28.033*** （6.557）

续表

变量	基准回归	控制 SO₂	控制烟尘（Soot）	控制双控区政策（TCZ）	全部控制（SO₂，Soot 和 TCZ）
	（1）	（2）	（3）	（4）	（5）
	REP	REP	REP	REP	REP
Soot			−0.760 （1.201）		−0.498 （1.201）
TCZ				157.783* （90.288）	201.935** （95.087）
GDP_Per	0.018*** （0.001）	0.019*** （0.001）	0.019*** （0.001）	0.018*** （0.001）	0.019*** （0.001）
Wage	0.010*** （0.002）	0.008*** （0.002）	0.008*** （0.002）	0.009*** （0.002）	0.008*** （0.002）
POP_Density	1.475*** （0.184）	1.894*** （0.202）	1.888*** （0.204）	1.456*** （0.183）	1.859*** （0.202）
Industry_Structure	763.619*** （68.224）	668.351*** （68.077）	692.798*** （67.581）	771.270*** （68.430）	675.065*** （68.234）
Doctor_Per	30.539*** （3.735）	29.076*** （3.716）	28.025*** （3.721）	29.919*** （3.760）	28.352*** （3.740）
Teacher_Per	10.457*** （1.705）	11.757*** （1.761）	11.290*** （1.766）	9.982*** （1.733）	11.197*** （1.790）
Books_Per	0.813*** （0.173）	0.658*** （0.167）	0.646*** （0.168）	0.814*** （0.173）	0.654*** （0.168）
Road_Per	0.751 （0.753）	0.756 （0.728）	0.729 （0.729）	0.757 （0.753）	0.764 （0.728）
Internet	1.272*** （0.165）	1.026*** （0.164）	1.062*** （0.164）	1.266*** （0.165）	1.015*** （0.164）
Constant	4205.799*** （1079.938）	5234.371*** （1113.064）	5232.041*** （1121.942）	4117.820*** （1074.739）	5117.820*** （1108.324）
省份固定效应	Y	Y	Y	Y	Y
年份固定效应	Y	Y	Y	Y	Y
观测数量	2497	2410	2411	2497	2407

注：括号内数值是估计系数的稳健标准误；所有模型设定中都使用虚拟变量 North 和 L 的三次多项式作为 PM₂.₅ 的工具变量

　　***表示 $p<0.01$，**表示 $p<0.05$，*表示 $p<0.1$

　　此外，表 6-17 还报告了变量取对数形式下回归模型的估计结果。估计结果依然强有力地表明 PM₂.₅ 浓度对房地产价格存在负面影响。具体而言，表 6-17 列（6）中 lnPM₂.₅ 的估计系数为−0.431，这意味着 PM₂.₅ 增加 1%将会导致房地产价格降低 0.431 个百分点。

表 6-17　基于变量取对数的 PM$_{2.5}$ 和房地产价格 IV 估计

变量	（1）	（2）	（3）	（4）	（5）	（6）
	lnREP	lnREP	lnREP	lnREP	lnREP	lnREP
lnPM$_{2.5}$	−0.206[**]	0.320[***]	0.213[**]	0.367[***]	−0.402[*]	−0.431[***]
	（0.095）	（0.058）	（0.092）	（0.058）	（0.228）	（0.147）
lnGDP_Per		0.363[***]		0.164[***]		0.147[***]
		（0.016）		（0.016）		（0.016）
lnWage		0.351[***]		0.076[***]		0.067[***]
		（0.015）		（0.017）		（0.017）
lnPOP_Density		0.120[***]		0.186[***]		0.145[***]
		（0.017）		（0.017）		（0.020）
lnIndustry_Structure		0.107[***]		0.059[***]		0.053[***]
		（0.019）		（0.017）		（0.016）
lnDoctor_Per		0.007		0.015		0.019[*]
		（0.013）		（0.012）		（0.011）
lnTeacher_Per		0.016		0.037[***]		0.051[***]
		（0.010）		（0.010）		（0.008）
lnBooks_Per		0.033[***]		0.066[***]		0.061[***]
		（0.010）		（0.009）		（0.009）
lnRoad_Per		−0.026[**]		−0.025[**]		−0.026[**]
		（0.013）		（0.011）		（0.011）
lnInternet		0.116[***]		0.057[***]		0.058[***]
		（0.009）		（0.008）		（0.008）
Constant	8.699[***]	0.838[***]	7.778[**]	4.912[***]	10.07[***]	6.320[***]
	（0.389）	（0.219）	（0.372）	（0.270）	（0.982）	（0.567）
省份固定效应	N	N	N	N	Y	Y
年份固定效应	N	N	Y	Y	Y	Y
观测数量	2744	2496	2744	2496	2744	2496

注：括号内数值是估计系数的稳健标准误；所有模型设定中都使用虚拟变量 North 和 L 的三次多项式作为 PM$_{2.5}$ 的工具变量

***表示 $p<0.01$，**表示 $p<0.05$，*表示 $p<0.1$

二、经济损失分析

至此得到了 PM$_{2.5}$ 浓度对房地产价格负面影响的稳健估计系数，这使得估计由 PM$_{2.5}$ 大气污染所导致的经济损失成为可能。只需将表 6-13 所示的估计系数乘以城市的住宅建筑总面积，就可以直接得到以房地产市场价值度量的经济损失。表 6-18 报告了估算得到的全国和各省的经济损失。为了更直观地理解，表 6-18 还报告了该损失占全国 GDP 或各省地区生产总值的百分比。表 6-18 表明，在全国层面，PM$_{2.5}$ 每增加 1 微克/米^3 将导致房地产市场价值损失约 5200 亿元，这约为 2013 年中国 GDP 的 0.9%。而从省级层面来看，$PM_{2.5}$ 浓度增加导致的经济损失在各省之间差异较大。经济发达地区遭受的损失明显更大。

表 6-18　$PM_{2.5}$ 每增加 1 微克/米³ 所导致的经济损失

区域	经济损失/亿元	损失/GDP/%	区域	经济损失/亿元	损失/GDP/%
全国	5185.43	0.88	河南	264.14	0.82
北京	854.75	4.38	湖北	210.8	0.85
天津	409.56	2.85	湖南	225.48	0.92
河北	392.88	1.39	广东	792.71	1.28
山西	146.58	1.16	广西	130.45	0.92
内蒙古	108.11	0.64	海南	26.21	0.83
辽宁	218.39	0.81	重庆	240.67	1.90
吉林	120.1	0.93	四川	273.62	1.04
黑龙江	204.66	1.38	贵州	64.14	0.8
上海	1124.85	5.21	云南	106.67	0.91
江苏	638.04	1.08	西藏	7.29	0.91
浙江	448.27	1.19	陕西	113.13	0.71
安徽	155.01	0.81	甘肃	75.45	1.2
福建	262.77	1.21	青海	17.66	0.84
江西	131.82	0.92	宁夏	25.35	0.97
山东	580.88	1.06	新疆	75.68	0.89

第四节　清洁空气经济价值的进一步讨论

本节使用第三章中用到的空气通风系数作为不同的工具变量来缓解大气污染变量的内生性，进一步考查了大气污染对房价的影响，以讨论洁净空气的经济价值。如第二节所述，有效的识别是建立在模型（6-12）中大气污染变量与误差项独立的假设前提下。在控制一系列可能会对大气污染和房价有影响的变量之外，仍然存在因果识别的问题。比如，大气污染和房价可能互为因果，这会对影响系数的估计造成正的或者负的偏误。Zheng 等（2014）认为，发展迅速的城市房价通常高于其他城市，这类城市也会有更多的工业活动以及更高的人均汽车保有量，在这种情况下，这类快速发展的城市会面临严重的大气污染问题，比如北京和上海。还有，一些被误差项包括的遗漏变量可能与房价和大气污染相关。比如，在发展较好和物价较高的城市中的居民，对清洁空气和舒适的居住环境有着更强烈的渴望，因此，在这些城市中政府就有可能建立更加严格的环境法规。如果环境法规对于减小大气污染有作用，那么发展较好的城市就具有高房价与低大气污染浓度的特点，最终会导致高估大气污染对房价的作用。

在第二节，我们使用每个城市的地理位置信息以及与淮河的相对纬度差异信息作为 $PM_{2.5}$ 浓度的工具变量来克服内生性问题。本节借鉴陈诗一和陈登科（2018）的方法，使用空气通风系数作为 $PM_{2.5}$ 浓度的工具变量。空气通风系数测量了污染物扩散至大气层时的速度。如 Arya（1999）所说，大气污染浓度受空气通风系数的负向影响，这意味着空气通风系数越大的地区，$PM_{2.5}$ 浓度会越低。同时，空气通风系数是被天气和地理外生条件所决定，城市的房价不会影响它。因此，它满足工具变量的假设，与内生自变量（$PM_{2.5}$）相关，但与因变量（城市房价）无关。这里仍然采用两阶段最小二乘法框架来进行分析。模型中的因变量即城市房价以及主要大气污染物即城市 $PM_{2.5}$ 浓度与第二节相同。除了大气污染，还有很多因素影响城市的房价，因此在地级市层面控制了许多变量来降低由遗漏变量造成的内生性问题。这些变量包括人均工资、人口密度、工业结构和公共服务水平，这也与第二节中的控制变量基本相同。

使用空气通风系数作为工具变量的两阶段最小二乘法估计结果显示，与预期相符，更高的空气通风系数会造成更低的 $PM_{2.5}$ 浓度。由于第一阶段回归中 F 值较高（93.23），可以排除弱工具变量的问题。从第二阶段回归结果可以发现，工具变量对房价有着显著为负的影响。工具变量的系数（-0.24）大约是最小二乘法基准回归估计出的系数的两倍（-0.11），这意味着不考虑内生性的基准回归低估了大气污染对房价的负向作用。平均来看，$PM_{2.5}$ 浓度每增加10%会造成房价下降2.4%。2013年，中国平均房价是4665.5元/米^2，因此当 $PM_{2.5}$ 浓度上升10%（平均从62.8微克/米^{3}至69微克/米^3），房价每平方米会降低约112元，达到4553.5元/米^2。这对于家庭和社会来说都是一个巨大的损失。并且对于高房价地区，大气污染的影响会更为严重，比如上海会面临388元/米^{2}的房价下跌。这些发现与第二节中的相应分析基本一致，也再次说明本章分析结果的稳健性。

大气污染是如何影响房价的呢？我们进一步从城市化、人力资本和预期房价三个传导渠道进行分析。很多的实证研究表明城市化是推高房价的重要因素（Gonzalez and Ortega，2013；Degen and Fischer，2017）。更高的城市化率意味着更多的人在城市里工作和居住，这会提高人们对住房的需求，最终推高房价。空气污染会通过城市化这个渠道来影响房价吗？实证分析表明，$PM_{2.5}$ 浓度对城市化有着负的并且统计上显著的影响，这与现有文献结论基本一致，现有研究表明大气污染会造成个人的健康问题，为了更好的生活环境和身体健康，人们更倾向于居住在有清新空气的城市（Chen et al.，2013；Greenstone and Hanna，2014；Tanaka，

2015；Bombardini and Li，2016）。保持其他变量不变，大气污染变严重会降低城市化率，最终导致房价降低。

一个城市的竞争力是反映在它的工业发展程度和劳动力生产力上的，人力资本在现代工业系统起着至关重要的作用，它可以促进工业转型与升级。Chen 和 Zhang（2016）研究发现 1999 年开始的高等教育扩招增加了中国的人力资本，加快了城市化进程，从而增加了对住房的需求，最终迅速推高了房价。通常来说，受教育水平更高的集体收入更高，因此他们对清洁空气和更好的公共服务有着更高的需求。大气污染是否会通过人力资本这一渠道影响房价？我们用地级市居民的平均受教育年限来代表人力资本，实证结果发现，$PM_{2.5}$ 浓度对人力资本有着显著为负的影响。平均来看，$PM_{2.5}$ 浓度每提升 10% 会降低居民 0.43 年的受教育年限。两个模式可以解释这个现象：一是受教育程度更高的居民更倾向有着更为清洁空气的地方，他们可以承受迁徙的高代价（Chen et al.，2017a）；二是大气污染可能影响儿童的认知表现，从而限制城市人力资本的形成。Chen 等（2017b）发现长时间暴露在大气污染环境会同时影响儿童的数学和语文表现。

除了城市化和人力资本这两个渠道，大气污染可能也会通过预期效应来影响房价。房地产在中国是最重要的资产之一，房价不仅被供求关系所决定，它还被人们的预期所影响。人们意识到大气污染会影响城市化，从而会拉低现有房价，并且由于大气污染是一个长期的问题不能被迅速地解决，人们预期未来房价会继续下跌，进一步降低他们对房屋的投资需求，并且尽快卖掉现有房产，这种行为更进一步打击了房价。正如有文献所认为的，对房价的预期作用通常是由房价与收入的比例表示的，高房价收入比意味着居民对于未来房价会涨有着强烈的预期，因此他们对房屋的需求会上升，从而造成在一定收入水平下，房价更高（陆铭等，2014；Chen and Zhang，2016）。我们识别了大气污染对房价收入比的影响，回归结果表明，$PM_{2.5}$ 浓度的上升会降低房价收入比，从而对未来房价预期带来负面冲击，这表明预期效应是大气污染影响房价的另一个重要渠道。

第五节　完善大气污染定价机制，减少大气污染经济影响

一、发展影子价格估算方法，完善大气污染定价机制

Hueting（1992）指出，环境污染的影子价格是环境公共政策和环境增长核算

的基石。因为没有环境污染的市场，所以不可能直接观察到污染的市场价格，而其影子价格则可以作为环境机会成本或环境的真实价值来看待，因此影子价格的成功度量就使得环境政策和绿色核算领域的许多重要任务的完成成为可能。

比如绿色 GDP 的核算曾经由于环境污染的种类多种多样无法直接加总而很麻烦，如果有了各种污染物的影子价格后，就可以计算出这些环境污染物的总价值并对市场 GDP 进行调整而得到绿色 GDP。影子价格度量值还可以应用于环境政策的成本收益分析，比如 Kuosmanen 和 Kortelainen（2007）的研究。此前由于环境价格缺失而不能构造环境需求函数的问题现在也可以迎刃而解。相对影子价格度量的是期望产出相对于非期望产出的边际技术替代率，因此根据影子价格可以评估期望产出增长给环境质量带来的短期改变。

通过经济手段达成节能减排的政策主要有二，即环境税征收和污染排放权交易。环境污染的影子价格可以作为环境税税率和污染排放权交易定价的参考价值，因此在此领域有着特别广泛的运用，下一章将对其进行更进一步的分析。环境污染物的影子价格还可以用来计算全要素生产率指数。传统使用的全要素生产率指数方法有四种，即 Laspeyres 指数、Paasche 指数、Fisher 指数和 Törnqvist 指数，它们的一个共同特点是需要各种产出和投入的价格信息作为计算的权重。污染排放缺乏市场化的价格信息，长期以来被排除在生产率指数的计算之外，因此，影子价格如果能够被正确估算出来，利用上述传统指数计算考虑了大气污染在内的环境全要素生产率指数就成为可能。

在很长一段时期内，大气污染等环境污染缺乏市场价格信息，很多与之相关的分析难以进行，而影子价格的估算则可以解决环境变量市场价格长期缺失导致很多分析难以进行的这种困境，因此，环境污染影子价格的准确计算成为环境污染定价机制的关键一步。

二、量化洁净空气经济价值，减少大气污染经济影响

本章通过工具变量估计方法量化分析了洁净空气的经济价值和大气污染的经济影响。研究结果有力地证实了大气污染对我国房地产价格存在显著的负面影响。首先，在其他条件相同的情况下，$PM_{2.5}$ 浓度每增加 1 微克/米^3 将导致房地产价格平均下降 46 元/米^2。换一种说法，平均来看，$PM_{2.5}$ 浓度每上升 10%会导致房价下降 2.4%，这意味着 $PM_{2.5}$ 浓度上升 10%（平均从 62.8 微克/米^3 至 69 微克/米^3），房价每平方米会下降约 112 元。这种负面影响在各个城市之间存在较大差异，一二线城市受到的影响更大。对于一线和二线城市而言，$PM_{2.5}$ 浓度每增加 1 微克/米^3 将导致房地产价格下降 275.3 元/米^2，而在三线城市，该影响则下降至 72.8 元/米^2。

至于四线和五线城市，该影响进一步下降至 5.7 元/米^2 和 15.5 元/米^2。其次，研究发现在 2004~2013 年 10 年里，PM$_{2.5}$ 浓度对我国房地产价格的负面影响越来越大。具体而言，2010~2013 年的影响系数是 2004~2007 年的 2.3 倍。最后，为了更全面、直观地评估 PM$_{2.5}$ 浓度的影响，我们进行了初步的经济损益分析，分析表明 PM$_{2.5}$ 浓度每增加 1 微克/米^3 将导致房地产市场价值损失约 5200 亿元，这约为中国 2013 年 GDP 的 0.9%，这对于社会和家庭来说都是巨大的财富损失。

上述研究结果对与环境规制有关的成本收益政策辩论具有相当大的启发。现今，对环境规制的一个普遍的担忧是，严格的环境规制会给我国的经济发展带来巨大的成本，而这可能会导致经济衰退。然而，我们的研究结果表明，这种担忧可能高估了环境规制的负面影响。一旦充分考虑到空气质量改善所带来的房地产市场价值的增长，严格的环境规制所产生的成本将被大幅抵消。十九大报告指出："中国特色社会主义进入新时代，我国社会主要矛盾已经转化为人民日益增长的美好生活需要和不平衡不充分的发展之间的矛盾。"[①]对美好生活的渴望与舒适的生活环境和清洁空气是密不可分的。清洁空气不仅减少疾病发生和婴儿死亡率，而且推高房价以及增加居民财富。然而，作为一个具有强烈正外部性的公共品，清洁空气却常被工厂污染，尤其是重工业企业。因此，对于政府来说，需要急切地重视人民赖以生存的环境问题。政府需要舍弃之前牺牲环境发展经济的模式，并且意识到环境污染对当地经济发展以及居民财富积累的害处。因此，运用基于市场机制的环境规制从根本上解决好我国面临的诸多环境问题将十分重要，下一章将展开进一步地分析。

---

① 习近平.2017-10-18.决胜全面建成小康社会 夺取新时代中国特色社会主义伟大胜利——在中国共产党第十九次全国代表大会上的报告. http://www.gov.cn/zhuanti/2017-10/27/content_5234876.htm.

第七章 基于经济机制的环境规制与大气污染防治

长期以来经济学家一直坚持环境政策的设计必须更紧密地依赖市场机制,这样才可以把污染的环境成本清楚地引入经济分析中,对污染单位施加持续不断的价格压力以促使其节能减排(Bailey,2002)。这种基于市场机制和经济激励的环境政策主要以环境税和污染排放权交易为代表,它们分别以庇古税和科斯定理作为其政策的理论基础。本章讨论环境税制与污染排放权交易政策在我国的施行情况及其对大气污染防治效果与经济发展的影响。

第一节 我国环境税制改革历程与国际比较

我国从 2018 年 1 月 1 日起开始征收环境保护税(简称环境税),与现行排污费征收对象相衔接,环境税的征税对象是大气污染物、水污染物、固体废物和噪声等 4 类应税污染物,《环境保护税法》是我国第一部推进生态文明建设的单行税法,是中国环境保护历史上重要的里程碑。环境税能够把环境污染和生态破坏的社会成本,内化到生产成本和市场价格中去,再通过市场机制来分配环境资源。一般认为,英国现代经济学家庇古在其 1920 年出版的著作《福利经济学》中最早提到了环境税这个概念,即由政府通过征税来调节环境资源的负外部性,庇古税的大小应该等于自然资源的边际耗竭成本。从追求公平和效率并重的最优税制结构目标来看,环境税似乎更应该被理解为从次优税态不断经过调整和去除税收扭曲效应来达到最优税制的系统改革过程,这种环境税改革故而成为当今国际环境政策领域所热烈争论的问题(Patuelli et al.,2005)。

从国际经验来看,发达国家环境税大致经历了三个发展阶段:20 世纪 70 年代补偿成本的环境收费,可看作环境税雏形阶段;20 世纪 80 年代至 90 年代中期为环境税正式出现阶段，主要用来筹集财政收入以及引导生产和消费；20 世纪 90 年代中期至今是环境税的迅速发展时期。为了实施可持续发展战略，北欧等国家还进行了基于环境税双赢目标的综合环境税制改革。发达国家环境税的广泛实施，表明了环境税在促进经济、社会与自然协调发展中的积极作用，为我国环境税改革提供了可供借鉴的经验。我国此前的环保措施主要是以收费为主，征税为辅，这些少量的税收措施零散地存在于资源税、消费税、增值税和车船税等中间，还不属于真正意义上的环境税（Andrews-Speed，2009）。比如，我国于 1982 年开始向企业征收排污费，2011 年全国每年征收额近 200 亿元，但这一排污费仅是污染处理的实际成本，仍然没有计入外部环境成本。因此，我国环境税开征早已是势在必行。难题在于如何确定环境税税率的大小，由于不存在环境污染的市场定价，对其成本进行经济评估一直是环境经济学最基础的问题之一。如上一章所述，环境税税率制定的依据应该是环境污染物的影子价格或其边际减排成本，本章将依据上一章所度量的大气污染影子价格来讨论有效促进大气污染防治的合理环境税税率。

总之，相对于行政命令式政策和排污权交易制度，环境税更具灵活性，赋予企业更多选择，企业可以根据自身污染物的边际成本大小，选择排放并交税或是通过环境治理减少排放避免交税。所以说，环境税使得企业能够以最经济的方式对市场信号做出反应，在交税和减排之间进行选择，在减排方面又可以选择安装减排设备和开发减排新技术等，环境税引致的这种技术创新又可以为企业创造额外的经济利益，企业始终保持着进一步提高污染减排能力的动力。

第二节　大气污染防治与环境税制改革

2018 年 5 月习近平总书记在全国生态环境保护大会上强调，"坚决打好污染防治攻坚战"，"坚决打赢蓝天保卫战"，"强化联防联控，基本消除重污染天气，还老百姓蓝天白云、繁星闪烁"[①]。虽然 2013 年制订的《大气污染防治行动计划》的治霾目标已基本实现，但从长远来看，我国雾霾污染治理仍然任重道远，而且，随着治理的不断推进，无论能源结构、产业结构优化空间还是企业技术水平提升的潜力都将越来越小，从而治理难度将会更大，治理的经济成本也将越来越高。而且，中国幅员辽阔，各区域间在经济发展、环境污染及相应的环境治理成本等方面也存在较大差异，这进一步增加了我国大气污染防治的难度。因此，作为污

---

① 习近平. 推动我国生态文明建设迈上新台阶,《求是》, 2019 年第三期. http://www.qstheory.cn/dukan/qs/2019-01/31/c_1124054331.htm.

染治理的重要经济手段, 2018 年起在我国施行的环境税在雾霾治理的新阶段也被寄予厚望。

就目前的环境税制方案来看, 各省（区、市）具有相对较大的自主权, 不仅税收全部由地方政府获得, 而且具体税额方案也由省级地方政府在法定税额幅度内自行决定。但就目前各省（区、市）公布的税额来看, 学界普遍认为仍存在较大的优化空间。首先, 从环境治理有效性方面来看, 如果环境税额严重低于污染的边际减排成本, 则企业将选择继续排放污染物, 从而影响污染治理的效果。从当前公布的环境税额来看, 近一半省（如浙江、安徽、福建等）执行的环境税额标准都偏低, 因此, 各省（区、市）环境税方案的有效性问题, 还需结合相应的边际减排成本进行系统研究。其次, 从区域环境协同治理的方面来看, 在当前环境税额分布中还未明显体现区域协同治理的理念, 而雾霾等大气污染具有显著的空间关联效应, 某地区周边一定范围内区域的环境税额同样对该地区大气污染具有一定影响。沈坤荣等（2017）研究发现, 邻近城市间环境规制差异将引发污染就近转移的现象, 当前中国各城市为实现局部短期利益最大而实行的环境规制政策并不利于全局环境治理。目前许多大气污染程度类似的相邻地区所开征的环境税额标准却差异较大, 如作为雾霾重点联防联控区域的长三角等[①]。同时, 从区域经济协调发展角度看, 不同区域在征收同等税额时, 边际成本较低的地区应通过税收转移等形式获得一定的经济补偿, 但是当前税收收入都是以返还当地政府为主（Marklund and Samakovlis, 2007）。

环境税税率低估的现象有一定合理性, 正如 Reddy 和 Assenza （2009）所强调的, 对发展中国家而言, 环境保护政策的实行必须与发展优先的政策相结合, 而低税率往往被认为有利于经济发展。王金南等（2009）则指出环境税率的制定要根据我国的具体国情, 不能过多影响我国产品的国际竞争力, 同时不能对低收入人群的生活水平造成影响。Barrett（1994）和 Rauscher（1994）认为, 各国政府为了降低本国公司的成本往往具有把环境税扭曲到庇古税水平以下的冲动, 这种现象有时候也被称为生态倾销。如上一章所述, 最优税率应等于环境排放物的边际减排成本或者说影子价格, 因此, 本章仍然使用上一章所度量的大气污染物的影子价格作为环境税税率大小分析的依据, 这样的税率更近似于现实中大气污染减排的真实成本, 按此税率计征效果最佳。Zhang （2004）以碳税为例, 指出工业化国家实行的环境税税率偏低, 在制定税率时, 必须注意税率大小要足以影响和改变人们的行为, 追加的社会成本必须足以激发人们潜在的保护环境的动力, 只有这样才能真正体现环境税的制度价值。

---

① 如应税大气污染物适用税额标准, 上海市>江苏省>浙江省>安徽省, 其中, 紧邻的浙江比上海平均低 80%。

第三节　基于影子价格的环境税制改革与大气污染区域协同治理

　　如第二章所述，雾霾形成的主要污染源，包括硫酸盐、硝酸盐、有机碳等气溶胶粒子以及直接排放的烟粉尘等，这些构成的二次气溶胶粒子是我国严重雾霾污染的重要来源。因而，相应的雾霾污染源控制的主体即为二氧化硫、氮氧化物、烟粉尘等主要大气污染气体。因此，基于以上分析，本章将以雾霾形成的主要污染源——SO_2、氮氧化物、烟粉尘作为环境税税制改革的分析对象，其影子价格已经在上一章进行了度量。

一、环境税额应随时间而增长且因污染物类型和地区而不同

　　基于上一章大气污染物影子价格估计结果可知，不同省和城市的三类污染物的影子价格总体都呈现显著的上升趋势。这表明，随着我国环境治理强度的不断加大，雾霾治理的边际成本也越来越高。在此意义上，为更有效地倒逼与鼓励企业减少大气污染排放，我国环境税额标准应当提升，不能完全遵循以前的排污费标准（秦昌波等，2015），并且在未达到减排目标之前，还应建立适当的阶段性环保税额标准提升机制。

　　同时，各省市不同类型大气污染物的影子价格差异较大。比如，氮氧化物的影子价格远高于二氧化硫和烟粉尘的影子价格，但按照目前各省市相关污染物的环保税额，氮氧化物的环保税额标准与二氧化硫相当，却远低于烟粉尘环保税额标准。氮氧化物不仅自身是污染物，还会导致臭氧污染。近年来中国臭氧污染有加剧的趋势，尤其在珠三角地区，臭氧已经取代 $PM_{2.5}$ 成为首要空气污染物。京津冀地区二氧化硫减排幅度较大，氮氧化物减排幅度则不够，硝酸盐成了颗粒物污染中的主要成分。所以在雾霾治理的新阶段，加大氮氧化物减排力度刻不容缓。2018 年的新"大气十条"也强调了对臭氧的控制，要求 2020 年氮氧化物较 2015 年下降 15%以上。目前只有上海制定了较高的氮氧化物税额标准[①]，因此，其他各省市的氮氧化物税额标准应做出相对更大幅度的提高。

　　不同省（区、市）之间的影子价格也差异巨大，例如，二氧化硫影子价格最

　　[①] 上海市制定的 2018 年环保税额标准为：二氧化硫、氮氧化物的税额标准分别为 6.65 元/污染当量、7.6 元/污染当量；其他大气污染物的税额标准为 1.2 元/污染当量。

高的上海与最低的宁夏差了 350 多倍，这种影子价格差异的原因与各地区经济结构、污染排放水平、产业结构、能源消费结构等因素密切相关（魏楚，2014）。以上海与宁夏为例，从 2015 年经济总量来看，上海约是宁夏的 10 倍，而二氧化硫排放量，上海只有宁夏的 48%；而且，2005~2015 年上海二氧化硫排放量呈持续下降趋势，而宁夏则仍有小幅上升。再者，在不同城市之间，各城市因生产效率和环境治理水平的差异，相应的污染物影子价格也差异巨大，比如最高的深圳市的二氧化硫影子价格是最低的石嘴山市的近 500 倍，且即使同一省内各城市间的大气污染影子价格也存在较大差异，如杭州市与台州市等。因此，考虑到不同地区间污染排放的边际成本的显著差异，各地区大气污染物的环保税额标准趋同显然不尽合理，必须注重当前实施的环保税额标准与边际减排成本的匹配问题，各省应该执行不同的环境税税率，即使是同一省内的不同城市也应该区分不同的环保税率，以最大程度提高雾霾治理的有效性。

二、环境税方案的雾霾治理有效性分析及其优化方向

同样基于上一章大气污染物影子价格的估计结果，下面就环境税方案对该地区雾霾治理的有效性进行分析。关于有效性的评判标准，主要基于已经执行的环境税额标准与估算的影子价格的比较，即如果环境税额标准远低于影子价格，则更多的企业将选择上交环境税而继续排污，从而雾霾治理的有效程度较低；反之，如果环境税额标准大于等于影子价格，则有效程度较高（当然可能会有较大的经济代价，这里暂不讨论）。

首先，为便于比较分析，将各省（区、市）三种污染物排放的影子价格以相应的排放量为权重加权平均得到综合污染物影子价格。影子价格的绝对数值均远大于目前公布的环境税率，而本章目的在于分析环境税相对更缺乏有效性的地区，因此，为克服绝对值过大的影响，本章采用了相对比较方法，即按照数值大小对环境税额和综合影子价格进行了分级。具体而言，共分为高、中、低三个等级，因许多省（区、市）环境税率差异不大，所以将执行最低法定税额标准的各省区归为最低一级（共 14 个），剩下的按大小平均分为两个等级，高、中各 8 个。为便于比较，综合影子价格也如此分类。具体情况如表 7-1 所示。

表 7-1　中国各省（区、市）污染物综合影子价格与环境税额分级情况

分级	地区	环境税额标准 /（元/千克）	分级	地区	综合影子价格 /（万元/吨）
高	北京	12	高	海南	6551.46
	天津	10		北京	6375.41
	上海	7.1		云南	2172.10

续表

分级	地区	环境税额标准 /（元/千克）	分级	地区	综合影子价格 /（万元/吨）
高	河北	6.8	高	广西	1947.94
	江苏	6.4		四川	1700.91
	山东	6.0		上海	1548.26
	河南	4.8		湖南	1121.57
	四川	3.9		福建	1032.52
中	重庆	2.4	中	广东	955.39
	湖北	2.4		湖北	885.57
	湖南	2.4		江西	810.20
	海南	2.4		浙江	805.99
	贵州	2.4		天津	591.42
	山西	1.8		甘肃	577.49
	广东	1.8		安徽	552.20
	广西	1.8		江苏	534.72
低	云南	1.2	低	重庆	531.08
	黑龙江	1.2		山东	450.73
	吉林	1.2		河南	438.99
	辽宁	1.2		辽宁	372.51
	安徽	1.2		黑龙江	231.12
	福建	1.2		贵州	221.26
	江西	1.2		吉林	207.08
	陕西	1.2		青海	194.92
	甘肃	1.2		河北	187.80
	青海	1.2		陕西	185.39
	宁夏	1.2		新疆	71.34
	新疆	1.2		内蒙古	60.39
	内蒙古	1.2		山西	52.40
	浙江	1.2		宁夏	22.42

注：1. 表中环境税额标准为三种污染物（二氧化硫/氮氧化物/烟粉尘污染物）税额标准的平均值，因许多省（区、市）没有单独分类，所以使用的是该省整体大气污染物的税额标准；2. 为统一起见，各省（区、市）环境税额标准均按 2018 年公布标准计算；3. 部分省（区、市）内的城市环境税额标准有差异，如河北省和江苏省，因此使用了省内各城市的平均值；4. 表中不含西藏、香港、澳门、台湾数据

其次，根据表 7-1，为更直观地对不同地区的综合影子价格和环境税额情况进行比较，分别设低等级=1，中等级=2，高等级=3，从而可以得到各省（区、市）的影子价格和环境税额的等级对比情况（图 7-1）。

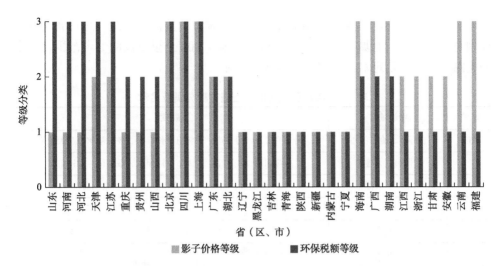

图 7-1　各省（区、市）综合影子价格和环境税额等级情况对比图

由图 7-1 可以看出，相对而言，海南、广西、湖南、江西、浙江、甘肃、安徽、云南和福建共九个省区的环境税额标准等级低于综合影子价格等级，因此，相对而言，这九个省区的环境税方案对污染治理更缺乏有效性。在此意义上，相对其他省的环境税额调整，这些地区的环境税制优化更具迫切性，至少应作为未来全国环境税制改革优化的第一批省区，为持续有效地减少大气污染排放或维持良好的空气质量环境，结合自身的边际减排成本，这些省区应制定一个相对较高的环境税额征收标准。

三、雾霾协同治理的区域对象选择

尽管雾霾污染的空间关联范围目前还没有统一的结论，且随着浓度和气象条件等差异，大气污染影响范围也不尽相同，但随着距离的增加，大气污染关联程度肯定呈递减趋势，为此考虑范围过大并不适宜。从相关研究来看，沈坤荣等（2017）研究发现环境规制引发的污染就近转移效应在 150 公里达到峰值，即环境规制如环境税额的差异将通过企业污染转移产生区域关联效应；刘海猛等（2018）研究了京津冀城市群雾霾污染的时空分布情况，发现 $PM_{2.5}$ 在城市间交互影响距离平均为 200 公里。因此，在此意义上，雾霾协同治理的区域对象应至少为地级城市层面。

结合以上研究，本节根据选择的中心城市的地理位置，将该城市周边 200 公里范围作为参考，将该城市群区域作为雾霾协同治理的对象。同时，由于城市层面数据在能源、环保方面的限制，无法估计所有地级城市大气污染的影子价格，只能得到《中国环境年鉴》公布的 112 个重点城市的数据。因此，选择省会城市或副省级城市为中心城市，按照边界相邻原则及 200 公里范围的参考范围，本书的雾霾区域协同治理城市群具体情况见表 7-2。

表 7-2　雾霾区域协同治理城市群分类及名称

区域序号	中心城市	城市群
1	长春市、哈尔滨市	哈尔滨市、牡丹江市、吉林市、长春市、齐齐哈尔市、大庆市
2	沈阳市、大连市	沈阳市、抚顺市、本溪市、锦州市、鞍山市、大连市
3	北京市、天津市	保定市、北京市、天津市、唐山市、秦皇岛市
4	石家庄市、太原市	包头市、呼和浩特市、大同市、石家庄市、太原市、阳泉市
5	西安市	延安市、铜川市、咸阳市、宝鸡市、西安市、渭南市
6	郑州市	临汾市、长治市、邯郸市、安阳市、焦作市、郑州市、洛阳市、平顶山市、开封市、三门峡市
7	济南市、青岛市	潍坊市、淄博市、济南市、泰安市、济宁市、枣庄市、徐州市、连云港市、日照市、青岛市、烟台市、威海市
8	上海市、南京市、杭州市	上海市、苏州市、南通市、无锡市、常州市、扬州市、南京市、嘉兴市、湖州市、杭州市、绍兴市、宁波市、台州市、温州市、合肥市
9	南昌市、长沙市、武汉市	宜昌市、荆州市、张家界市、常德市、岳阳市、长沙市、湘潭市、株洲市、九江市、南昌市、武汉市
10	成都市、重庆市、贵阳市	成都市、绵阳市、重庆市、遵义市、贵阳市、宜宾市、泸州市
11	昆明市	攀枝花市、曲靖市、昆明市
12	南宁市	桂林市、柳州市、南宁市
13	广州市	广州市、佛山市、中山市、珠海市、深圳市、韶关市、汕头市
14	福州市、厦门市	福州市、泉州市、厦门市
15	海口市	北海市、湛江市、海口市、三亚市
16	兰州市、西宁市	兰州市、西宁市、金昌市

注：112 个重点监测城市中，有 5 个城市由于空间上相对独立、没有相邻城市而没有考虑进入，即乌鲁木齐市、克拉玛依市、银川市、石嘴山市和赤峰市

实际上，表 7-2 中的 16 个区域协同治理城市群，与 2012 年国家制定的《重点区域大气污染防治"十二五"规划》中大气污染防治的重点区域有许多类似的地区。例如，区域 2 类似于辽宁中部城市群、区域 3 类似于京津冀地区城市群、区域 4 类似于山西中北部城市群、区域 5 类似于陕西关中城市群、区域 7 类似于山东城市群、区域 8 类似于长三角地区城市群、区域 9 类似于武汉及其周边城市群和长株潭城市群、区域 10 类似于成渝城市群、区域 13 类似于珠三角地区城市群、区域 14 类似于海峡西岸城市群、区域 16 类似于甘宁城市群。

四、雾霾区域协同治理重点区域分析

雾霾治理除了各地区自身环境税的作用外，由于雾霾等大气污染的空间关联效应和溢出效应，地区周边一定范围内的区域环境税同样具有一定影响。因此，除了关注上述地区自身环境税方案的有效性外，还需协同考虑相邻区域内的环境税制问题。因大气污染区域影响的范围有限，而省级行政区范围较广，因此，这里研究对象主要为表 7-2 中的 16 个相邻城市群。

理论上，如果区域间的大气污染程度差异较大且不考虑协同治理，那么高污染区域可能出于该地区经济利益的考虑，利用大气污染的流动性，以牺牲周边环境利益作为发展本地区经济的代价，从而不利于区域间的相对生态公平。因此，首先考查协同区域内不同城市间的雾霾污染程度差异情况，从而得到相对更需要加强协同治理的重点区域。其次，结合各城市雾霾治理的边际成本情况，考虑区域经济的协调发展情况，即如果欠发达地区因高污染而制定较高的环境税率，可能对其经济发展有更大影响，因此当地政府考虑到经济利益，制定高环境税额标准的动力不足，而且不符合当前强调的区域协调发展理念，从而应通过税收转移等形式获得一定经济补偿，从而激励当地政府加大环境治理力度。最后，结合以上两方面的研究，提出更加公平有效的雾霾区域协同治理的环境税优化方案。

（一）各协同治理区域雾霾污染程度的空间分布情况

由于各城市面积、人口、经济等差异较大，因而二氧化硫、氮氧化物和烟粉尘污染物等总体排放情况难以反映一个城市综合的污染程度情况，因此，我们选择目前常用的 $PM_{2.5}$ 浓度情况来代表地区的污染程度。因篇幅原因，下面列出了 2005~2013 年部分城市 $PM_{2.5}$ 浓度（即只排出前 15 名和后 15 名）的情况，见表 7-3。

表 7-3　2005~2013 年各城市 $PM_{2.5}$ 浓度排名（单位：微克/米^3）

排序 （前 15 名）	地区	$PM_{2.5}$ 浓度	排序 （后 15 名）	地区	$PM_{2.5}$ 浓度
1	邯郸市	109.66	98	深圳市	42.32
2	石家庄市	108.05	99	石嘴山市	40.16
3	安阳市	106.46	100	攀枝花市	39.75
4	济南市	104.93	101	厦门市	39.13
5	泰安市	104.58	102	湛江市	37.50
6	开封市	104.12	103	汕头市	36.95
7	济宁市	102.56	104	包头市	36.48
8	焦作市	101.99	105	福州市	35.48

排序 （前 15 名）	地区	PM$_{2.5}$ 浓度	排序 （后 15 名）	地区	PM$_{2.5}$ 浓度
9	淄博市	100.68	106	赤峰市	35.47
10	郑州市	99.72	107	珠海市	34.04
11	天津市	96.20	108	曲靖市	32.24
12	保定市	96.02	109	泉州市	31.34
13	枣庄市	95.21	110	昆明市	28.94
14	平顶山市	94.20	111	海口市	28.94
15	徐州市	94.06	112	三亚市	18.84

进一步，为更直观地考查表 7-2 中 16 个相邻城市群污染程度的空间差异程度，简便而不失一般性，本节也将各城市污染程度按照大小进行分级，因城市数量较多，我们分为高、中高、中、中低、低五个等级，从而得到区域各城市污染程度比例的分布情况，如图 7-2 所示。

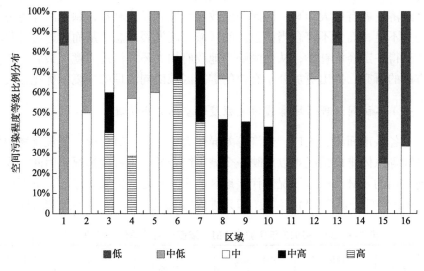

图 7-2　区域各城市污染程度等级比例的分布图

由图 7-2 可以看出，污染程度较重的区域主要分布在区域 3、4、6 和 7，即河北、河南和山东等省份，其中山东大部分城市都处于污染的最高层级，这也为山东环境治理和经济转型敲响了警钟。而区域 1、11、14 和 15 等，即黑龙江、云南、福建和海南等地区的许多地方，多为自然生态较好或沿海的城市，从而成为雾霾污染程度较低的地区。而长江经济带上的城市群，如长三角地区、成渝地区、湖北、湖南等地区则是污染程度居中，且许多城市处于中高级的污染程度。同时，根据图7-2，可以相对直观地分析特定区域相邻城市间污染程度的差异情况，比如区域11——攀枝花市、曲靖市和昆明市，均是污染程度等级最低的城市，相对而言，不是目前迫切需要加强协同治理的区域；类似的区域还有区域14——海峡西岸城市群和区域15——海口市相邻城市群等。

进一步，为相对准确地估计表7-2中16个相邻城市群的内部各城市雾霾污染差异程度，从而得到相对需要重点关注的协同治理区域，类似于图7-1，下面也将图7-2中雾霾污染程度的五个等级数量化，即令低等级为1、中低为2、中为3、中高为4、高等级为5。然后，通过计算各区域内城市间雾霾污染程度等级的变异系数，得到污染差异的程度，结果见图7-3。

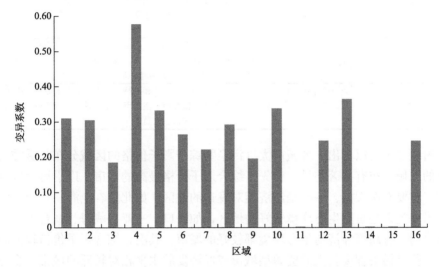

图7-3 同一区域内相邻城市间雾霾污染程度等级变异系数对比图

根据图7-3，按照雾霾污染程度变异系数的大小，将表7-2中16个区域平均分为两部分，变异系数较大的前八个区域，将是目前相对需要重点关注的雾霾协同治理区域，按照变异系数大小，分别为区域4（以石家庄市和太原市为中心）、区域13（以广州市为中心）、区域10（以成都市、重庆市和贵阳市为中心）、区域5（以西安市为中心）、区域1（以长春市和哈尔滨市为中心）、区域2（以沈阳市和大连市为中心）、区域8（以上海市、南京市和杭州市为中心）和区域6（以郑州市为中心）。这些重点协调治理区域涵盖了2018年新"大气十条"中新提及的汾渭平原。

（二）各协同区域大气污染物影子价格的空间分布情况

类似于表7-1，首先分别以二氧化硫、氮氧化物和烟粉尘的排放量为权重，通过加权平均得到城市层面的综合影子价格情况。同时，类似大气污染程度的分级方法，综合影子价格也分为高、中高、中、中低和低五个等级，从而，可以得到城市层面大气污染物综合影子价格的等级分布情况如表7-4所示。

表 7-4　各城市综合影子价格的等级分布情况

综合影子价格的等级	相应的城市分布
高	北京市、开封市、青岛市、烟台市、威海市、上海市、常州市、南通市、合肥市、杭州市、绍兴市、温州市、南昌市、成都市、广州市、佛山市、中山市、珠海市、深圳市、泉州市、厦门市、海口市、三亚市、汕头市
中高	长春市、沈阳市、大连市、天津市、延安市、潍坊市、济南市、徐州市、日照市、苏州市、无锡市、扬州市、南京市、嘉兴市、湖州市、宁波市、台州市、长沙市、武汉市、福州市、湛江市
中	大庆市、保定市、西安市、焦作市、郑州市、淄博市、泰安市、济宁市、枣庄市、连云港市、宜昌市、荆州市、岳阳市、绵阳市、昆明市、柳州市、南宁市、北海市、渭南市、三门峡市
中低	哈尔滨市、吉林市、抚顺市、锦州市、鞍山市、唐山市、秦皇岛市、石家庄市、咸阳市、安阳市、平顶山市、湘潭市、株洲市、九江市、重庆市、遵义市、贵阳市、宜宾市、泸州市、攀枝花市、桂林市、韶关市、兰州市
低	齐齐哈尔市、牡丹江市、本溪市、包头市、呼和浩特市、大同市、太原市、阳泉市、铜川市、宝鸡市、临汾市、长治市、邯郸市、洛阳市、张家界市、常德市、曲靖市、西宁市、金昌市

由表7-4可以看出，各城市大气污染物综合影子价格的区域分布与雾霾污染程度的区域分布有显著差异。首先，综合影子价格最高的城市，以沿海地区城市居多，主要有两大类，一类是经济相对发达的地区，如北京、上海、广州、深圳等；另一类则是自然生态环境较好的地区，如海口、三亚、威海、烟台等，自然包括厦门、青岛等经济与生态环境都较好的城市。其次，综合影子价格较低的城市，往往是污染程度较大的资源型城市或经济发展水平相对较低的城市，多分布在中西部地区和东北地区，如包头市、大同市、邯郸市、西宁市、牡丹江市等。最后，同样也可以间接考查同一区域相邻城市间污染物综合影子价格的差异情况，如珠三角地区各城市间差异就相对较小，而京津冀地区主要城市则差异较大。

（三）雾霾区域协同治理的环境税方案分析

为更为具体地考查环境税如何在区域雾霾协同治理方面发挥作用，这里以长三角区域即区域 8 为例来讨论分析环境税制方案的优化改革。选择长三角区域的原因，一是该区域不仅是我国经济发展的排头兵，也是雾霾污染比较严重的区域，是当前社会各界关注的重点区域；二是该区域多年前已经开始了大气污染的联防联控，具备了雾霾协同治理的较好的基础，如 2014 年长三角区域建立了大气污染防治协作机制，研究制定了《长三角区域落实大气污染防治行动计划实施细则》等，这在很大程度上为长三角区域未来加强环境税方面的协同合作提供了制度基础。

按照表 7-2 中区域 8 的城市范围，分析对象即为长三角区域中的上海市、苏州市、南通市、无锡市、常州市、扬州市、南京市、嘉兴市、湖州市、杭州市、绍兴市、宁波市、台州市、温州市和合肥市共 15 个城市①。首先，整理得到 15 城市的大气污染物综合影子价格，见图 7-4。

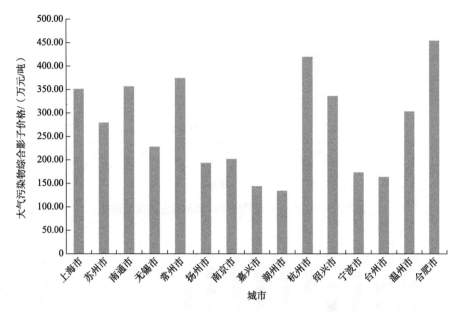

图 7-4　长三角区域相关城市大气污染物综合影子价格情况

由图 7-4 可以看出，各城市间三类大气污染物的综合影子价格具有明显的差异性，最高的合肥市是最低的湖州市的 3 倍多，说明不同城市间雾霾治理的边际成本具有较大差异。而结合图 7-5 当前长三角各城市环境税额标准执行的情况来看，雾霾治理边际成本与环境税额执行标准之间存在较大的不一致性。例如，各城市中，南京市环境税额标准最高，为每污染当量 8.4 元；上海市次之，平均为每污染当量 6.6 元；江苏省其他城市略低，为每污染当量 4.8 元；浙江省和安徽省城市最低，为每污染当量 1.2 元。但合肥市、杭州市等综合影子价格却相对最高，与它们执行最低的环境税额标准显著不符，从而，从雾霾治理边际成本的角度，合肥市、杭州市以及绍兴市、温州市等应制定相对省内其他城市更高的环境税额，从而更有利于雾霾污染的有效治理。

其次，整理得到 15 个城市的雾霾污染程度情况，见图 7-6。

根据图 7-6，总体来看，长三角区域大气污染程度普遍较高，大部分城市 PM$_{2.5}$ 浓度都超过了全国平均水平（65 微克/米^3），更远远超过世界卫生组织的建议值，

---

① 相关城市都位于上海、江苏、浙江和安徽省"三省一市"的长三角区域，但并不完全等同于 2016 年制订的《长江三角洲城市群发展规划》中的所有城市。

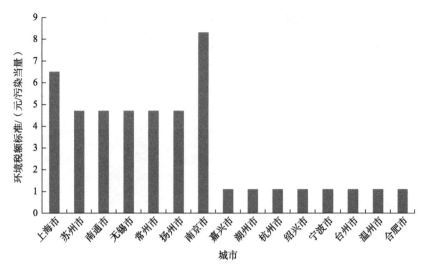

图 7-5　长三角区域相关城市环境税额标准执行情况

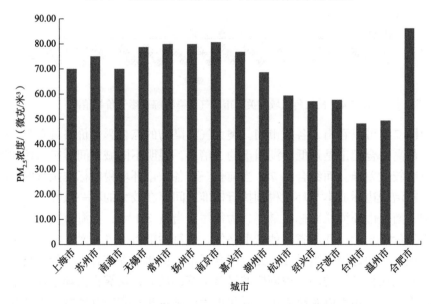

图 7-6　长三角区域相关城市的雾霾污染程度情况

从而整体上应制定相对较高的环境税额标准，以加强雾霾治理。另外，从各城市的污染程度来看，合肥市的大气污染程度同样是最高的，而江苏省内各城市确实比浙江省各城市的污染程度更高，尤其是南京市、扬州市、常州市和无锡市等，而浙江省的台州市和温州市大气污染程度相对最低。因此，从雾霾协同治理的角度看，长三角各城市环境税标准大致应做如下调整：①合肥市不仅应制定相对安徽省其他城市更高的环境税额标准，而且至少应该与江苏省的南京市基本相当；

②江苏省内除南京市的其他城市，即扬州市、苏州市、无锡市和常州市，也应该提高环境税额标准，因为无论是污染程度还是污染物影子价格都与南京市基本相当，甚至更高；③浙江省的嘉兴市、湖州市等大气污染程度也相对较高，考虑到雾霾污染的空间流动性，也应制定较高的环境税额以加强污染治理（皮建才和赵润之，2017）；④浙江省的台州市大气污染程度相对较低，且污染物影子价格也较低，从而短期内可以实施相对较低的环境税额标准，在加强污染治理的同时尽量降低对经济的影响；⑤相对而言，上海市制定的环境税额标准比较合理，与其大气污染程度和大气污染物综合影子价格相对一致。

因此，从雾霾治理的有效性、协同性和经济性的角度，长三角区域 15 个城市环境税制优化和税收转移具体建议方案为：①合肥市与江苏省内各城市都应制定与南京市基本相当的环保税额标准。而且，南京市、扬州市的污染物影子价格相对较低，与污染物影子价格较高的合肥市相比，实行同标准的环保税额可能短期内边际产出受到的影响更大。但南京市、扬州市等综合经济发展水平相对更高，因此可暂不考虑对它们的税收补偿。②浙江省的嘉兴市和湖州市污染物影子价格相对其相邻的上海市、苏州市、常州市和杭州市等有较大差距，如湖州市只有杭州市的 1/3，且经济发展水平相对周边城市并不高。因此，尽管按照污染协同治理的原则，应制定与周边城市相当的环保税额标准，但因边际产出受到更大的影响，从经济协调发展的角度，应从周边城市取得一定的经济补偿。③按照协同治理原则，浙江省的杭州市、绍兴市、宁波市和温州市应制定与江苏省各城市和上海市相当的环保税额标准；由于嘉兴市和湖州市污染严重需征较高的税额，但是影子价格并不高，应考虑通过环境税收转移对它们给予一定经济补偿。④上海市和台州市的相对环保税额标准可不用大幅调整。

最后，为便于总结分析，将长三角主要城市按照污染物综合影子价格和雾霾污染程度进行简单分类，一是按照影子价格，将影子价格较大的前七个城市，称为"相对高影子价格"城市，包括合肥市、杭州市、常州市、南通市、上海市、绍兴市和温州市；将影子价格较低的剩余八个城市，称为"相对低影子价格"城市。二是按照污染程度，以全国平均水平为标准，将超过该标准的前十个城市，称为"相对高污染程度"城市，包括合肥市、南京市、扬州市、常州市、无锡市、嘉兴市、苏州市、上海市、南通市和湖州市；将污染程度较低的剩余五个城市，称为"相对低污染程度"城市。从而，总结得到基于雾霾协同治理的长三角区域环境税制优化初步方案，见表 7-5。

表 7-5　基于雾霾协同治理的长三角区域环境税制优化初步方案

城市	相对高污染程度	相对低污染程度
相对高影子价格	城市：合肥市、常州市、上海市、南通市 方案：调高环境税额标准（可参照南京市标准）	城市：杭州市、绍兴市和温州市 方案：调高环境税额标准（参照相邻城市嘉兴市、湖州市的新标准）

城市	相对高污染程度	相对低污染程度
相对低影子价格	城市：南京市、扬州市、无锡市、嘉兴市、苏州市和湖州市 方案：调高环境税额标准（可参照南京市标准），但经济发展水平相对较低的嘉兴市、湖州市可考虑向相邻城市通过环境税收转移等形式要求一定经济补偿	城市：台州市、宁波市 方案：可保持相对较低的环境税额标准

根据表 7-5，在雾霾协同治理区域内，相对高影子价格的地区为保持和加强环境治理都应制定较高的环境税额标准，如合肥市、上海市等；而相对高污染程度的地区从生态公平的角度也应制定较高的环境税额标准，但如果污染物影子价格较低，且经济发展水平也相对较低，从区域经济协调发展角度，可要求通过环境税收转移等形式获得一定的经济补偿，如嘉兴市和湖州市等；而相对低污染程度、低影子价格的地区则可保持相对较低的环境税额标准，如台州市和宁波市等。环境税方案的优化不仅包括环境税额标准的调整，还应建立跨区域的雾霾协同治理行政机构，并具备一定的环境税收转移支付权力，能够在治理效果与经济评估等的基础上，对跨区域的环境税收补偿做出决策和执行落实，从而更好地激励雾霾区域协同治理和经济协调发展。如长三角区域已经建立的大气污染联防联控机制，以及 2018 年新设的长三角区域合作办公室，也为长三角区域环境税优化方案协调合作与实施提供了良好的基础。以上以长三角主要城市为例制定的环境税优化原则可类似拓展到其他雾霾协同治理区域。

当然，以上仅是从环境税额标准调整方面，考查了雾霾区域协同治理的初步优化方案，而具体的调整幅度、调整对象、协同治理范围等还需更细致地考查污染关联程度、污染数据监测、治理效果评估、经济产出影响等，这在各区域间均是不同的。同时，除环境税外，雾霾协同治理还包括环境规划协调、产业结构调整、能源结构调整、加强科技创新等多个方面，以及建立推广污染权排放交易等经济手段。因此，在协调多种雾霾治理手段的基础上，各地区环境税方案的进一步优化，将在我国大气污染防治的新阶段发挥重要作用。

第四节　我国 SO_2 排污权交易对大气污染防治与经济发展的影响

本节以二氧化硫排污权交易为例来讨论基于经济机制的另一大环境政策——排污权交易政策对我国大气污染防治和经济发展的影响。涂正革和谌仁俊（2015）

对此做了比较详细的研究，现在此做简要介绍。

2002 年我国开始推行"4 + 3 + 1"的 SO_2 排放权交易试点政策，在山东、山西、江苏、河南四省，上海、天津、柳州三市以及中国华能集团有限公司实行 SO_2 排放权交易政策。从 2013 年起，我国先后在深圳、上海、北京、广东、天津、湖北、重庆等试行二氧化碳排放权交易，于 2017 年开始推进全国统一交易市场的建立。渐进式的排污权交易机制，已逐渐成为我国应对大气污染防治的重要政策。正如中国经济，排污权交易机制要用好市场和政府这两只手，既要重视市场建设使其充分发挥排污权配置的决定性作用，也要更好发挥政府作用，执行合理而严格的制度，使其能够充分发挥其设计之初的应有作用。因此，评价排污权交易机制特别是 SO_2 排污权交易机制对我国环境保护和经济增长的促进作用就十分重要。相比刚起步的碳排放权交易政策，SO_2 排放权交易政策已经在我国试点十几年，能够为研究提供充足的历史数据。同时，工业生产所排放的 SO_2 作为中国 SO_2 排放最主要来源，2012 年来自工业生产所排放的 SO_2 占全国排放总量的 90.3%，本书可聚焦我国工业 SO_2 排放权交易市场。

合理而严格的环境规制可以促进环境保护和经济发展的双赢，学术界也称之为波特假说（陈诗一，2010b）。排污权交易机制就被认为是这样一种有效的规制。环境的自净能力有限，在环境规制条件下，环境资源是具有经济价值的可转移资产，在国家监督下实行环境容量交易，即排污权交易。Coase（1960）指出，通过市场来配置排污权是解决污染问题最有效率的机制。进一步地，Crocker（1966）和 Dales（1968）指出排污权交易机制是解决环境资源外部性的有效方案。Montgomery（1972）从理论上证明排污权交易机制能有效控制减排成本，明显优于传统的行政命令式规制。伴随着排污权交易机制的出现，其能否在实践中实现波特效应逐渐成为学术界关注的焦点。Stavins（1995）和 Montero（1998）最早提出了关于交易成本和排污交易许可证之间相互关系的理论框架，指出如果由于市场效率低下，排污权得不到有效配置，会导致排污权交易的实际收益低于其边际减排成本，排污权交易机制失败，进而无法实现波特效应。运筹学方法的发展为更深入研究排污权交易机制的波特效应提供了可能，比如前两章使用的 DEA 模型及其扩展，该类模型的核心思想是，在控制污染物排放总量的情况下，通过允许各生产者自由交易污染物排放权，有效配置排污权，从而实现潜在总产出最大化。不少研究利用 DEA 模型检验了排污权交易的环境红利和经济红利（Brännlund et al.，1998；Färe et al.，2013，2014）。

研究波特假说在中国是否成立的文献也有不少，大多数文献所得结论支持了波特假说，比如陈诗一（2010b）。始于 1998 年的中国酸雨控制区和 SO_2 污染控制区是我国的一项重要环境政策，Jefferson 等（2013）采用倍差法发现其引致了双赢发展，促进了污染密集型企业在利润、成本、就业等方面的表现。始于 1987

年的《大气污染防治法》是我国另一项重要的环境政策，先后在 1995 年进行第一次修正、2000 年进行第一次修订、2015 年进行第二次修订、2018 年进行第二次修正。李树和陈刚（2013）采用倍差法发现 2000 年《大气污染防治法》修订政策显著提高了空气污染密集型工业行业的全要素生产率，且其边际效应随着时间的推移呈递增趋势。然而，具体到研究中国排污权交易机制能否实现波特效应的文献还比较少，主要集中在探讨其减排效果与合理性，如李永友和沈坤荣（2008）的研究。

涂正革和谌仁俊（2015）首先采用倍差法来检验 SO_2 排污权交易机制的短期波特效应，接着采用引入排污权交易试点的扩展的 DEA 模型，考查 SO_2 排污权交易机制的长期波特效应，最后从市场（市场建设）和政府（环境规制）两个角度揭示 SO_2 排污权交易机制的现实挑战。倍差法是进行政策效果评估的常用方法。事实上，从 2002 年开始的工业 SO_2 排放权交易试点政策可以看作一个准自然实验，六个试点省市（即天津、山西、上海、江苏、山东和河南）是处理组，其他非试点省（区、市）是对照组，2002 年前是非试点期，2002 年后是试点期。该研究对 Färe 等（2013，2014）构建的 DEA 模型进行了合理扩展，放松了其对所有生产者参与排放权交易的严格假设，结合中国仅部分省（区、市）推行排放权交易的特殊情景，构建引入排污权交易试点的 DEA 模型。这里对排污权交易政策长期波特效应的定义与前面一致，都是相对于行政命令式规制而言，该研究样本数据为 1998~2012 年中国 30 个省（区、市）（未包括西藏、香港、澳门、台湾）规模以上工业企业数据，工业 SO_2 排放量为污染产出指标。环境规制强度变量借鉴 Levinson（1999）的方法来度量，其值越大代表环境规制强度越大，大于 1 说明环境规制强度大于全国平均水平，反之小于全国平均水平。

一、SO_2 排污权交易政策的短期波特效应

从采用固定效应的估计结果来看，SO_2 排污权交易试点政策影响系数绝对值很小，而且不显著，甚至对工业 SO_2 排放量的影响符号变为正。这说明，SO_2 排污权交易试点政策既没有显著提高工业总产值以创造经济红利，更没有降低工业 SO_2 排放量以达到减排效果，这与李永友和沈坤荣（2008）得到的排污权交易在经验上还没有显示出减排效果的结论一致。因此，从试点期整体检验结果看，对于目前的中国，相比于行政命令式规制，SO_2 排污权交易试点政策在短期没有实现波特效应。随机效应估计同样支持这一结论。

二、SO₂排污权交易政策的长期波特效应

SO₂排污权交易机制的波特效应在短期不存在，然而这一结果还不足以断定中国排污权交易机制相对行政命令式规制不具备优越性，根据国外的实践经验，环境政策的实践效果需要一定的时间才能显现。如果认为排污权交易机制在短期未实现波特效应，是因为其实施效果还远不及实施年份更久的行政命令式规制，那么当两种环境政策均充分发挥作用时，波特效应是否会实现？这实质便是对排污权交易机制波特效应的长期探讨。

涂正革和谌仁俊（2015）根据两种环境政策下的 DEA 模型估计结果得到 2002~2012 年 6 个试点省市 SO₂排污权交易试点政策的长期平均潜在经济红利和环境红利。在两种环境政策下，潜在工业总产值都存在不同程度的提高。其中，实行行政命令式规制，潜在工业总产值平均每年可以增加 26 811.2 亿元；实行排污权交易机制，潜在工业总产值平均每年可以增加 26 812.4 亿元。不难发现，相对于行政命令式规制，实行排污权交易机制增加的这部分经济红利对于整个时期来说可以忽略不计，因此，并不能大大提高潜在工业总产值。这样的结果表明，波特效应在长期也不存在。未来想要释放出经济红利，仅仅依靠达到国内现有最优的生产技术很难做到，而必须通过整体技术创新或引进国外先进技术以提高生产技术来实现。

情况大为不同的是，实行 SO₂排污权交易机制的长期潜在环境红利是巨大的。计算发现，潜在环境红利呈现出逐年上升的趋势，"十五"规划中后期平均是 187.2 万吨，"十一五"规划平均是 222.8 万吨，"十二五"规划前期平均是 266.7 万吨，2002~2012 年平均是 217.9 万吨，二氧化硫减排潜力达到 39.9%。这说明，各试点省市虽然很难借助 SO₂排污权交易试点政策获得经济红利，但可以借此通过调整能源结构、提高能源利用率以提升环境技术效率，从而在长期实现巨大的 SO₂减排量。综合前面长短期波特效应分析，不难发现，SO₂排污权交易试点政策无论短期还是长期几乎都不存在经济红利，但长期来看潜在环境红利巨大，可以大大缓解排污权配置无效率问题，减排效果明显。

第五节　执行市场机制环境政策，加强大气污染
有效治理

多年来，我国制定实施了一系列大气污染防治措施，包括基于市场机制的环

境税和排污权交易机制和一些行政命令式措施，雾霾治理取得了重要成果，但相对世界卫生组织对环境空气质量的指导水平，我国大气污染治理仍有很大差距。同时，随着能源结构与产业结构优化空间及企业技术提升潜力的逐渐减小，未来污染减排成本将越来越高，我国雾霾治理将进入新的攻坚阶段，探索和优化更为行之有效的环境政策是当前关注的重要问题。

我国从 2018 年起开始征收环境税，以替代以前的排污收费。理论上，有效的环境税额标准应不低于雾霾治理的边际成本，否则企业将选择继续生产而排放污染物，从而影响污染治理的效果。同时，由于雾霾污染具有显著的空间关联效应，有效的环境税方案还应推动区域间雾霾的协同治理，否则污染治理的效果也将大打折扣。然而，就目前公布的环境税制方案来看，近一半省（区、市）（如浙江、安徽、福建等）都执行了国家规定的最低标准，且大部分区域在环境税方案制订上也未能很好地体现协同治理理念。因此，环境税要真正成为我国治理雾霾的有效手段还需要进行一定的完善优化。基于所估算的大气污染影子价格并结合污染空间分布情况，本章讨论了我国当前环境税在大气污染防治方面的有效性问题，并进一步提出了环境税制优化方案。

首先，环境税额标准应适度提高，尤其是氮氧化物的环境税额标准。从不同省（区、市）和不同城市的估算看，三类大气污染物的影子价格总体都呈现显著的上升趋势，说明治理的边际成本越来越高。在此意义上，为更有效地倒逼与鼓励企业减少大气污染排放，我国环境税额标准应当随时间逐步提升。三类污染物的影子价格差异也较大，其中，氮氧化物的影子价格远高于二氧化硫和烟粉尘的影子价格，但按照目前各省（区、市）相关污染物的环境税额，氮氧化物的环境税额标准与二氧化硫相当，远低于烟粉尘环境税额标准，因此，氮氧化物的环境税额标准应大幅度提高，以应对近年来中国臭氧污染加剧的趋势。

其次，不同地区应执行差异化的环境税额，环境税额标准等级低于大气污染影子价格的省市应优先调整环境税方案。不同省和城市之间的影子价格差异巨大，因此，各省以及各省不同的城市必须与边际成本匹配执行差异化的环境税税率。进一步，通过比较各省环境税额标准和污染物综合影子价格的相对大小，发现海南、广西、湖南、江西、浙江、甘肃、安徽、云南和福建共九个省区环境税额标准等级低于综合影子价格等级，这些地区应作为全国环境税制改革优化的第一批试点，适度调高环境税额标准。

最后，执行环境税收转移政策，推进雾霾区域协同治理。雾霾污染具有显著的空间溢出效应，因此，各地区除关注自身环境税方案的有效性外，还需协同考虑相邻区域内的环境税的影响问题，并通过税收转移等形式对相对欠发达地区给予一定经济补偿。本章讨论了我国目前相对更需重点关注的雾霾协同治理区域，这些区域涵盖了新"大气十条"中新提及的汾渭平原。这些区域的环境税额标准，应打破省级行政边界，统一协调该区域的环境税额标准。需要指出的是，这里的重点区域是指雾霾污染差异度较大需要在执行环境税制时重点进行统一协调的区域，而不是单单指雾霾污染严重的区域。

本章还以长三角区域为例，给出了雾霾协同治理的环境税制优化方案。即相对高影子价格的地区都应制定较高的环境税额标准，如合肥市、上海市等。而相对高污染程度的地区也应制定较高的环境税额标准，但如果影子价格较低，且经济发展水平也相对较低，可要求通过环境税收转移等形式获得一定的经济补偿，如嘉兴市和湖州市等；而相对低污染程度、低影子价格的地区则可保持相对较低的环境税额标准，如台州市和宁波市等。当然，环境税方案的优化不仅包括环境税额标准的调整，还应注重跨区域环境税收转移支付方案的设计和落实。

环境税改革是一个系统工程，环境税开征还应该有与之对应的税制配套改革，与一定的税收减免或补贴措施同时进行，力图保持税收总量不变，即所谓税收中性原则。在进行了环境税改革的国家里，除了芬兰、瑞典和德国外，其他国家基本上都是按中性原则来进行环境税改革。可以说，环境税收入的再分配是达到环境税倍加红利的重要机制，对环境税收入的正确使用可以最大限度降低环境税征收可能对经济增长等带来的负面影响。如上所述，由于雾霾的区域间传输，可在同一雾霾协调治理区域执行环境税收转移政策，统一分配环境税收，把有限的资金更多地投给那些雾霾污染严重而又技术水平较低的地区能收获更好的减排效果。当然，还包括将环境税收入继续用于提高能源使用效率、开发和引进节能减排新技术、开发可再生资源等新能源等。比如第四章第五节所讨论的用于新能源发展的补贴，可以引导推动能源结构优化升级，最终助推大气污染防治与经济高质量发展。

大气污染防治与经济可持续发展是一个全方位的任务，环境税改革还应当与同属市场机制且控制排放总量很有效的排污权治理方案配套进行。比如我国正在执行的二氧化碳排放权交易政策，但我国碳排放交易定价机制尚未完全形成，最终成交价格与国际市场价格相去甚远，造成中国碳资产流失，显然，碳排放的交易价格必须要反映碳减排的成本，而二氧化碳影子价格恰恰可用来度量这种边际减排成本，可利用影子价格作为参考值来为碳排放在国际、地区间甚或行业间的交易定价，利用市场这个看不见的手达到对环境污染的等价评估（陈诗一，2010c）。涂正革（2010）以 SO_2 排放许可权交易市场构建为例也讨论了这种企业间的交易，在总量控制的前提下，允许生产效率高的企业向排污量大、生产效率低的企业购买 SO_2 排放许可权指标，可以将环保变成企业经营决策的一部分。

涂正革和谌仁俊（2015）分析表明，我国 SO_2 排污权交易试点制度在短期和长期均未能实现波特效应。究其原因，我国排污权交易机制面临着诸多现实挑战，一方面，当前排放权分配方法不健全、交易规则效率低下、监测能力与制度不足，过大的交易成本使企业缺乏减排的内在动力，低效运转的市场不足以支撑排污权交易机制的顺畅运行；另一方面，缺乏严厉的环境法规威慑，企业缺失减排的外在压力，导致较弱的环境规制不能与排污权交易机制的顺畅运行相匹配。排污权交易机制虽然能在一定程度上缓解我国现阶段严重的排污权配置低效问题，但是，要想使排污权交易机制实现波特效应，就必须开启与之配套的市场和政府内外"双引擎"，既要促进市场建设以控制交易成本，也要加强环境规制，营造环境保护氛围，给企业传递绿色发展的清晰信息。

第八章 行政命令式环境规制与大气污染防治和经济发展

第一节 我国行政命令式环境政策演化历程

由于环境的非竞争性和非排他性，市场在环境保护问题上会出现失灵。因此，由政府来提供优质环境这一公共产品成为一个普遍的选择。传统上，我国也往往采取行政命令式的环境政策。比如，排污收费一直是我国环境保护通常采取的政策措施，我国于 1982 年开始向企业征收排污费，2011 年全国每年征收额近 200 亿元，但这一排污费仅是污染处理的实际成本，并没有计入外部环境成本，因此环境保护效果有限，已经被新开征的环境税所代替。行政命令式的环境政策较少考虑污染部门的情况差异，因而会施加一刀切的减排义务，因此在经济上往往无效，它实际上增加了政策执行成本甚至造成对环境政策的抵制。污染行业缺乏在规定的减排标准之外进一步减排的激励，因而它在环境上通常也是无效率的（Bailey，2002）。

我们总结了新中国成立后能源环境政策的演化历程。新中国成立后，我国效仿苏联推行经济赶超战略，有力推动了重工业的跨越式发展，但是也形成了二元经济结构，导致经济发展严重失衡，造成包括能源在内的各种商品极度短缺。为了解决这一问题，1978 年改革开放后国家实行了鼓励能源发展的政策，包括小煤矿、小水泥、小石化、小化肥、小钢铁在内的"五小"企业蓬勃发展，彻底解决了能源供给短缺问题，但是随之也带来了能源资源特别是煤炭的无序开发和大量浪费以及环境的严重破坏。因此，政府从 20 世纪 90 年代开始转而限制能源发展和提倡环境保护。特别从 90 年代中后期开始，在国企"抓大放小"改革背景下，政府对上述能源密集型和污染密集型中小企业实行关停转并。从 1996 年到 2002 年左右，政府共计关停了 11 万个左右能源和污染密集型的中小企业，很多都是

80 年代大量发展起来的"五小"企业。客观上说，这段时期的行政命令式环境政策确实遏制了能源无序生产和环境污染排放。该期间中国主要能源消费在长期增长后，首次达到了稳定状态，甚至略微下降。这种下降带来的直接表现便是中国的单位 GDP 能耗从 1980 年的 0.0026 吨标准油/2000 美元下降到 2002 年的 0.0008 吨标准油/2000 美元。从国际范围来看，这种变化更加明显。在 70 年代经济改革伊始，中国的能源强度是美国的六倍以上，但是到了 2002 年，这一指标已经下降为美国的三倍。这是中国改革开放以来唯一一段能源消费没有增长的时期，也是二氧化碳排放、环境污染排放相对平缓的时期。

　　但是，行政命令式的环境政策终究抵不住 GDP 为纲的粗放式经济增长冲动。2002 年以后伴随着重工业化回潮和土地城镇化发展，能源消耗和环境污染出现了前所未有的飙升现象。中国于 2007 年和 2010 年分别超过美国成为全球二氧化碳排放和能源消耗第一大国。基于此，国家"十一五"规划首次提出了两个约束性节能减排指标，即能源强度降低 20%左右、二氧化硫和化学需氧量排放总量减少 10%。"十二五"规划确定实施总量控制的污染物在二氧化硫和化学需氧量之外又增加了氮氧化物和氨氮，提出了排放总量减少 8%至 10%的约束性目标。尽管这些体现政府职责的约束性指标对于推动我国能源消耗和污染排放增速减缓发挥了重要作用，但由于我国每年能耗和排放总量巨大，节能减排政策效果并不明显，我国的资源环境承载能力已达极限。特别是我国大气污染浓度越来越高，2013 年雾霾在全国大面积爆发，"十面霾伏"波及全国大多数省及城市，局部地区 $PM_{2.5}$ 浓度甚至一度突破 1000 微克/米^3 的生态极限，严重影响了人民健康和国家形象。为此，2013 年国务院颁发了《大气污染防治行动计划》。"十三五"规划也针对大气污染提出了专门性的约束性指标，包括城市空气质量优良天数超过 80%、$PM_{2.5}$未达标城市浓度下降 18%、二氧化硫和氮氧化物排放总量减少 15%等。

　　环境污染问题不仅是一个环境和经济的问题，还是一个行政管理体制的问题，特别是在中国目前的政治经济体制下，地方政府处于中央政府与企业和居民之间，扮演着中间人的角色，中央政府制定的环境保护政策以及环保资金的使用主要由地方政府来具体执行。然而，虽然中央政府强调环境保护是地方政府的职责，但加强环境保护工作并不一定符合地方政府和官员的利益。特别是在长期唯 GDP 指挥棒和通过经济政绩来选拔地方官员的背景下，有些地方政府和官员有可能和当地企业进行合谋，牺牲环境保护以促进当地的经济增长（聂辉华和李金波，2007；龙硕和胡军，2014；Wu et al.，2013；郭峰和石庆玲，2017）。在属地化的环境管理体制下，要治理严峻的环境污染问题，必须敦促地方政府和官员提高对环保工作的重视程度，为此环境保护绩效成为地方官员选拔奖惩的重要依据。事实上，在"十一五"规划之前，环境目标并没有进入地方政府官员考核指标，地方政府的考核主要以经济目标为主，地方政府缺乏进行环境保护的动力。2006 年出台的

"十一五"规划明确提出了 SO_2 和化学需氧量两项主要污染物排放减少10%的约束性指标。2007 年国务院发布《主要污染物总量减排考核办法》(国发〔2007〕36 号),该办法明确了各省、自治区、直辖市"十一五"规划期间主要污染物总量减排完成情况的考核方式和内容,明确提出实行问责制和"一票否决"制,环境保护表现正式进入地方政府官员考核指标体系。现在节能减排在地方官员的考核体系中地位越来越高,空气质量已经可以影响到官员的晋升了(Zheng et al., 2013)。Liang 和 Langbein(2015)研究发现,如果环境绩效考核目标明确、责任到位,且民众可见度高,污染治理效果就会很好,如大气污染;如果可见度低,即使纳入环境保护考核,污染治理效果也不会很好,如水污染;未纳入环境保护考核的污染指标,更是有可能完全不被重视。黎文靖和郑曼妮(2016)基于中国地级市空气质量指数和地级市层面统计数据,研究发现空气质量影响到了官员的晋升概率,当空气治理压力大时,迫于环境保护压力,各地会减少固定资产投资,增加环境污染治理投资。

除了把环境绩效纳入考核指标,为了制衡和监督地方政府,中央政府进一步加大了环境保护执法力度,加强了环境保护法规建设和环保管理体制改革进程。比如,2014 年 5 月环境保护部印发了《环境保护部约谈暂行办法》,即建立了环保部的"约谈"制度,这是环保部门约见未履行环保职责或履行职责不到位的地方政府及其相关部门有关负责人,依法进行告诫谈话、指出相关问题、提出整改要求并督促整改到位的一种行政措施。2015 年新修订的《环境保护法》开始施行,第二次修订后的《大气污染防治法》也于 2016 年开始施行。2016 年 9 月,中共中央办公厅、国务院办公厅印发《关于省以下环保机构监测监察执法垂直管理制度改革试点工作的指导意见》,对省以下环保机构部分职责实行垂直管理,开始打破环境保护"属地化管理"的体制。

第七章分析了基于经济机制的环境税和排污权交易机制的污染防治效应和经济影响,那么,上述这些行政命令式的环境政策或制度到底环境保护效果如何,又对经济有着怎样的影响,成为人们极为关注的问题,本章接下来从几个方面来尝试进行分析。

第二节　环保约谈的大气污染防治效果分析

一、环境污染与环保约谈

本节主要分析环保约谈这种行政性举措对大气污染防治的效果。环保部于2014

年建立了环保约谈制度，这是环保部门在环保领域积极尝试的一种创新性的环境监管方式。在环保部推出中央版的约谈制度之前，部分省级和县市级政府已经对此进行了一些探索（王利，2014）。环保部的约谈制度规定当"没有落实国家环保法规或没有完成环保任务"等11种情形出现时，环保部门应该进行约谈①。并且，根据《环境保护部约谈暂行办法》，与之前地方环保部门的约谈制度和其他领域的约谈制度不同，中央环保部门约谈的主要对象是地方政府主要负责人（胡明，2015）。

对环保部行政约谈的环境治理效果的评估，有助于理解我们正在进行的环境管理体制改革工作。虽然从环保法规和污染治理目标制定而言，中央政府拥有很高的权威，但实际上中国的环保工作长期以来是属地化管理的，各级环保部门主要对本级党政领导负责，导致上级环保工作的目标和政策，都必须依赖于下级政府，进而可能会被曲解和漠视（Lo，2015；练宏，2016）。虽然"十三五"规划提出要"实行省以下环保机构监测监察执法垂直管理制度"，而且对省以下环保机构部分职责施行垂直管理制度改革试点，但是对于综合性环保工作，无论是最新修订的环保法规，还是"十三五"规划，都提出要"切实落实地方政府环境责任"，这可能是因为环保工作需要各部门配合，很难与地方政府承担的其他任务分隔开。在这种情况下，"十三五"规划提出要"开展环保督察巡视"，这是对目前环境管理体制基本格局未能改变情况下，对环境污染属地化治理的一种"矫正"。而中央（上级）环保部门直接约谈地方（下级）党政领导，也是这种"督察巡视"方法的重要体现。因此，评估环保约谈政策实施对大气污染治理的效果，对改革完善中国环境管理体制，积累环保督察巡视经验，具有重要的现实意义。目前，虽然有一些文献总结了环保约谈的实践，但一般是从法规完善或个案总结等角度进行论述，对环保约谈的污染治理效果尚缺乏严格的实证分析（王利，2014；葛察忠等，2015）。

二、断点回归设计和约谈城市数据

一个城市被约谈，往往是因为环境治理方面存在某些问题，因此评估环保约谈制度的效果，就不能不注意方法的选择，主要是对内生性问题的处理，因此一

---

① 具体为：（1）未落实国家环保法律、法规、政策、标准、规划，或未完成环保目标任务，行政区内发生或可能发生严重生态和环境问题的；（2）区域或流域环境质量明显恶化，或存在严重环境污染隐患，威胁公众健康、生态环境安全或引起环境纠纷、群众反复集体上访的；（3）行政区内存在公众反映强烈、影响社会稳定或屡查屡犯、严重环境违法行为长期未纠正的；（4）未完成或难以完成污染物总量减排、大气、水、土壤污染防治和危险废物管理等目标任务的；（5）触犯生态保护红线，对生物多样性造成严重威胁和破坏的；（6）行政区内建设项目环境违法问题突出的；（7）行政区内干预、伪造监测数据问题突出的；（8）行政区内影响环境独立执法问题突出的；（9）行政区内发生或可能继续发生重特大突发环境事件，或者落实重特大突发环境事件相关处置整改要求不到位的；（10）核与辐射安全监管有关事项需要约谈的；（11）其他需要环境保护部进行约谈的。

般的最小二乘回归可能存在自选择和反向因果偏误。断点回归（regression discontinuity，RD）可以有效处理此类情形当中的内生性问题，本节使用断点回归的方法来评估约谈的大气污染治理效应。

（一）计量方程

断点回归常用来评估政策，也见之于对大气污染政策的评估。例如，以时间为断点，考查在某事件发生之前和之后的空气质量是否发生突变（Davis，2008；Viard and Fu，2015）。在对约谈政策评估中，如果观察到空气质量在环保部约谈政策发生之前与之后的突变，而其他影响空气质量的因素在此前后则是连续变化的，那么我们就有理由相信空气质量的这种突变是由约谈导致的，即约谈有空气污染治理效应。计量方程设定如下：

$$\text{AQI}_{cd} = \beta_0 + \beta_1 \text{YUETAN}_{cd} + \beta_2 f(x) + \beta_3 \text{YUETAN}_{cd} f(x) + \lambda X_{cd} + \delta_c + \mu_d + \varepsilon_{cd}$$

（8-1）

其中，c 表示城市；d 表示日期；AQI_{cd} 表示城市 c 在日期 d 的空气质量指数；YUETAN_{cd} 表示代表环保部约谈的虚拟变量，c 城市在约谈日期 d 之后为 1，之前为 0；x 表示执行变量，用来表示距离环保部约谈当天的天数，约谈当天为 0，约谈之后大于 0，约谈之前小于 0；$f(x)$ 是以 x 为自变量的多项式函数；X_{cd} 表示一组天气控制变量，主要包括最高气温（TEMP_H）、最低气温（TEMP_L）、是否有雨（RAIN）、是否有雪（SNOW）和风力大小（WIND）等几个变量，用来控制天气因素变化对空气质量的影响；δ_c 表示 c 城市的地区固定效应；μ_d 表示时间固定效应，本节分别控制了年份、月份、星期（包括一年中第几个星期，以及一星期中第几天）、法定节假日等，用来控制季节性因素以及人们工作时间安排对空气质量的影响；ε_{cd} 表示随机扰动项。在式（8-1）中，本书主要关心的系数是 β_1，其捕获了环保部约谈发生之前与之后空气质量的差异。

（二）样本数据

本节采用的空气质量数据主要有两类，约谈城市的空气质量指数来自环境保护部官方网站上公布的日度空气质量指数，时间跨度为 2014 年 1 月 1 日至 2016 年 6 月 30 日。此外，本节还采用了一个非官方网站提供的单项污染物浓度的日均值数据[1]。根据从环保部官网、中国环境报以及搜索引擎的检索，本书共整理了 27 个被约谈城市的名录，如表 8-1 所示[2]。衡阳市和六盘水市缺少相应的雾霾数

---

[1]　"中国空气质量在线监测分析平台"，网址：http://www.AQIstudy.cn/historydata/.

[2]　除这些城市外，北京城市排水集团有限责任公司，以及内蒙古锡林郭勒草原、河南小秦岭、宁夏贺兰山、山东长岛、广东丹霞山等几个自然保护区也曾被环保部约谈过，但因为缺少合适的匹配数据，因而没有纳入相关分析。

据,因此实证分析中共使用了 25 个城市的样本,其中 14 个城市因为空气污染原因被约谈(约谈原因中提到空气污染相关说法即视为因为空气污染原因被约谈),其他 11 个城市则不是因为空气污染原因被约谈,在本节这 11 个城市主要用于对比分析。气象数据来自"2345 天气王"网站提供的城市历史天气数据[①],而法定假日及调休日(HOLIDAY)则根据国务院办公厅每年发布的节假日安排通知整理得到。

表 8-1　约谈城市一览表

约谈城市	约谈时间	是否因空气污染	约谈城市	约谈时间	是否因空气污染
衡阳市	2014-09-15	否	资阳市	2015-06-01	否
六盘水市	2014-10-13	是	马鞍山市	2015-06-18	否
安阳市	2014-11-04	是	郑州市	2015-07-28	是
沈阳市	2014-12-30	否	南阳市	2015-08-23	是
哈尔滨市	2014-12-30	是	百色市	2015-08-28	是
昆明市	2014-12-30	否	张掖市	2015-09-29	否
长春市	2015-02-03	否	海西自治州	2015-11-03	否
沧州市	2015-02-08	是	德州市	2015-12-10	是
临沂市	2015-02-25	否	长治市	2016-04-28	是
承德市	2015-02-26	是	安庆市	2016-04-28	是
驻马店市	2015-03-25	否	济宁市	2016-04-28	是
保定市	2015-04-02	否	商丘市	2016-04-28	是
吕梁市	2015-05-12	是	咸阳市	2016-04-28	是
无锡市	2015-05-16	否			

表 8-2 是样本主要变量的描述性统计。可以看出,AQI 均值约为 104,并且空气质量在不同城市、不同时间之间存在巨大差异。

表 8-2　主要变量统计描述

变量	样本量	均值	标准差	最小值	最大值
AQI	18 788	104.084	58.893	13.000	500.000
$PM_{2.5}$	14 056	72.190	57.166	0.000	1 078.000
PM_{10}	14 056	123.298	79.704	0.000	912.400
SO_2	14 056	40.725	36.774	2.400	334.900
NO_2	14 056	43.353	19.926	0.000	177.500
CO	14 056	1.367	0.849	0.000	17.890

---

① "2345 天气王",网址:http://tianqi.2345.com/.

续表

变量	样本量	均值	标准差	最小值	最大值
O₃	14 056	103.310	54.019	5.000	457.000
TEMP_H	18 987	18.409	11.139	−21.000	40.000
TEMP_L	18 987	8.061	11.291	−33.000	29.000
RAIN	18 987	0.262	0.440	0.000	1.000
SNOW	18 987	0.030	0.170	0.000	1.000
WIND	18 987	1.312	0.577	0.000	4.000
HOLIDAY	18 987	0.081	0.273	0.000	1.000

三、环保约谈的雾霾治理效果讨论

（一）基准回归结果

首先进行一些基准性的回归，对于时间窗口，我们选择各城市被约谈日期前后30天。对于执行变量，本节分别控制线性趋势，以及二次、三次项趋势，以求得到更稳健的结果。回归中包含了地区固定效应和时间固定效应，回归结果见表8-3。表8-3中列（1）~列（3）为常时间趋势，即不包含约谈政策变量与多项式的交互项，而表8-3列（4）~列（6）则将这一交互项包含在内，即考虑约谈政策前后的时间趋势是可以改变的。回归结果显示，无论是常时间趋势还是变时间趋势，环保部约谈对空气质量指数都有负面影响（即对空气质量有正面影响），但显著性不是很理想，只在个别情形下较为显著。这说明在有效控制了处理组和对照组的匹配问题后，从全体约谈城市角度平均而言，环保部约谈的治霾效果并不明显。

表8-3　全样本回归结果

变量	（1）AQI	（2）AQI	（3）AQI	（4）AQI	（5）AQI	（6）AQI
	常时间趋势			变时间趋势		
YUETAN	−2.627 （6.248）	−2.558 （6.232）	−12.844* （7.435）	−2.641 （6.214）	−17.338** （8.266）	−16.487 （11.805）
TEMP_H	2.490*** （0.497）	2.494*** （0.497）	2.519*** （0.493）	2.489*** （0.498）	2.475*** （0.498）	2.469*** （0.497）
TEMP_L	1.802*** （0.651）	1.800*** （0.651）	1.791*** （0.646）	1.803*** （0.651）	1.798*** （0.647）	1.763*** （0.646）
RAIN	2.056 （2.967）	2.017 （2.976）	2.211 （2.957）	2.061 （2.975）	2.174 （2.968）	2.403 （3.006）
SNOW	−17.803** （7.463）	−17.802** （7.461）	−17.201** （7.442）	−17.803** （7.466）	−17.263** （7.438）	−17.133** （7.460）

续表

变量	（1）	（2）	（3）	（4）	（5）	（6）
	AQI	AQI	AQI	AQI	AQI	AQI
	常时间趋势			变时间趋势		
WIND	−9.435***	−9.423***	−9.861***	−9.436***	−9.785***	−9.824***
	（2.915）	（2.912）	（2.967）	（2.912）	（2.954）	（2.988）
时间趋势	一次项	二次项	三次项	一次项	二次项	三次项
样本量	1491	1491	1491	1491	1491	1491
拟合优度	0.528	0.528	0.530	0.528	0.531	0.531

注：括号内数值为回归系数的异方差稳健标准误；回归中同时包含了地区固定效应和年、月、周、假日等时间固定效应

*表示 $p < 0.1$，**表示 $p < 0.05$，***表示 $p < 0.01$

（二）不同约谈原因的对照

根据上文表 8-1 的总结，不同城市被约谈的原因并不一样，基于我们的研究目的，我们将城市被约谈的原因划分为因空气污染原因被约谈和非因空气污染原因被约谈两组。表 8-4 将这两组城市分别纳入回归中，表 8-4 列（1）~列（3）为因空气污染原因被约谈城市的回归结果，从中我们可以看出，三个结果均显著为负，特别是二次项和三次项，数值差异也不大，这说明对于因空气污染原因被约谈的城市，环保部约谈起到了治理空气污染的效果。而作为对照的表 8-4 列（4）~列（6）回归结果显示，如果不是因为空气污染原因被约谈，则没有明显的治霾效应。这说明地方政府对环保部约谈的应对是"约谈什么就治理什么"：因为空气污染原因被约谈，就治理空气污染；不是因为空气污染原因被约谈，就不治理空气污染。这与现有文献的结论也是非常一致的，比如 Liang 和 Langbein（2015）的研究就发现对于考核明确的污染，其治理效果好，而对于考核不明确的污染，其治理效果就较差。

表 8-4　因空气污染被约谈和非因空气污染被约谈的两组回归

变量	（1）	（2）	（3）	（4）	（5）	（6）
	AQI	AQI	AQI	AQI	AQI	AQI
	因空气污染被约谈			非因空气污染被约谈		
YUETAN	−15.905*	−48.337***	−41.188**	7.225	8.118	13.669
	（9.579）	（13.823）	（17.599）	（7.625）	（10.866）	（14.168）
时间趋势	一次项	二次项	三次项	一次项	二次项	三次项
样本量	839	839	839	652	652	652
拟合优度	0.579	0.587	0.588	0.564	0.565	0.567

注：括号内数值为回归系数的异方差稳健标准误；回归中同时包含了天气变量及其他固定效应

*表示 $p < 0.1$，**表示 $p < 0.05$，***表示 $p < 0.01$

　　根据上文所述，在环保工作属地化管理的体制下，环保工作由地方政府负责，然而加强环保工作又不一定符合地方政府的利益，特别是在环境保护可能有损当地经济增长的情况下。因此，在较长的时间窗口内，经济增长会受到更多重视，而在某些特殊时期的短时间窗口内，环境治理工作会被更加关注。环保部的约谈就创造了这种时机，据新闻报道，在约谈会议上，地方主要官员全都是"痛下决心"地要加大环境治理力度，甚至会采取运动式的治理。例如，陕西省咸阳市2016年4月28日被环保部约谈后，第二天就开展了大气污染集中整治工作，一大批违法企业被处罚。其他城市也有类似的行动，这说明环保部约谈至少在短期内还是会有效果的，特别是对空气污染这种靠运动式治理在短期内就可以实现快速改善的环保领域。

　　在进行回归估计的同时，也可以根据断点附近的散点图进行简单的绘图。如图8-1和图8-2的非参拟合图显示，二项式函数对断点前后的AQI的拟合较好。从两张图可以看出，对于因空气污染原因被约谈的城市，在约谈前后AQI的走势出现了明显的断点；而对非因空气污染原因被约谈的城市，在约谈前后AQI并没有明显的断点。这说明本节使用断点回归估计约谈对空气污染治理的局部处理效应是适宜的。

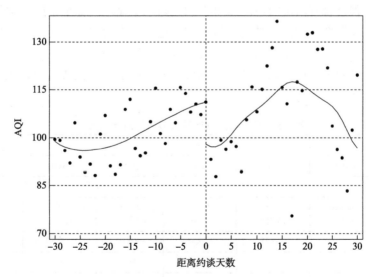

图8-1　因空气污染被约谈城市AQI拟合曲线

（三）稳健性分析

　　（1）对照组分析。在上文回归分析的基础上，其实还可以通过对更多的"对照组"的分析来对本节的实证结果进行稳健性分析。具体而言，我们以被约谈城市地理距离最近的一个城市作为该城市的对照组，考查约谈对对照组城市的影响。

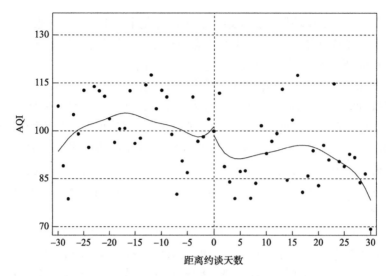

图 8-2　非因空气污染被约谈城市 AQI 拟合曲线

选择距离最近的城市，是因为距离相近的城市，在约谈之前，空气质量具有更好的一致性。而且，将距离最近的城市作为对照组，还可以考查一下被约谈城市空气质量的改善是否有溢出效应。表 8-5 的回归结果显示，如果是因为空气污染原因被约谈，环保部的约谈对被约谈城市的周边城市有微弱的空气污染治理效应，但显著性较差。如果不是因为空气污染原因被约谈，则对周边城市的空气污染也没有影响。对照组的这一回归结果，也反过来证明了我们上文对约谈城市的实证结果的可靠性。

表 8-5　距离约谈城市最近城市的对照组分析

变量	（1）	（2）	（3）	（4）	（5）	（6）
	AQI	AQI	AQI	AQI	AQI	AQI
	因空气污染被约谈			非因空气污染被约谈		
YUETAN	−2.400 （8.759）	−29.053** （13.758）	−16.847 （17.607）	5.241 （9.327）	−1.874 （12.803）	−2.363 （17.024）
时间趋势	一次项	二次项	三次项	一次项	二次项	三次项
样本量	749	749	749	566	566	566
拟合优度	0.558	0.564	0.565	0.493	0.496	0.497

注：因数据缺失的原因，本表回归数据少于表 8-4；括号内数值为回归系数的异方差稳健标准误
** 表示 $p < 0.05$

（2）带宽敏感性。带宽（Bandwidth）也可能会影响到断点回归估计结果的稳健性（Lee and Lemieux，2010），因此我们以约谈前后 20 天、40 天以及 60 天等作为稳健性分析的带宽。估计结果见表 8-6，其中列（1）~列（3）是因空气污

染原因被约谈的城市, 列 (4) ~列 (6) 为非因空气污染原因被约谈的城市。结果显示, 对于不同的带宽, 因为空气污染原因被约谈的城市, 空气质量均显著改善, 而非因空气污染原因被约谈的城市, 空气质量则没有明显改善, 与上文的结论一致, 这说明本节的结论对不同带宽都是非常稳健的。

表 8-6 带宽敏感性分析

变量	(1)	(2)	(3)	(4)	(5)	(6)
	AQI	AQI	AQI	AQI	AQI	AQI
	因空气污染被约谈			非因空气污染被约谈		
	±20 天	±40 天	±60 天	±20 天	±40 天	±60 天
YUETAN	−37.249** (18.130)	−35.833*** (11.634)	−15.388* (8.758)	10.110 (14.330)	9.285 (9.050)	7.230 (6.960)
时间趋势	二次项	二次项	二次项	二次项	二次项	二次项
样本量	567	1116	1589	443	865	1298
拟合优度	0.649	0.551	0.482	0.589	0.529	0.509

注: 括号内数值为回归系数的异方差稳健标准误

*表示 $p < 0.1$, **表示 $p < 0.05$, ***表示 $p < 0.01$

(3) 城市时间趋势。上文的回归中, 对于不同的城市, 控制了相同的时间趋势作为执行变量。然而空气质量有明显的季节性特征, 如果不同城市, 被约谈的季节不同, 则约谈前后就会遵循不同的时间趋势。为了控制这一效应对结果的影响, 检验上文实证分析的可靠性, 本部分允许不同城市有自己不同的时间趋势, 此时的回归结果见表 8-7。回归结果显示, 即便是在不同城市层面控制不同的时间趋势, 本部分对环保部约谈的效果仍然是显著的。实际上, 进一步细化控制不同城市时间趋势后, 对环保部约谈效果的估计系数与上文相差也不大, 因此这也从侧面证实了本部分包含了一系列季节、假日虚拟变量后, 已经较好地控制了空气质量的季节性变动。

表 8-7 城市个体时间趋势稳健性分析

变量	(1)	(2)	(3)	(4)	(5)	(6)
	AQI	AQI	AQI	AQI	AQI	AQI
	全样本		因空气污染被约谈		非因空气污染被约谈	
YUETAN	−18.290** (8.962)	−19.551 (12.101)	−41.933** (17.439)	−43.819** (21.224)	14.982 (10.939)	8.004 (13.674)
时间趋势	二次项	三次项	二次项	三次项	二次项	三次项
样本量	1491	1491	839	839	652	652
拟合优度	0.610	0.646	0.642	0.684	0.617	0.631

注: 括号内数值为回归系数的异方差稳健标准误

**表示 $p < 0.05$

（4）减排治霾还是数据治霾。有些学者对中国公布的空气质量数据的真实性存疑（Andrews，2008；Ghanem and Zhang，2014），他们发现在官方定义"蓝天"临界值（即 API 或 AQI 在 100 以下为蓝天，100 以上为非蓝天）的附近，空气质量有很明显的异常分布。虽然有文献发现 2013 年以后中国的空气污染数据的质量已经大幅改善（Stoerk，2016），但这里仍然就此进行一些稳健性的讨论。具体而言，我们分别删除 AQI 位于 95~105、90~110、80~120 这三个区间的数据，估计结果见表 8-8。其中列（1）~列（3）为因空气污染原因被约谈的城市，列（4）~列（6）为非因空气污染原因被约谈的城市。回归结果显示，剔除 AQI 易造假区间后，因空气污染原因被约谈城市的回归结果仍然是显著的，而非因空气污染原因被约谈城市的回归结果仍不显著。因此，被环保部约谈之后，地方政府的确通过运动式节能减排实现了雾霾水平的下降。

表 8-8　去掉数据易造假的 AQI 区间后的回归结果

变量	（1）	（2）	（3）	（4）	（5）	（6）
	AQI	AQI	AQI	AQI	AQI	AQI
	因空气污染被约谈			非因空气污染被约谈		
	去[95,105]	去[90,110]	去[80,120]	去[95,105]	去[90,110]	去[80,120]
YUETAN	−52.677*** （14.693）	−53.976*** （15.368）	−61.516*** （19.302）	11.310 （11.961）	10.416 （13.654）	14.534 （18.081）
样本量	756	671	518	601	545	460
拟合优度	0.601	0.632	0.697	0.586	0.607	0.645

注：括号内数值为回归系数的异方差稳健标准误；

***表示 $p < 0.01$

四、环保约谈雾霾治理效果的进一步讨论

（一）单项污染物的进一步分析

AQI 数值是由多种单项污染物的浓度分别进行指数化并对这些分指数进行一定的计算而得来的，因此为进一步讨论环保部约谈对合成 AQI 的单项污染物的影响，本小节以来自"中国空气质量在线监测分析平台"的六项单项污染物浓度日均值为被解释变量进行回归。这里我们只分析因空气污染原因被约谈城市的结果，回归结果见表 8-9，从中可以看出，约谈对 $PM_{2.5}$、PM_{10} 有显著的治理效果，对 NO_2 和 CO 有微弱的治理效果，对其他单项污染物则没有显著影响。由于颗粒物在当前空气污染中的地位以及民众对其较为敏感，中央将 $PM_{2.5}$、PM_{10} 作为空气

污染治理的主要考核依据[①]。因此，我们这里的回归表明越是纳入考核指标的污染物，地方政府越有激励对其加大治理力度。这一点既和现有文献的结论相一致（Liang and Langbein，2015；石庆玲等，2016），也和本节之前关于空气污染原因的对比分析的逻辑相一致：考核（约谈）什么就治理什么，不考核（约谈）就不治理。

表 8-9　单项污染物对比分析

变量	（1）PM$_{2.5}$	（2）PM$_{10}$	（3）SO$_2$	（4）NO$_2$	（5）CO	（6）O$_3$
YUETAN	-74.117^{***}（26.449）	-75.841^{**}（34.422）	-9.630（8.909）	-15.209^{**}（6.492）	-0.642^{*}（0.378）	-4.544（7.471）
时间趋势	二次项	二次项	二次项	二次项	二次项	二次项
样本量	537	537	537	537	537	537
拟合优度	0.581	0.469	0.833	0.654	0.564	0.822

注：括号内数值为回归系数的异方差稳健标准误

*表示 $p < 0.1$，**表示 $p < 0.05$，***表示 $p < 0.01$

（二）对约谈治霾可持续性的分析

根据上文断点回归的结果，可以发现因空气污染原因被约谈的城市，环保部约谈有一定的空气治理效应。断点回归估计的是一种局部处理效应，主要看断点前后较短时间窗口内空气质量的变化。然而，这种约谈创造的蓝天是否有可持续性呢？为此，进一步在方程中增加了若干个约谈后不同时间段的虚拟变量。具体而言，本节分别以 5 天、10 天和 20 天为一个单位，设置约谈后 1 至 5 天（1 至 10 天、1 至 20 天）、约谈后 6 至 10 天（11 至 20 天，21 至 40 天）、约谈后 11 至 15 天（21 至 30 天，41 至 60 天）、约谈后 16 至 20 天（31 至 40 天，61 至 80 天）、约谈后 21 至 25 天（41 至 50 天，81 至 100 天）、约谈后 26 至 30 天（51 至 60 天，101 至 120 天）等哑变量，并将这些哑变量同时放入回归方程。此时的回归结果见表 8-10，其中我们将约谈前 30 天作为比较的基准，即考查约谈后的不同时间段相对于约谈前的空气质量变化趋势。为节省空间，每一单位时间段分别用after1、after2 等来表示。

[①] 例如，根据 2014 年 4 月下发的《国务院办公厅关于印发大气污染防治行动计划实施情况考核办法（试行）的通知》，京津冀及周边地区、长三角区域、珠三角区域、重庆市以 PM$_{2.5}$ 年均浓度下降比例作为考核指标，其他地区则以 PM$_{10}$ 年均浓度下降比例作为考核指标。

表 8-10　包含约谈后多个时段的回归

哑变量	（1）	（2）	（3）	（4）	（5）	（6）
	AQI	AQI	AQI	AQI	AQI	AQI
	因空气污染被约谈			非因空气污染被约谈		
	5 天	10 天	20 天	5 天	10 天	20 天
after1	-18.086^{**}（8.111）	-2.599（7.462）	-6.626（7.058）	16.262^{*}（8.395）	6.340（6.734）	-1.818（5.734）
after2	-27.260^{**}（12.217）	13.857（11.640）	-5.091（10.614）	26.977^{***}（10.429）	8.880（9.490）	-1.698（8.371）
after3	-23.117（17.375）	14.874（14.231）	-10.124（13.128）	35.594^{**}（15.524）	16.588（12.266）	7.454（10.387）
after4	-39.086^{*}（23.002）	13.410（18.331）	-12.266（16.428）	50.361^{**}（21.192）	22.048（17.529）	5.154（11.972）
after5	-43.216（28.911）	15.011（22.156）	6.487（21.135）	74.433^{***}（26.283）	32.433（22.025）	14.676（13.460）
after6	-87.805^{**}（36.499）	18.802（28.607）	28.710（26.911）	80.159^{**}（31.652）	55.705^{*}（31.110）	22.648（16.269）
时间趋势	二次项	二次项	二次项	二次项	二次项	二次项
样本量	839	1256	1787	652	977	1629
拟合优度	0.589	0.522	0.456	0.570	0.515	0.451

注：括号内数值为回归系数的异方差稳健标准误；
　　*表示 $p<0.1$，**表示 $p<0.05$，***表示 $p<0.01$

从表 8-10 可以看出，在 5 天为一个单位的回归中，针对因空气污染被约谈的城市，约谈后 1 至 5 天（after1）哑变量和约谈后 6 至 10 天（after2）哑变量显著为负，而后面几个时间段的哑变量显著性大体呈现显著性减弱的趋势。而在以 10 天为一个时间单位的回归中，只有第一个时间单元的系数为负，且不显著，后几个系数则为正且均不显著。这证明环保部约谈可能只有短期效果，而没有可持续性。根据新闻媒体的报道，一个城市被约谈后，往往会"高度重视""紧急动员"，开展一种短时期内空气污染的"运动式治理"。本节的实证结果则表明，这种"高度重视""紧急动员"的运动式治理模式，虽然在短时期内很好地改善了空气质量，但却没有可持续性。这与现有文献的结论也是非常一致的。

五、约谈治霾尚需建立长效机制

以上利用约谈城市的空气质量数据，采用断点回归的方法分析了约谈政策的实施对空气质量的影响。结果表明，如果是因为空气污染原因被约谈的，则约谈有显著的空气污染治理效果，但如果不是因为空气污染原因被约谈的，则约谈对空气污染就没有影响。对单项污染物的分析则发现，约谈的治霾效果主要体现在 $PM_{2.5}$ 和 PM_{10} 上，而对其他污染物没有系统性的显著影响，这与目前空气污染治理主要就是考核 $PM_{2.5}$ 和 PM_{10} 完全一致。因此，在约谈会议上的"痛下决心"，以及约谈过后的迅速整治，的确起到了污染治理的效果，但本节的实证分析显示地方政府对约谈的应对，呈现出约谈什么就响应什么，考核什么就治理什么的特征，其他的环境污染问题则一切照旧，或者待对其进行约谈和考核时再给予重视。并且，本节的实证分析还发现环保部约谈对空气污染治理只有非常短期的效果，约谈过后不久，空气污染可能还会恢复常态。据此，本章对完善中国的环保约谈制度和环境管理体制，有以下几个政策建议。

第一，以约谈为重要抓手，健全环保监督体制。本节实证结果发现，至少在短期内，环保部约谈还是有一定治理效果的，特别是约谈聚焦的领域，治理效果更加明显。因此，环保部约谈制度要继续坚持和完善。一方面要继续将约谈制度作为监督地方政府履行环境保护职责的重要抓手，同时建立约谈制度与地方政府各部门在执行环境保护责任时的联动性。环保部门和组织部门要联动，环保约谈整改情况要报被约谈方上级组织部门，纳入官员考核指标体系。另一方面应通过媒体介入和公众参与进一步加大信息公开，在约谈过程中视情况邀请媒体、群众代表列席，约谈会议纪要、整改报告全部公开，接受公众和媒体监督，给地方政府施加压力。

第二，根据不同的约谈事由和程度建立长期的整改落实和回访机制。本节实证结果发现，环保部约谈只有短期的环境治理效果，没有可持续性。治理环境污染，特别是空气污染，既有短期可以解决的问题，也有需要花费较长时间才能解决的问题，比如产业结构调整、转型升级等，对此要有科学的认识。具体到约谈制度的完善上，约谈者应与被约谈者共同列出问题清单，明确问题的轻重缓急，并共同给出逐步解决的方案，做到急事急考核，慢事长考核。对慢性问题，要给地方政府留有一定时间，但又要避免不了了之，要不定期回访，真正将环保工作嵌入到地方政府的日常议程中，而不是靠运动式、临时性治理。

第三节　两会召开能带来空气质量改善吗？

一、临时性运动式治霾现象

2015 年 9 月 3 日，为纪念抗日战争暨世界反法西斯战争胜利 70 周年，中国政府举行了隆重的阅兵仪式。为确保阅兵期间空气质量，北京市联合周边省区市在机动车、工业企业、施工工地等方面实施临时性管控措施。管制措施取得了良好效果，根据北京市环境保护局统计，2015 年 8 月 20 日至 9 月 3 日，北京市 $PM_{2.5}$ 平均浓度降低到 17.8 微克/米^3，相较于 2014 年同一时期，降低了 73.2%，北京空气质量连续 15 天达到一级优水平，达到了世界发达国家大城市的平均水平，而且 SO_2、NO_2、PM_{10} 等空气污染指标也出现显著下降趋势。9 月 3 日阅兵进行时，北京 $PM_{2.5}$ 的浓度仅为 8 微克/米^3，完美实现了"阅兵蓝"。这种运动式、临时性治霾现象之前在 2008 年北京奥运会期间和 2014 年 APEC 会议期间都曾出现过。

一方面是中央政府的环保压力越来越大，公众的环保意识越来越强，另一方面是唯 GDP 的传统政绩观的惯性影响和经济下行的压力，地方政府必须在回应公众及中央环保压力和维持辖区经济增长中进行平衡。在这种"保蓝天"和"保增长"的跷跷板中，虽然有时保蓝天会被忽视，但在某些敏感时期，政府可能会相对更加重视蓝天，从而通过临时性限制措施来改善空气质量。近年来，各级政府两会（全国人民代表大会和中国人民政治协商会议）期间，雾霾和环境污染治理都会成为社会媒体和代表们关注的重点问题之一，也是政府回应民众呼声，采取临时性措施，治理雾霾，创造碧水蓝天的最佳时机。环境保护与经济增长在地方官员的考核中到底孰轻孰重？讨论这一问题需要注意的是，空气质量和经济增长衡量的时间窗口不同。空气质量每天乃至每小时都可能变化，经济增长只有经过较长时期才能发生缓慢变化。因此，虽然在较长的时间段内，如全年或其整个任期内，地方官员可能会相对而言更重视经济增长，而忽视空气质量，但在某些特殊时期，在更短的时间窗口内，地方政府和官员可能就会相对更重视空气质量，因为对空气质量的暂时重视，并不会有损当地的长期经济增长，等到特殊时期过后，再恢复常态。

二、如何度量两会召开的治霾效应？

本节主要以各城市两会召开作为特殊敏感时期的代表，考查临时性、运动式治霾存在的原因和后果。各地两会举行期间，是高度敏感时期，媒体广泛聚集，如果发生雾霾爆表等恶性事件，新闻会更快更广泛地传播，民众的呼声也会得到媒体的部分响应。因此，一方面各地两会期间，政府有很强的意愿加强环境保护措施，降低空气污染，营造碧水蓝天形象；另一方面，对于当地企业而言，在这种官员集中、媒体集中、公众关注的政治敏感时期，也有意愿主动降低空气污染物的排放。在两会过后，地方政府又可以将主要精力放在促进经济增长上，从而雾霾水平可能又再次上升。国内已经有一些关于两会周期的研究。Nie 等（2013）

研究了两会对煤矿事故的影响，发现两会期间煤矿事故明显少于其他时期，他们认为这是因为地方政府在政治敏感时期，会更加追求社会稳定，而不是平常一贯重视的经济增长。

本节利用 2013 年 12 月~2016 年 3 月中国 189 个城市日度空气质量数据，包括空气质量指数，以及合成空气质量指数的 6 个单项污染物（$PM_{2.5}$、PM_{10}、SO_2、CO、NO_2 和 O_3）的浓度数据，采用双重差分法和断点回归的思想分析地方两会的召开对空气质量的影响。各地的两会大多集中在每年的 1 月至 2 月，但召开的时间并不完全一致，因此，一个地方两会召开期间，其他没有召开两会的城市就成了该城市的对照组，这样就构成了两会召开期间与两会召开前后，以及两会召开城市与非两会召开城市的双重差异，从而可以使用双重差分法进行回归。同时，统计学上而言，空气质量应该随着季节和日期的变化而缓慢连续地变化，因此地方两会的召开与否又构成了一个类似于断点的情形，从而可以借鉴断点回归的思想。本书选取地方两会作为临时性治霾效果的检验，还因为地方两会每年每地都要召开，便于进行大样本分析，相对于一次性的阅兵、国际会议等的个案统计研究，更利于得到可靠的计量证据。

三、两会召开的雾霾治理效应分析

双重差分法与断点回归的结果发现：①各城市两会期间，空气质量显著改善，这说明临时性、运动式的治霾不仅出现在关乎"国际形象"的阅兵和国际会议期间，也是各地环境污染治理的常规性举措，而且确能收到一定效果。②对构成雾霾的单项污染物浓度回归结果显示，两会期间空气质量的改善主要集中在 $PM_{2.5}$、PM_{10}、SO_2 等考核更重视、民众更关注的污染指标上，而对于 NO_2 和 O_3 等污染指标，两会的影响就不怎么显著。③实证结果还发现，部分空气质量指标的改善实际上在两会召开前就已经开始了，而在两会过后，空气质量迅速恶化，恶化的幅度比两会期间的改善还要大。换言之，这种临时性、运动式的治霾可能是以敏感时期过后更严重的报复性污染为代价的，其治霾效果没有可持续性。

为什么两会期间的 $PM_{2.5}$、PM_{10}、SO_2、CO 浓度均显著下降，但 NO_2 和 O_3 浓度没有显著变化呢？对此，可以从下面几个角度进行解释：①根据 AQI 的构造规则和中国空气污染的特征，影响 AQI 变化趋势的主要就是 $PM_{2.5}$ 和 PM_{10} 等。根据环境保护部下属的中国环境监测总站提供的数据，在 2014 年 1 月~2016 年 3 月，300 多个城市当中，作为首要污染物，$PM_{2.5}$ 和 PM_{10} 两者合计超标天数占到总天数的 70%以上。而且，在冬天时，$PM_{2.5}$ 和 PM_{10} 等作为首要污染物，超标天数占比会更高。因此，两会召开前夕，空气污染的治理，首先是对 $PM_{2.5}$、

PM_{10} 等的治理。②在中央对空气污染治理考核办法中，也是以 $PM_{2.5}$、PM_{10} 作为主要的考核依据。例如，根据 2014 年 4 月下发的《国务院办公厅关于印发大气污染防治行动计划实施情况考核办法（试行）的通知》，京津冀及周边地区、长三角区域、珠三角区域、重庆市以 $PM_{2.5}$ 年均浓度下降比例作为考核指标，其他地区则以 PM_{10} 年均浓度下降比例作为考核指标。越是纳入考核指标的污染物浓度，在政治敏感时期，地方政府越会加大治理力度，从而降低相关指标衡量的雾霾水平。而且，$PM_{2.5}$、PM_{10} 等也是目前民众最为关注的代表空气质量的指标，从而更有可能成为地方政府在敏感时期临时性治理措施的主要对象。③这也可能跟单项污染物的形成原因和来源有关。$PM_{2.5}$ 和 PM_{10} 主要来源有燃烧的烟尘、工业粉尘、建筑粉尘、地面扬尘等，以及其他污染物发生化学反应后产生的二次污染物，从而更易通过临时性处置而得到缓解。SO_2 主要来源于燃煤发电厂、工厂燃煤锅炉、工业炉窑燃烧后的排放等，在敏感的两会期间，无论是地方政府加强监管，还是相关企业自觉减排，都更便于操作。一氧化碳（CO）除来源于汽车尾气外，也有很大比例来自各种不完全燃烧物（如锅炉、工业炉窑、内燃机、家庭炉具等），后者易通过短期处置而得到改善。NO_2 主要来源于机动车尾气排放、高温燃烧（锅炉、炉窑）排放等，并不会因为两会的召开而有明显的变化。O_3 是一种二次污染物，主要为空气中氮氧化物、挥发性有机物等污染物，在阳光作用下产生的光化学反应，因此两会的召开对其没有明显影响，也属情理之中（石庆玲等，2016）。

当前，空气污染形势依然严峻，本书显示，实现碧水蓝天，不能指望这种临时性、运动式治霾方式。由于市场失灵，解决雾霾问题，政府的作用不可或缺，特别是地方政府的作用，但是不能采取这种短期重视的方式，因为由此带来的可能是更严重的报复性污染，不仅不能有效治理雾霾，还有副作用。因此，必须清醒地认识到，雾霾的完全治理绝非短期内就可以全部实现的，中国雾霾高发可能还将持续很长一段时间，必须有长效的制度安排，而不是短期热情，需要改变运动式治霾为常态监管。在环境保护执法上，应该加大环境保护部门在处罚污染单位时的权限，使环境保护走上常态化轨道，而不是现在这样的运动式、行政命令式执法。在产业转型上，要切实稳妥地淘汰落后产能，并将这项工作同地方政府的政绩考核相挂钩，而不是平常放松监管，敏感时期暂时停产以应付检查。在治理机制上，要完善空气质量监测体系和考核指标，建立快捷高效的空气质量发布体系和预警机制，出台应急措施，应对雾霾等重度空气污染。

第四节　从临沂事件谈大气污染防治与经济发展①

以上讨论了一些行政命令式的环境政策比如环保政治约谈以及在特殊敏感时期的临时性、运动式治霾方式在环境保护和经济增长方面的实际效果。由于市场在环境保护上的失灵，需要政府实施合理的环境政策来保护环境。本节以 2015年被社会各界广泛关注的焦点性环保事件——山东临沂环保风暴为例来分析如何执行合理的环境政策以促进环境保护与经济增长的双赢发展。

自 2013 年"大气十条"实施以来，全国加大雾霾治理力度，从中央到地方，治霾任务层层分解、加压。从 2014 年 9 月起，环保部发出的 13 个约谈通知中，7个和大气污染相关，被约谈的城市包括华北地区的安阳、沧州、承德、吕梁，华东地区的临沂、无锡、马鞍山。2014 年，临沂市在大气污染治理行动中，向 57家企业下达限期治理通知书，责令企业完善治污设施，限期治理期限为 2014 年底，但是这些企业并没有按期完成治理任务。2015 年 1 月，环保部华东环境保护督查中心对临沂市部分大气污染排放企业进行暗查，发现 13 家企业存在偷排、漏排等环境违法行为，其中 9 家是治理行动中被要求当年年底完成治理的企业。2 月 25日，华东环境保护督查中心公开约谈临沂市政府主要负责人。随后临沂市成立了以市政府主要负责人为组长的大气污染防治攻坚行动领导小组，对华东环境保护督查中心检查发现的 13 家环境违法企业严格处罚并实施停产整治，共立案 28起，处罚总额 244 万元，对 7 家企业 9 名责任人采取行政拘留；对全市 57 家在规定期限内未完成治理或治理后仍不能达标排放的重点企业实施停产整治。被卷进环保风暴的，不仅有违法企业，还有履职不严的地方政府和环保部门相关责任人。临沂市先后对 11 名县区、乡镇政府责任人和 16 名环保部门责任人进行了行政问责。

临沂治污整改工作，在环境质量上成效显著，但也引发了不小的争议。特别是在这次大气污染集中整治中，受影响较大的临沂罗庄工业园，身陷经济衰退的危险中。同时，因大量企业关停、大量工人失业带来了潜在的社会问题风险，当地盗抢案件有抬头趋势。此外，环保风暴之下，潜在的金融风险也迫在眉睫。临沂市银监分局已经警告，所有被关停的企业涉及银行直接担保 354 亿元，亟待善后。一些当地利益受损的企业主甚至表示停工后要通过法律途径，追究政府违约责任，因为当初政府招商引资时，曾承诺帮助解决合法手续问题。"空气好了，经

---

① 临沂"环保风暴"始末，《人民日报》，2016 年 6 月 24 日第 016 版。

济差了；民众点赞，企业抱怨"，这是舆论在评论临沂治污时最常提到的一句话，山东临沂的环保风暴，遭遇着现实和利益的严峻挑战。这有可能是中国环保治理持续深入后，各地亟须作答的必答题。现在评价最优选项是否就是临沂模式还为时尚早，但临沂样本中所展现的一系列环境经济课题却值得深入探讨和进一步的研究。

临沂样本有着值得肯定的积极因素。首先，临沂样本中所刮起的环保风暴，对改变过去环境执法给人留下常常流于纸面，流于形式，乃至形同虚设的印象大有帮助。在经济学理论中，理性预期是一个十分重要的概念。比如在环境违法者与环保执法人员双方的多次博弈中，执法者通过执法行为，树立了一个严格执法的形象和声誉，那么作为理性行为人的环境违法者，以后在正确衡量自身过高的环境违法成本后，会自然遵守环保法规并按环保人员要求整改，这样不仅会降低环境执法成本，也将大大降低环境污染程度。其次，法律的严格执行，是保证法制体系乃至整个社会体系可以正常运转的必要条件。在环境执法层面，做到违法必究，一则体现我国开拓环保工作崭新局面的诉求，再者也为其他经济社会领域法治化建设树立了良好的榜样和标杆。

临沂样本也存在不能忽视的独特性和问题。作为多种因素集于一身的个案，也暴露出诸多负面因素，如若处理不当，也有一定的风险，不宜推而广之。首先，地方执政者个人风格和领导艺术千差万别，各地实际经济社会发展状况各异，临沂治污样本中，地方行政长官刚刚履新，尚未完全熟悉市情并开展主体工作之时，适逢新环保法实施。环保风暴之下，其成为华东地区首位被约谈的市长。且随后中央级媒体的连续负面报道，新形势下政绩考核要求和本地民众诉求都是构成临沂样本的诸多独特因素。其次，如若仅单方面考虑环保要求的实现，而没有较好地把握好民生、就业、社会保障、社会治安、企业资金链和债务金融风险控制等诸多因素的平衡，从全局均衡的角度来看，可能会连带引发后续一系列问题的集中连片爆发。再者，冰冻三尺非一日之寒，造成临沂大气污染超标的重工业企业，也是多年来积累的历史问题，由于已有企业间上下游形成了完整的产业链和配套供求关系，对污染超排企业进行关停，势必会影响整个产业链的生产与配给，进而会引发相应的物流、资金链与债务问题。工厂排污戛然而止，也意味着整个经济活动有一定程度的紊乱并影响未来较长一段时间。

临沂样本，究其本质而论，仍带有浓重的运动式思维模式和管理风格，在现有行政体制之下，这种管理方式，有其无可比拟的资源调动与调配能力，能以最短时间，疾风骤雨的速度，雷厉风行的工作作风，实现某些过去久攻不下的目标，解决长期久拖不决的问题，乃至治理一些久治不愈的社会顽疾和环境困局。但在现代市场经济体系之下，若单纯以政府行政命令的方式推进环境污染治理工作，一阵风、运动式地解决各地污染问题，就会导致严重的效率损失，造成新的资源错配和价格信号扭曲，进而衍生出诸多新的次生经济社会问题。因此，环境目标的实现应尽量避免以牺牲经济社会发展可持续性为代价，同时也应充分考虑产业转型升级和技术进步的可行性与调整时间。为尽量避免上述弊端，实现经济发展与环境保护双赢的局面，需要建立环境保护长效机制。

第一，探索并完善新时期具有中国特色的环境保护新型执法模式。这种模式将环保执法长效化、制度化机制同短期环保风暴相结合。领导干部在地方环境保护中承担主体责任，损害生态环境终身追责，自然资源资产离任审计，可以有效克服临时性环境举措。需要探索并完善长效化、制度化的环保执法模式，形成新的日常制度规范，将严格环境执法常态化。

第二，积极回应公众环保诉求，加大公众参与力度，形成环保领域各方良性互动机制。随着经济发展水平的提高，民众环保意识逐渐开始高涨，环保涉及每个人的切身利益，中国未来环保事业的发展，在政府透过自上而下的方式推动的同时，民众参与，社会力量的良性互动也必不可少。

第三，提供多种环境政策工具，促进企业污染治理工作长效化开展。政策工具选择的一个重要原则在于最大限度上降低政策成本，包括政策执行本身会产生的成本以及额外带来的成本，如失业等，政策成本低意味着政策效果更好。同时，如第七章所讨论的，尽快实行并优化基于市场机制的环境规制政策，比如环境税和污染排放权交易制度等，实现行政手段与市场手段的完美搭配。

环境治理工作是一个牵一发而动全身，涉及各方面各学科的综合性课题，临沂样本值得我们进一步观察，用更长的时间，更宏观的视角，更多的数据及更加透彻深入的研究来给出一个更加完满的答案。

第九章　我国大气污染防治案例分析及联防联控政策研究

第一节　陕西省环保管理体制垂直化改革的雾霾治理效应

本节以陕西省环境保护体制垂直化管理改革为例,使用双重差分模型,以空气质量作为评价标准,对垂直化改革的大气污染防治效应进行了考查。

一、管理体制垂直化改革与环境保护效应研究

在上一章行政命令式环境政策中曾讨论了环境规制的属地化管理与垂直化改革。垂直化改革将原本属于地方政府的管理权限划归到上级政府或主管部门,是中国行政体制改革的重要方式和内容,工商、药监、海关、环保等多个部门都经历过垂直化改革。管理体制垂直化改革过程牵涉到人事、财政等多方面变动,政府治理模式、激励机制等也随之改变,对改革部门的治理效果具有深刻影响。

在属地化管理 M 型的政府组织结构中,中央和地方之间存在事实上的多目标委托-代理关系(钱颖一等,1993)。地方政府承担经济发展、卫生保健、文化教育、社会福利等多项职责,对当地事务具有较大自由裁量权。在中国原有以经济增长为主的官员考核和晋升体制下,地方政府出于扩大税源、提升财政收入以及政治前途的考虑,片面追求经济增长而往往忽略了其他目标(Wu et al.,2013)。在环境保护方面表现为,环境保护的诉求让位于地方经济发展。实行垂直管理后,原本实行属地化管理的部门从地方政府中独立出来,直接由上一级或中央主管部门统筹管理,其人事和财务等权限也相应上移。垂直改革有助于减少地方政府对部门运行的干预,但同时也增加了地方政府和环保部门进行协作沟通的难度。从

环保体系内部的组织结构来看，实行垂直管理后，环境保护体系内部组织结构层级数减少，信息在组织内部流动速度更快，累积信息损失也有所减少（Patacconi，2009）；此外，由上级部门统一管理环保工作有助于协调解决跨界污染问题。然而，管理范围的扩大，也对上级部门的信息处理、沟通和协调能力提出较高要求（Williamson，1975），相对属地管理体制而言，垂直管理在信息处理能力、应对外界变化的灵活性等方面相对薄弱（Maskin et al.，2000）。

　　自20世纪90年代以来，在对海关、国税等部门实行中央垂直化管理改革后，中国陆续对工商、质检、食品药品监督等部门实行省以下垂直管理。2016年9月，中共中央办公厅、国务院办公厅印发《关于省以下环保机构监测监察执法垂直管理制度改革试点工作的指导意见》（以下简称《指导意见》），提出在12个省或直辖市进行环保管理体制垂直化管理改革的试点方案，中国开始在环保部门推进垂直化管理改革，开始打破环境保护"属地化管理"的体制。那么，在中国原有行政管理模式下，垂直化管理改革究竟能否对改革部门治理效率产生积极作用？具体到环保部门，垂直化管理改革是否有助于地方环境质量的改善？这些问题对理解中国改革开放过程中，政府部门面临的激励和行为具有重要意义。虽然中国拥有工商、食药监督等多个部门进行垂直管理的经验，但相关文献主要局限于理论和对改革前后历程的描述性分析，缺乏对部门垂直化管理改革效果的实证检验。因此，上述问题难以简单根据现有文献得出答案。

　　目前文献中相关研究主要是对组织结构层级个数变化即扁平化和线性化进行比较分析。例如，Rajan 和 Zingales（2001）对不同形式组织结构下信息处理、执行速度、专业化程度进行了比较分析，认为在劳动密集行业，企业管理者将倾向于使用更加扁平化的组织结构，资本密集行业则相反。Patacconi（2009）的理论模型指出，在扁平化的组织中，信息流动和执行速度更快。现有文献大多以企业组织结构的变化为研究对象，有关政府组织结构垂直管理的研究较少，且主要局限于理论分析。尹振东（2011）基于契约理论构建政府和监管部门之间的博弈模型，对开展招商引资项目时垂直管理体制和属地管理体制的优劣进行了比较，发现实行垂直化管理改革后，将降低政企合谋的可能性，但好企业被监管部门刁难的情况将有所增加。王赛德和潘瑞姣（2010）在委托代理理论的框架下，比较分析了垂直管理和属地管理的激励成本，认为由垂直管理机构管理医疗、教育等不利于短期经济增长但有助于长期经济增长并提升社会福利，有助于降低激励成本。综上所述，现有文献对政府管理体制垂直化改革的研究主要局限于理论分析，而从理论分析的结果来看，垂直管理对环境污染治理的效果存在不确定性。因此，究竟环境保护管理体制垂直化改革能否对中国环境污染起到改善效果，是一个亟待检验的问题。

二、陕西省环境保护体制垂直化改革背景

自 1973 年中国将环境保护建设正式列入预算内基本建设投资计划以来,环境保护机构实行属地管理方式,环境保护局作为地方政府的附属部门,人事任免权和财政来源掌握在地方政府手中。2016 年 9 月 22 日,《指导意见》出台,中国开始了对省以下环境保护机构进行垂直管理的改革。根据《指导意见》,实行垂直化管理之后,县级环保部门从地方政府中独立出来,调整为市级环保局的派出分局,其人事、财务权利也将移交到市级环保部门;市级环保局则实行以省级环保厅(局)为主的双重管理,仍为市级政府工作部门,但其人事任免权将上收到省级环保部门。

在《指导意见》出台之前,有部分城市如大连于 1994 年、沈阳于 2008 年等对市辖区环保局实行了垂直化改革的实验,主要采用的方式是区环保局改组为市环保局的派出或附属机构。此外,还有部分城市在个别市辖区推行了垂直管理制度,如南宁市经济技术开发区分局属于南宁市环保局的派出机构。陕西省自 2003 年起在整个省范围内的全部区县推行了环保垂直化管理的改革。在本书的样本期间,除陕西省以及少数市辖区以外,中国地方环境保护部门主要采用属地管理的方式,因此,陕西环保部门的改革为研究部门垂直管理提供了良好的"拟自然实验",这是本书选择陕西省作为实践案例进行考查的主要原因。

陕西省环保管理体制垂直化改革源于旬阳县[①]水污染事件。20 世纪 80 年代末 90 年代初,陕西省安康市旬阳县政府降低招商引资门槛,十多家设备简陋、无相关污水处理设施的铅锌选矿企业在汉江及其支流边陆续建立。这些企业排放的废水严重超标,导致汉江水质恶化。作为中国南水北调中线方案的重要水源,汉江水污染将对北京、天津、河北、河南等地工业及生活用水产生直接影响。因此,2001 年 7 月《焦点访谈》曝光旬阳县铅锌选矿企业污染汉江水事件后,党中央国务院高度重视,时任国务院总理朱镕基做出批示,由国家环境保护局、水利部、国家计委、国家经贸委等多部门组成联合调查组,对此事进行调查。旬阳县政府被责成作书面检讨,时任旬阳县政府副县长被给予行政警告处分,并撤销旬阳县环保局一位副局长行政职务。旬阳县 13 家铅锌选矿企业全部关停,重新组建成一个企业集团。陕西省环保局还对陕西境内汉江上游的宁强县、嘉陵江流域的凤县等地铅锌选矿企业进行了整改。同年,《汉江、丹江流域水污染综合防治规划》出台,对陕西省地表水质量监管和污染治理提出明确要求,并制订了规划方案。

汉江水污染事件促使陕西省政府和环保部门反思原有体制下,地方政府片面

---

① 2021 年 2 月,国务院批复同意陕西省撤销旬阳县,设立县级旬阳市。

追求经济发展，环保部门的弱势地位导致环保职责难以落实、环保部门执法受阻，环境保护工作难以开展的问题。2002 年，陕西省出台《陕西省市以下环境保护行政管理体制改革意见》（以下简称《意见》）。根据《意见》，改革后将对市以下环境保护系统即区县环保局实行垂直管理，市级环境保护局保持为市政府的直属机构不变。区、县环境保护局及其所属事业单位上划，改编为市环保局的派出机构或直属机构。区县环保局人员编制和工资管理权限也上收到市一级；区县环保局各项经费统一纳入市财政预算，区县环保局征收的排污费、罚没收入和行政性收费上缴市财政。《意见》出台后，各地级市陆续制定了本市的实施方案，具体实施时间见表 9-1[①]。方案出台后，陕西省西安、延安等八市均在 2003 年以前完成改革，但该方案在安康和汉中遇到了较大阻力，汉中市环保系统名义上于 2003 年进行垂直改革，区县环保局名义上归市环保局管辖，但人事和财政权没有上划，始终由区县政府掌握；安康则一直到 2006 年 4 月方出台《安康市环境保护管理体制改革实施意见》，提出人事权实行由市环保局为主、地方政府协管的双重管理模式，财政预算依然由区县政府负责。因此，安康和汉中两市的环保机构依然受当地政府较大制约，但相对于旧有的环保局完全受制于地方政府的模式，双重管理模式中市环保局有条件对区县环保局施加更大影响力，区县环保局在执法中的被动地位依然有所改善。

表 9-1　陕西各市环境保护垂直管理实施时间

地级市	区县个数（2003 年）	开始实行垂直管理时间
西安市	13（其中市辖区：9）	2003 年 5 月 7 日
铜川市	4（其中市辖区：3）	2003 年
宝鸡市	12（其中市辖区：3）	2003 年
咸阳市	14（其中市辖区：3）	2003 年
渭南市	11（其中市辖区：1）	2003 年
延安市	13（其中市辖区：1）	2003 年 1 月 17 日
汉中市	11（其中市辖区：1）	2003 年 2 月（双重管理）[②]
榆林市	12（其中市辖区：1）	2003 年 5 月 1 日
安康市	10（其中市辖区：1）	2006 年（双重管理）
商洛市	7（其中市辖区：1）	2002 年 11 月 1 日

---

①　各市实施环境保护系统垂直管理的时间主要根据各地级市《保护管理体制改革实施意见》和地方年鉴等得出。铜川、宝鸡等市的年鉴中均没有开始实施垂直管理的具体日期，仅给出实施年份。人事和财务权是否上划到市一级环保部门是本书对是否实行垂直化管理改革的主要标准。

②　汉中市环保局在机构概况中指出其在 2003 年对环境保护体制实行了垂直化改革，但根据其财务和人事安排，在本节使用的样本中将汉中划分为双重管理。

在 2016 年出台的《指导意见》中，试点省县级环保局调整为市级环保局的派出分局，市环保局实行省级环保厅（局）为主的双重管理；而在陕西省改革中，同样对县环保局进行了改革，市环保局保持为市政府的下属部门不变，西安、延安等八个地级市在 2003 年前后将区县环保局调整为市环保局的直属或派出机构，安康市和汉中市环保局实行市环保局和地方政府的双重管理。陕西省环保管理体制垂直化改革的实践和《指导意见》虽然对市级环保局的安排存在细微差别[1]，但对县级环保局的安排具有一致性。因此，以陕西为样本，使用县级数据进行实证研究，不仅能够为政府部门垂直管理的效果提供实证证据，从现实意义上看，也能够为中国目前推进的环保管理体制改革提供实证支持。在实现污染物控制目标方面，垂直管理体制和属地管理体制各有利弊。为完成污染物减排目标，除对工业企业进行改造和监管外，还需要建设新的城镇污水处理设施、控制煤炭消耗等，涉及环保、市政、城乡建设、水务等多个部门，此时，属地化管理体制允许县级政府统筹多方面资源实现污染物控制目标，缺点是县级政府在做决策时可能忽略对相邻地区的负外部性。环保垂直化管理体制需要垂直部门和地方政府相互协调，但增加了市级部门在各县之间进行协调和分配的灵活性。除了管理体制垂直化改革的影响，如第八章所述，"十一五"规划将 SO_2 和化学需氧量两项污染物排放指标首次纳入地方官员考核指标后，势必也会对污染治理带来影响。因此，本节将分别对"十一五"规划前垂直化改革的环境治理效应以及"十一五"规划的影响进行考查。

三、县级行政区 PM$_{2.5}$ 浓度数据

本节基于陕西进行垂直化管理的实践，通过分析空气质量在环保管理体制垂直化改革前后的变化情况，来考查垂直化管理的环境治理效果。考虑到陕西垂直化改革是由水污染事件引起，改革后地表水质量的变化可能来自水污染事件本身产生的效应。《汉江、丹江流域水污染综合防治规划》文件的出台，以及事发后一系列整改措施都可能对陕西地表水质量产生长期影响，因此，使用水污染数据来衡量垂直化管理体制的环境效果具有较大内生性。环保管理体制实行垂直管理后，区县环保部门有条件更加独立地开展环保执法和督察工作，其对废气、废水、固废等污染排放企业的监管强度都将发生变化。对主要污染物为废气的企业来说，环保管理体制的变化类似于一种外生冲击导致的"拟自然实验"。考虑到数据的可得性，本节通过考查垂直化管理体制对空气质量的影响，为垂直化管理的污染

---

① 《指导意见》中对市一级环保部门实行省环保厅（局）为主的双重管理，而陕西省改革主要对区县环保机构实行垂直化改革，对市环保部门的从属问题没有进行调整。

治理效果提供实证证据。我国 2013 年以前空气质量监测网络不完善，难以获得样本期间空气质量的地面监测数据，因此，本节使用哥伦比亚大学社会经济数据和应用中心根据卫星监测信息得出的 $PM_{2.5}$ 浓度数据（van Donkelaar et al.，2014）作为衡量空气质量的指标。

在进行样本选择时，市辖区由市政府直接管辖，因此本样本仅对具有独立行政建制的县级行政区进行研究，通过分析样本各县级行政区在污染及其他方面的变化来考查垂直管理的治理效应。考虑到安康市为水污染事件的主要发生地，在水污染事件被曝光后，联合调查组对安康旬阳县以及汉江上游的宁强县、嘉陵江上游的凤县等地铅锌选矿企业重点进行了整改，调查和整改可能对这些地区产生影响，如面临更多来自上级环保部门的压力，造成这些地区实施更加严格的环保政策，导致回归中观察到的处理效应并不完全来自环保管理体制垂直化改革本身。因此，在进行分析时，剔除位于汉江、嘉陵江上游的样本。由于难以确认汉中和安康是否完成垂直化管理的改革，样本中不包含来自安康和汉中的县级行政区。在样本期间，部分地区行政区划发生了变更，包括撤县设区、撤县设市、撤销地区设立地级市、更名等几种情况。本节剔除了撤县设区和撤县设市的样本，对于更名这类没有更改行政区域边界和行政级别的情形，将更改前后识别为同一个县。在选择对照组时，首先计算出县级行政区距离陕西边界的距离，然后分别使用距离陕西边界 200 公里、300 公里和 400 公里的县级行政区作为对照。当对照组选取的地理范围过小时，存在样本量过少导致的估计偏误，而地理范围过大，则存在较大异质性。由于三组样本已经具有足够的代表性，本节没有使用更多的分组方式进行考查。样本时间范围为 1998~2010 年，为平衡面板。

本节使用县级行政区 $PM_{2.5}$ 浓度为被解释变量。核心解释变量为表示是否实施垂直化管理的虚拟变量。经济和气象条件可能影响地方空气质量，导致处理效应估计值出现偏误，本节纳入经济和气象相关指标作为控制变量。控制变量包含地区生产总值和总人口两项经济指标，以及平均温度、年平均降雨两个变量用于控制气象条件可能产生的干扰。地区生产总值和人口数据来自中国区域统计年鉴、中国城市统计年鉴以及各省（区、市）的统计年鉴。平均温度和湿度数据来自中国气象科学数据共享服务平台，为地面气象站监测数据。气象站数据是点源数据，且并非每个地区均建有气象监测站。因此，使用距离该县最近的三个站点的监测数据，根据直线距离进行加权平均。描述性统计见表 9-2。

表 9-2　不同组别主要变量统计描述

组别	变量名	观察值个数	平均值	标准差	最小值	最大值
200 公里组	$PM_{2.5}$ 浓度/（微克/米^3）	3042	36.157	9.450	11.742	68.988
	总人口/百万人	3042	0.375	0.271	0.024	2.523

续表

组别	变量名	观察值个数	平均值	标准差	最小值	最大值
200公里组	地区生产总值/百亿元	3042	0.321	0.504	0.090	8.416
	年平均气温/°C	3042	13.136	2.939	2.440	19.390
	年度总降雨量/分米	3042	5.753	2.824	0.886	16.369
300公里组	PM$_{2.5}$浓度/（微克/米^3）	4602	36.426	10.878	9.511	80.221
	总人口/百万人	4602	0.420	0.314	0.024	5.873
	地区生产总值/百亿元	4602	0.334	0.451	0.090	8.416
	年平均气温/°C	4602	13.392	3.436	0.408	19.519
	年度总降雨量/分米	4602	6.369	3.294	0.348	17.923
400公里组	PM$_{2.5}$浓度/（微克/米^3）	7540	39.159	13.586	4.802	106.419
	总人口/百万人	7540	0.508	0.424	0.014	5.873
	地区生产总值/百亿元	7540	0.605	1.316	0.001	39.325
	年平均气温/°C	7540	13.789	3.797	0.408	19.770
	年度总降雨量/分米	7540	6.902	3.563	0.348	20.380

四、环保管理体制垂直化改革的雾霾治理效应分析

为清晰识别环保管理体制垂直化改革前后，不同政府治理模式下的环境效应，本节将使用双重差分模型，首先基于1998~2005年数据，考查主要污染物排放量不进入官员考核指标时环保部门垂直管理的环境治理效应，然后使用1998~2010年样本，考查"十一五"规划期间，环保管理体制垂直化改革对环境治理的影响。

使用空气PM$_{2.5}$浓度作为被解释变量来分析环保部门垂直管理对地方环境质量的影响，需要考虑到大气污染物在各地区之间的溢出效应，双重差分模型没有考虑空气质量的溢出效应，可能低估处理效应。一种可能的解决方案是使用空间计量模型，然而，由于大气污染的复杂性，难以确知各地区之间空气质量的相关系数究竟是多少，基于空间计量模型的回归可能高估也可能低估处理效应系数。此外，虽然短期空气质量可能受其他地区的影响较大，但从年平均值来看，本地污染排放是地区空气质量最主要的影响因素。因此，综合考虑，本节使用双重差分模型，识别出垂直化改革处理效应的最低值。

（一）基准回归模型

本节使用1998~2005年数据，基于双重差分模型，对引入环境保护体制改革前后，陕西和其他地区空气质量变化情况进行分析，以此考查在官员考核不重视环境目标的背景下，环境保护管理体制改革对政府环境治理的影响。回归

模型如下：

$$y_{xt} = \alpha \text{Treat}_x \times \text{Post2003}_t + X'_{xt}\beta + \theta_x \text{Trend}_{xt} + \mu_t + \eta_x + \varepsilon_{xt} \qquad (9\text{-}1)$$

其中，y_{xt} 表示 x 县在 t 年的 $PM_{2.5}$ 平均浓度；Treat_x 表示进行了环保管理体制垂直化改革的地区，即样本中的处理组；Post2003_t 表示已经实施改革的时间虚拟变量，当年份为 2003 年或 2003 年以后取值为 1；Treat_x 和 Post2003_t 两个虚拟变量的交叉乘积项等于 1 意味着实行了环保垂直化管理；X'_{xt} 表示控制变量，包括总产值和总人口，以及年均温度和降雨，分别用于控制经济因素和气象条件可能带来的影响；Trend_{xt} 表示各县的时间趋势项，用于控制各县难以观察到但影响污染变化趋势的因素，具体设定为县的固定效应和时间连续变量的交叉项；为控制不随时间变化但可能影响地区空气质量的其他因素，纳入区县固定效应 η_x；μ_t 表示对全部样本均造成影响的时间固定效应；ε_{xt} 表示其他难以观察到的随机扰动项。

该模型暗含的假设为，是否实行环境保护体制改革和随机误差项 ε_{xt} 之间条件独立。在本节中，由于垂直化改革由安康水污染事件引起，尽管重大环境污染事故在各地都有发生，但实行环境保护体制垂直化管理则主要源自当地政府对制度的思考和创新，对陕西省其他地级市来说，是否实行垂直化管理改革可以看作外生冲击导致的拟自然实验。考虑到残差项可能存在时间和空间相关，参考 Kahn 等（2015）的做法，在进行统计推断时，在县和省/年层面上进行聚类。

表 9-3 第一行回归系数始终为负，且都显著。从处理效应绝对值大小来看，200 公里组处理效应低于 300 公里组，而 400 公里组处理效应大于 300 公里组。这可能是使用距离较近的县作为对照组时，空气污染的外部性导致低估了处理效应。而随对照组样本涵盖的范围扩大，溢出效应的干扰相对降低。因此，200 公里组回归系数提供了垂直化改革治理效应的下限，可知环保管理体制进行垂直化改革导致改革地区空气 $PM_{2.5}$ 浓度至少下降了 3.974 微克/米³。因此，实行环保垂直管理制度显著改善了改革地区的空气质量，意味着环保管理体制进行垂直化改革有助于改善政府环境治理效果。

表 9-3　基准回归结果

变量	被解释变量：$PM_{2.5}$／（微克/米³）					
	200 公里组		300 公里组		400 公里组	
	（1）	（2）	（3）	（4）	（5）	（6）
处理组×2003 年以后	-3.974^{**} （1.623）	-4.143^{***} （1.542）	-4.655^{***} （1.701）	-4.852^{***} （1.607）	-6.006^{***} （1.780）	-6.275^{***} （1.495）
总人口/百万人（对数值）		4.456^{**} （1.993）		5.227^{***} （1.840）		5.518^{***} （1.512）

续表

变量	被解释变量：PM$_{2.5}$/（微克/米^3）					
	200 公里组		300 公里组		400 公里组	
	（1）	（2）	（3）	（4）	（5）	（6）
地区生产总值/百亿元(对数值)		−1.763** （0.797）		−2.439*** （0.767）		−2.380*** （0.625）
年平均气温/°C		−0.070 （0.233）		−0.203 （0.224）		−0.512* （0.263）
年度总降雨量/分米		0.500** （0.244）		0.485** （0.204）		0.693*** （0.254）
县固定效应	是	是	是	是	是	是
年份固定效应	是	是	是	是	是	是
趋势项	是	是	是	是	是	是
样本数	1872	1872	2832	2832	4640	4640
R^2	0.643	0.671	0.593	0.632	0.539	0.539
县级行政区总数	234	234	354	354	580	580

注：括号内数据为稳健标准误

***、**和*分别表示在 1%、5%和 10% 显著性水平上显著

（二）"十一五"规划时期的处理效应

本节将使用 1998~2010 年数据，考查"十一五"规划对环保管理体制垂直化改革治理效应的影响。"十一五"规划自 2006 年开始，国务院于 2006 年 8 月发布的《国务院关于"十一五"期间全国主要污染物排放总量控制计划的批复》正式确定了各省（区、市）污染物减少量，2007 年 11 月 17 日国务院发布《主要污染物总量减排考核办法》，对奖惩措施做出明确规定。因此，从污染物减排目标和奖惩办法发布时间来看，各地区很有可能并不是 2006 年开始采取污染治理措施，而是存在一定时滞。因此，本节在回归时分年份对"十一五"期间每年环保管理体制垂直化改革的效应进行考查。回归模型如下：

$$y_{xt} = \alpha \text{Treat}_x \times \text{Post}2003_t + \gamma_1 \text{Treat}_x \times \text{Post}2003_t \times \text{Year}06 + \gamma_2 \text{Treat}_x \times \text{Post}2003_t$$
$$\times \text{Year}07 + \gamma_3 \text{Treat}_x \times \text{Post}2003_t \times \text{Year}08 + \gamma_4 \text{Treat}_x \times \text{Post}2003_t$$
$$\times \text{Year}09 + \gamma_5 \text{Treat}_x \times \text{Post}2003_t \times \text{Year}10 + X'_{xt}\beta + \theta_x \text{Treat}_{xt} + \mu_t + \eta_x + \varepsilon_{xt}$$

$$(9\text{-}2)$$

其中，γ_1 到 γ_5 依次表示 2006 年到 2010 年"十一五"规划对环保管理体制垂直化改革环境效应的影响。其他变量含义同式（9-1）。回归结果见表 9-4。

表 9-4　"十一五"期间环保垂直化管理的环境治理效应

变量	被解释变量：PM$_{2.5}$/（微克/米^3）					
	200 公里组		300 公里组		400 公里组	
	（1）	（2）	（3）	（4）	（5）	（6）
处理组×2003 年以后	−4.893*** (1.650)	−5.001*** (1.545)	−5.612*** (1.677)	−5.770*** (1.564)	−7.062*** (1.734)	−7.330*** (1.480)
处理组×2003 年以后×2006 年	−0.0981 (0.192)	−0.138 (0.190)	−0.0856 (0.183)	−0.146 (0.179)	−0.108 (0.172)	−0.169 (0.169)
处理组×2003 年以后×2007 年	0.039 (0.227)	0.001 (0.222)	0.064 (0.229)	0.020 (0.226)	−0.022 (0.249)	−0.066 (0.242)
处理组×2003 年以后×2008 年	−0.618*** (0.179)	−0.620*** (0.175)	−0.628*** (0.195)	−0.618*** (0.186)	−0.699*** (0.220)	−0.657*** (0.202)
处理组×2003 年以后×2009 年	−0.583*** (0.219)	−0.643*** (0.229)	−0.479** (0.231)	−0.556** (0.238)	−0.444* (0.256)	−0.512** (0.250)
处理组×2003 年以后×2010 年	−0.858*** (0.266)	−0.915*** (0.264)	−0.808*** (0.274)	−0.874*** (0.270)	−0.809*** (0.296)	−0.845*** (0.280)
控制变量	否	是	否	是	否	是
县固定效应	是	是	是	是	是	是
年份固定效应	是	是	是	是	是	是
样本数	3042	3042	4602	4602	7540	7540
R^2	0.682	0.694	0.677	0.694	0.643	0.661
县级行政区总数	234	234	354	354	580	580

注：括号中数据为稳健标准误

***、**和*分别表示在 1%、5%和 10% 显著性水平上显著

从表 9-4 中可知，在 2008 年、2009 年和 2010 年，垂直化改革的效果高于"十一五"之前。2006 年和 2007 年环保管理体制垂直化改革的治理效应和"十一五"之前无显著变化。该回归结果表明，"十一五"规划之后，污染物控制目标成为地方必须完成的约束性指标，这种做法加强了垂直化改革地区的环境治理效应。可能由于污染物控制量和奖惩方案等具体措施出台时间较晚，该效应在 2008 年以前不显著。

（三）稳健性检验

以上回归结果表明，环保管理体制实行垂直化管理对空气质量具有显著改善作用。本节使用空气质量数据并剔除汉江上游的样本，有效降低了水污染事件本身可能产生的效应，平行趋势检验的结果也显示，空气污染的改善效应发生在垂直化改革之后，环保制度开始改革时水污染事件已经过去了两年，处理效应不太可能源于水污染事件本身产生的内生性。为了进一步证明观察到的处理效应确实

来自垂直化管理改革，本部分将进行稳健性检验。首先进行平行趋势检验，考查
处理组和对照组是否满足平行趋势假设；其次进行安慰剂检验；最后，控制其他
可能导致地方受到水污染事件影响的因素，再进行回归分析。

1. 平行趋势检验

双重差分模型假设处理组和对照组满足共同趋势假设，如果违背该假设，估
计结果可能存在偏误。本节参考 Beck 等（2010）的做法，通过估计每年的动态效
应系数，考查样本中处理组县级行政区相对于其他地区的年度变化趋势。采用的
回归模型如下：

$$y_{xt} = \tau_1 \text{Treat}_x \times D_t^{-4} + \tau_2 \text{Treat}_x \times D_t^{-3} + \cdots + \tau_{12} \text{Treat}_x \times D_t^{+8} + X'_{xt}\beta + \mu_t + \eta_x + \varepsilon_{xt}$$

$$(9\text{-}3)$$

其中，D 表示时间的虚拟变量，以 2002 年为基年，当年份为基年之前的第 j 年 D_t^{-j}
值设定为 1，年份为基年之后的第 j 年 D_t^{+j} 值设为 1；系数 τ 表示相对于 2002 年的
动态处理效应。样本时间区间为 1998~2010 年，因此表示时间的虚拟变量从 D_t^{-4} 到
D_t^{+8} 共 12 个。虚拟变量 Treat_x 含义和式（9-1）相同，当取值为 1 时代表该样本属
于处理组，否则为对照组。其他变量含义亦同式（9-1）。回归结果见表 9-5。

表 9-5　平行趋势检验

变量	被解释变量：PM$_{2.5}$/（微克/米^3）					
	200 公里组		300 公里组		400 公里组	
	（1）	（2）	（3）	（4）	（5）	（6）
处理组 × D_t^{-4}	1.333 （1.996）	0.829 （2.217）	1.753 （1.784）	0.871 （2.095）	1.724 （1.613）	0.795 （1.981）
处理组 × D_t^{-3}	0.959 （2.319）	0.443 （2.397）	0.896 （2.203）	0.222 （2.257）	−0.481 （2.311）	−1.100 （2.286）
处理组 × D_t^{-2}	4.384*** （1.700）	4.247** （1.746）	5.151*** （1.754）	4.927*** （1.763）	4.450** （1.925）	4.230** （1.869）
处理组 × D_t^{-1}	0.473 （1.500）	−0.676 （1.479）	1.362 （1.502）	−0.329 （1.445）	2.213 （1.710）	0.0679 （1.648）
处理组 × D_t^{+1}	−2.774 （1.741）	−3.570** （1.683）	−3.175** （1.461）	−4.180*** （1.492）	−4.197*** （1.121）	−5.506*** （1.189）
处理组 × D_t^{+2}	−5.237*** （1.149）	−5.387*** （1.138）	−5.158*** （1.017）	−5.209*** （1.008）	−5.652*** （0.930）	−5.901*** （0.935）
处理组 × D_t^{+3}	−4.347*** （0.934）	−4.419*** （1.134）	−4.854*** （0.680）	−4.885*** （0.908）	−6.437*** （0.682）	−6.556*** （0.773）
处理组 × D_t^{+4}	−5.737*** （1.362）	−6.262*** （1.558）	−5.899*** （1.205）	−6.399*** （1.404）	−6.609*** （1.058）	−7.299*** （1.218）
处理组 × D_t^{+5}	−3.131* （1.857）	−3.482* （2.050）	−3.417** （1.669）	−3.603* （1.864）	−4.604*** （1.731）	−5.041*** （1.778）

续表

变量	被解释变量：PM$_{2.5}$/（微克/米^3）					
	200 公里组		300 公里组		400 公里组	
	（1）	（2）	（3）	（4）	（5）	（6）
处理组×D_t^{+6}	−7.038*** （1.309）	−7.053*** （1.691）	−7.514*** （1.233）	−7.155*** （1.547）	−8.366*** （1.168）	−8.051*** （1.330）
处理组×D_t^{+7}	−6.958*** （1.683）	−7.499*** （2.184）	−6.518*** （1.526）	−6.819*** （1.960）	−6.422*** （1.401）	−6.914*** （1.689）
处理组×D_t^{+8}	−8.232*** （0.477）	−8.462*** （1.472）	−8.232*** （0.477）	−8.118*** （1.308）	−8.232*** （0.477）	−8.157*** （1.066）
控制变量	否	是	否	是	否	是
县固定效应	是	是	是	是	是	是
年份固定效应	是	是	是	是	是	是
样本数	3042	3042	4602	4602	7540	7540
R^2	0.684	0.697	0.679	0.696	0.663	0.681
县级行政区总数	234	234	354	354	580	580

注：括号中数据为稳健标准误

***、**和*分别表示在 1%、5%和 10% 显著性水平上显著

从表 9-5 可知，衡量改革以前动态效应的系数中，除第三行系数显著为正外，其他系数均不显著异于零。改革以后效应系数中，除 200 公里组不包含控制变量时第一年的效应系数不显著以外，其他系数均显著为负，表明自改革的第一年起，处理组空气质量开始得到改善。最后三年的动态效应系数均显著为负，且处理效应系数绝对值有所上升，这和表 9-4 回归结果相一致，从另一个角度印证"十一五"期间的污染控制规划加强了垂直化改革的环境治理效应。图 9-1 展示了在控制其他变量时 300 公里组的动态回归系数及 95%置信区间[①]。结果表明，在改革前，虽然处理组空气 PM$_{2.5}$ 浓度存在下降趋势，但是数值在统计上都不显著，平行趋势假设成立。

检验结果还表明，垂直化管理确实有效改善了陕西的环境质量，且其效果不太可能源于水污染事件本身导致的环保压力或震慑效应。如果说事故发生后，上级部门对地方环保工作施加更大的压力，促使各区县加强环保督察力度，由于空气质量对短期内污染物排放减少较为敏感，那么事故发生前两年应该表现出处理效应，这和本节观察到的系数变动情况不符。因此，垂直化管理改革的效果是源于环保管理体制垂直化改革带来的环境治理效应，而不是水污染事件后引发的环保压力。

---

① 囿于篇幅，200 公里组和 400 公里组动态处理效应系数图略。

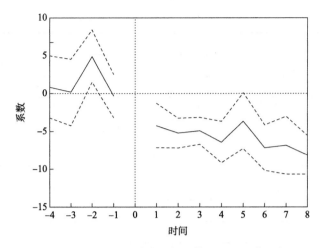

图 9-1　300 公里组动态回归系数及 95%置信区间

2. 安慰剂检验

　　安慰剂检验的做法是，从样本中随机抽取一部分作为处理组，抽取数量和进行了改革的县级行政区数量相同。然后，使用双重差分模型再次进行回归。本节对三组样本均进行了安慰剂检验。表 9-6 报告了使用 1998~2005 年数据，环境指标不进入政府考核时垂直化改革的环境治理效应。表 9-7 报告了"十一五"期间将污染物排放指标加入官员考核指标以后，垂直化管理环境治理效果的变化情况。

表 9-6　安慰剂检验结果 1

变量	被解释变量：$PM_{2.5}$/（微克/米^3）					
	200 公里组		300 公里组		400 公里组	
	（1）	（2）	（3）	（4）	（5）	（6）
处理组×2003 年以后	−0.195 （0.664）	0.111 （0.638）	−0.521 （0.780）	−0.359 （0.795）	−0.389 （0.336）	−0.484 （0.367）
控制变量	否	是	否	是	否	是
县固定效应	是	是	是	是	是	是
年份固定效应	是	是	是	是	是	是
趋势项	是	是	是	是	是	是
样本数	1872	1872	2832	2832	4640	4640
R^2	0.635	0.663	0.586	0.624	0.486	0.533
县级行政区总数	234	234	354	354	580	580

注：括号中数据为稳健标准误

表 9-7　安慰剂检验结果 2

变量	被解释变量：PM₂.₅/（微克/米³）					
	200 公里组		300 公里组		400 公里组	
	（1）	（2）	（3）	（4）	（5）	（6）
处理组×2003 年以后	−0.598 （0.890）	−0.475 （0.837）	−0.790 （0.778）	−0.902 （0.731）	−0.0625 （0.816）	0.140 （0.788）
处理组×2003 年以后×2006 年	0.328*** （0.106）	0.307*** （0.107）	0.247** （0.104）	0.244** （0.104）	0.049 （0.045）	0.033 （0.047）
处理组×2003 年以后×2007 年	0.374*** （0.111）	0.356*** （0.112）	0.325*** （0.090）	0.315*** （0.097）	0.088 （0.061）	0.089 （0.061）
处理组×2003 年以后×2008 年	−0.035 （0.078）	−0.017 （0.075）	−0.077 （0.069）	−0.039 （0.069）	−0.052 （0.051）	−0.063 （0.048）
处理组×2003 年以后×2009 年	−0.078 （0.075）	−0.116 （0.073）	−0.061 （0.073）	−0.083 （0.070）	−0.040 （0.060）	−0.068 （0.056）
处理组×2003 年以后×2010 年	−0.139 （0.103）	−0.142 （0.100）	−0.087 （0.096）	−0.073 （0.097）	−0.104** （0.046）	−0.119** （0.047）
控制变量	否	是	否	是	否	是
县固定效应	是	是	是	是	是	是
年份固定效应	是	是	是	是	是	是
样本数	3042	3042	4602	4602	7540	7540
R^2	0.494	0.516	0.503	0.523	0.503	0.521
县级行政区总数	234	234	354	354	580	580

注：括号中数据为稳健标准误

***、**分别表示在 1%、5%显著性水平上显著

3. 控制其他可能的内生性因素

从表 9-6 中可以看出，处理效应系数符号有正有负，但均不显著。从处理效应的大小来看，也远低于表 9-3 中的回归结果。表 9-7 结果显示，"十一五"期间的边际效应系数也大多不显著。因此，表 9-3 和表 9-4 中观察到的处理效应不是由其他难以观测的因素所驱动，垂直化改革确实改善了政府环境治理效率。

本节将控制可能导致地方受到水污染事件影响的因素，再次对处理效应进行识别。水污染事件由铅锌矿企业超标排污引起，事件爆发后，陕西省对境内铅锌选矿企业进行了整改，事发时拥有铅锌矿企业的地区可能受到更多来自上级环保部门的压力，水污染事件对其的震慑效应也更强。从空间上看，离污染事故发生地旬阳县越近的县级行政区越有可能被调查，其受到的震慑效应可能也越大。因此，本节控制了县级行政区是否拥有铅锌选矿企业的虚拟变量，以及到旬阳县的距离，来降低水污染事件可能产生的内生性。模型如下：

$$y_{xt} = \alpha \text{Treat}_x \times \text{Post2003}_t + \varphi \text{LZfirm2001}_x \times \text{Post2001}_t + \zeta \text{Distance}_x \times \text{Post2001}_t$$
$$+ X'_{xt}\beta + \theta_x \text{Trend}_{xt} + \mu_t + \eta_x + \varepsilon_{xt}$$

$$(9\text{-}4)$$

其中，LZfirm2001_x 表示 2001 年水污染事件爆发时该县是否存在铅锌选矿企业；Distance_x 表示县中心到旬阳县中心的直线距离。本节根据中国工业企业数据库来确定区县是否存在铅锌选矿企业，中国工业企业数据库 2001 年数据中只要该区县铅锌选矿企业数量大于 1，则认为存在铅锌选矿企业，LZfirm2001_x 值设定为 1，否则为 0。水污染事件发生在 2001 年，这两项可能对县环境质量造成影响的因素在 2001 年及 2001 年以后才发挥作用，因此引入表示 2001 年以后的时间虚拟变量 Post2001_t，取交叉项进行回归。本节使用的其他控制变量和回归模型（9-1）相同，样本时间区间为 1998~2010 年。回归结果见表 9-8 和表 9-9。

表 9-8　稳健性检验回归结果 1

| 变量 | 被解释变量：PM$_{2.5}$/（微克/米^3） | | | | | |
| | 200 公里组 | | 300 公里组 | | 400 公里组 | |
	（1）	（2）	（3）	（4）	（5）	（6）
处理组×2003 年以后	−3.938** (1.577)	−4.084*** (1.494)	−4.519*** (1.554)	−4.700*** (1.542)	−5.797*** (1.541)	−6.019*** (1.561)
存在铅锌矿企业×2001 年以后	1.018* (0.555)	1.571*** (0.561)	1.687** (0.860)	2.467*** (0.601)	−1.667*** (0.210)	−0.211 (0.422)
到旬阳县的距离×2001 年以后	0.086 (0.155)	0.138 (0.166)	0.236* (0.141)	0.290* (0.159)	0.260** (0.125)	0.354*** (0.137)
其他控制变量	否	是	否	是	否	是
县固定效应	是	是	是	是	是	是
年份固定效应	是	是	是	是	是	是
趋势项	是	是	是	是	是	是
样本数	1872	1872	2832	2832	4640	4640
R^2	0.643	0.672	0.596	0.636	0.494	0.544
县级行政区总数	234	234	354	354	580	580

注：括号中数据为稳健标准误
***、**和*分别表示在 1%、5%和 10% 显著性水平上显著

表 9-9　稳健性检验回归结果 2

| 变量 | 被解释变量：PM$_{2.5}$/（微克/米^3） | | | | | |
| | 200 公里组 | | 300 公里组 | | 400 公里组 | |
	（1）	（2）	（3）	（4）	（5）	（6）
处理组×2003 年以后	−5.017*** (1.688)	−5.120*** (1.549)	−5.633*** (1.660)	−5.744*** (1.500)	−6.810*** (1.573)	−6.958*** (1.349)

续表

变量	被解释变量：PM$_{2.5}$/（微克/米^3）					
	200 公里组		300 公里组		400 公里组	
	（1）	（2）	（3）	（4）	（5）	（6）
存在铅锌矿企业×2001 年以后	1.282 （1.467）	1.838 （1.502）	2.108 （1.453）	2.910** （1.334）	−1.247 （1.528）	−0.352 （1.720）
到旬阳县的距离×2001 年以后	−0.160 （0.138）	−0.120 （0.139）	0.0042 （0.114）	0.0526 （0.119）	0.153 （0.100）	0.238** （0.108）
处理组×2003 年以后×2006 年	−0.0644 （0.191）	−0.114 （0.191）	−0.0873 （0.183）	−0.160 （0.184）	−0.157 （0.178）	−0.247 （0.186）
处理组×2003 年以后×2007 年	0.0901 （0.232）	0.0390 （0.228）	0.0614 （0.234）	−0.0017 （0.235）	−0.0940 （0.257）	−0.180 （0.261）
处理组×2003 年以后×2008 年	−0.550*** （0.193）	−0.570*** （0.189）	−0.633*** （0.211）	−0.647*** （0.208）	−0.795*** （0.236）	−0.806*** （0.240）
处理组×2003 年以后×2009 年	−0.498** （0.242）	−0.580** （0.253）	−0.484* （0.255）	−0.594** （0.270）	−0.562** （0.273）	−0.699** （0.294）
处理组×2003 年以后×2010 年	−0.756*** （0.290）	−0.839*** （0.291）	−0.815*** （0.299）	−0.919*** （0.306）	−0.950*** （0.314）	−1.068*** （0.331）
控制变量	否	是	否	是	否	是
县固定效应	是	是	是	是	是	是
年份固定效应	是	是	是	是	是	是
趋势项	是	是	是	是	是	是
样本数	3042	3042	4602	4602	7540	7540
R^2	0.683	0.695	0.678	0.694	0.644	0.663
县级行政区总数	234	234	354	354	580	580

注：括号中数据为稳健标准误

***、**和*分别表示在 1%、5%和 10% 显著性水平上显著

根据表 9-8 回归系数可知，距离水污染事件发生地越近，空气质量越好，意味着可能存在一定的震慑效应。存在铅锌矿企业对环境质量具有负面效应。然而，在控制了是否存在铅锌矿企业、到旬阳县的距离两个变量之后，表示环保垂直化管理处理效应的系数依然显著为负，系数值大小和表 9-3 回归结果比较接近。表 9-9 回归结果中，到水污染事件发生地的距离和存在铅锌矿企业两个变量系数大多不显著。和表 9-4 相比，衡量垂直化改革环境治理效应的系数以及"十一五"时期的效应系数没有发生大的变动，印证了水污染事件爆发后，对汉江流域水质的要求和相应环保压力的改变并没有对样本地区大气环境产生大的影响。这意味着在中国以经济增长为主要考核指标的体系下，垂直化管理确实有助于环境质量的改善，而"十一五"规划将主要污染物减排指标纳入官员考核指标，加强了垂直

化管理的环境治理效应。

上述回归结果表明，垂直化管理体制对空气质量具有显著的改善作用。本节基于中国工业企业数据库，使用三重差分模型，通过分析高污染行业企业数量的相对变化趋势，考查改革地区空气质量改善的一种可能机制。划分是否属于高污染行业的依据是行业废气排放强度。国民经济行业分类二位数行业中废气污染强度最高的前四个行业为电力热力的生产和供应业、非金属矿物制品业、黑色金属冶炼及压延加工业和有色金属冶炼及压延加工业。考虑到电力热力的生产和供应类企业受政府规划影响较大，难以衡量政策冲击的效果，因此本节不对这类行业进行考查。最终使用的高污染行业为非金属矿物制品业、黑色金属冶炼及压延加工业、有色金属冶炼及压延加工业。本节使用电子及通信设备制造业、服装及其他纤维制品制造、电气机械及器材制造业、通用设备制造业四类废气和废水污染排放均较低的清洁行业作为参照。

本节的被解释变量是样本中各县拥有的高污染行业和低污染行业的企业数量。数据来源为中国工业企业数据库。该数据库包含了全部国有企业和年主营业务收入在 500 万元以上的规模以上非国有工业法人企业，根据聂辉华等（2012）对 2004 年中国工业企业数据库和全国经济普查数据进行的比对，中国工业企业数据库中企业的总销售额占全国工业企业总销售额的 89.5%。可知，该数据库涵盖了中国绝大多数企业，具有较好的代表性，能够为企业数量的变迁提供良好证据。本节所使用样本的时间区间为 1998~2008 年。行业划分标准依据是数据库中行业分类码的前二位。2003 年，部分行业划分标准发生变动，参考 Brandt 等（2012）的做法，对行业分类发生变更的企业行业分类码进行调整，使企业所属行业在样本期间内保持一致。本节使用样本省地县码的前六位识别企业所在县级行政区，依此得出各县级行政区所拥有的企业数。回归方程如下：

$$y_{ixt} = v\text{Treat}_x \times \text{Post2003}_t \times \text{Dirty}_i + \alpha\text{Treat}_x \times \text{Post2003}_t + \iota\text{Dirty}_i \times \text{Post2003}_t$$
$$+ Z'_{xt}\beta + \tau I_{ixt} + \psi_{ix} + \omega_{xt} + \phi_{it} + \varepsilon_{ixt}$$

（9-5）

其中，y_{ixt} 是被解释变量，表示 x 县在 t 年拥有 i 行业企业的数量；$\text{Treat}_x \times \text{Post2003}_t \times \text{Dirty}_i$ 表示三重交叉项，也是本节核心解释变量；$\text{Treat}_x \times \text{Post2003}_t$ 表示样本中陕西各地区已经对环保管理体制实行了垂直化改革；Dirty_i 表示污染行业的虚拟变量；I_{ixt} 表示衡量 i 行业在 x 县集聚程度的区位熵；Z'_{xt} 表示城市当年经济、教育等特征的控制变量，包括地区生产总值、总人口、平均工资、高中以上人口占比，控制变量中，地区生产总值和总人口用以控制当地市场规模产生的影响，平均工资用于衡量当地劳动力成本，使用高中以上人口占比作为人口受教育程度的代理变量，区位熵用于控制产业集聚效应。在进行回归时取区位熵的一期滞后项以减弱可能存在的内生性问题；ψ_{ix}、ω_{xt}、ϕ_{it} 分别表示行业-县、县-时间、行业-时间固定效应；ε_{ixt} 表示随机干扰项。

考虑到不同规模和所有制的企业在选址和进出市场的自由度上可能存在较大差异，本节根据所有制和规模对企业进行分组，以观察环保管理体制垂直化改革对不同所有制和规模企业的效果差异。根据所有制，样本分为国有企业组和私有企业组。依据《统计上大中小型企业划分办法（暂行）》（国统字〔2003〕17 号）对企业按规模进行划分，本节对 2003 年前的企业规模也使用了该办法以保证划分标准在样本期间前后一致。为避免样本期间企业规模波动产生的干扰，取平均值作为企业划分标准。

对污染行业的回归分析结果见表 9-10。囿于篇幅，本节仅报告了使用 300 公里组样本的回归结果。表 9-10 第一行衡量了垂直化管理对污染企业相对数量的平均效应，该影响系数多为负且显著，意味着实行垂直化管理制度降低了地区污染企业的相对数量。表中第一列为垂直化改革对污染行业总企业数的平均效应，第二至四列为改革对按规模分组的企业数量的影响。从回归结果来看，垂直化改革对大企业和小企业影响系数显著。对系数大小进行比较，垂直化改革对小规模企业的影响远高于大企业。这可能是由于小企业沉淀成本和迁移成本都比较低，当治污成本上升，小企业可以灵活地迁往其他地区，或退出市场，此外，新成立的小企业在选址时也拥有更强的灵活性，可以选择避开环保规制相对严格的地区。第五列、第六列分别为国有和私有企业组的回归结果。环保垂直化管理对国有企业数量影响系数绝对值较小且不显著，可认为环保管理体制改革对国有企业无显著影响，私有企业组回归系数为负且在 5% 置信度上显著，根据回归系数可知，分所有制来看，高污染行业企业总数量减少主要源于私有企业数量降低。相对国企而言，私有企业在进入、退出、选址等方面都具有较高的自由度，和政府之间联系的密切程度也较低，因而在地方加强环境管制时，私有企业受到的冲击远高于国企。表 9-11 报告了"十一五"期间对改革地区污染企业数量的边际影响。结果显示，在 2008 年，垂直化改革对高污染企业数量的影响上升。

表 9-10　环保管理体制改革对地方污染企业数量的影响

解释变量	被解释变量：企业数量					
	全部企业	大企业	中型企业	小企业	国企	私有企业
处理组×2003 年以后×污染行业	-2.355** （0.951）	-0.156*** （0.0586）	0.213 （0.252）	-2.411*** （0.831）	-0.0746 （0.296）	-1.430** （0.555）
控制变量	是	是	是	是	是	是
县固定效应	是	是	是	是	是	是
年份固定效应	是	是	是	是	是	是

续表

解释变量	被解释变量：企业数量					
	全部企业	大企业	中型企业	小企业	国企	私有企业
样本数	3288	3288	3288	3288	3288	3288
R^2	0.114	0.166	0.154	0.094	0.125	0.170
县级行政区总数	264	264	264	264	264	264

注：括号中数据为稳健标准误

***和**分别表示在1%和5%显著性水平上显著

表 9-11　"十一五"规划期间垂直化改革对地方污染企业数量的影响

变量	被解释变量：企业数量					
	全部	大企业	中型企业	小企业	国企	私有企业
处理组×2003 年以后×污染行业	−2.7520* （1.4680）	−0.1290*** （0.0466）	0.1190 （0.1560）	−2.7420** （1.2810）	−0.1090 （0.1100）	−2.1310** （1.0510）
处理组×污染行业×2006 年	−0.0194 （0.0518）	−0.0002 （0.0009）	0.0052 （0.0041）	−0.0243 （0.0471）	0.0223*** （0.0047）	−0.0115 （0.0447）
处理组×污染行业×2007 年	−0.0517 （0.0343）	0.0002 （0.0012）	0.0243*** （0.0026）	−0.0762** （0.0314）	0.0118*** （0.0040）	−0.0256 （0.0333）
处理组×污染行业×2008 年	−0.1520* （0.0812）	−0.0075*** （0.0018）	−0.0075** （0.0036）	−0.1370* （0.0770）	0.0101*** （0.0030）	−0.1560** （0.0790）
控制变量	是	是	是	是	是	是
县固定效应	是	是	是	是	是	是
年份固定效应	是	是	是	是	是	是
趋势项	是	是	是	是	是	是
样本数	4862	4862	4862	4862	4862	4862
R^2	0.137	0.167	0.158	0.125	0.153	0.195
县级行政区总数	262	262	262	262	262	262

注：括号中数据为稳健标准误

***、**和*分别表示在1%、5%和10%显著性水平上显著

本节分析意味着，实行环境保护体制垂直化改革可能增强了环保管制强度，导致垂直化管理地区的污染企业面临更高的期望成本，在位污染企业，尤其是小规模企业迁移或退出，新污染企业进入减少，地方污染企业数量降低。"十一五"规划期间，严格控制主要污染物排放进一步减少了改革地区污染企业的相对数量。工业源的废气排放减少，空气中可能生成$PM_{2.5}$的污染物随之下降。

本节回归结果和空气质量的回归结果从不同侧面解释了环保管理体制垂直化改革对地方环境治理的影响。回归结果均表明，垂直化改革增强了地方环境治理效果，这种效果在"十一五"期间有所上升。由于数据方面的限制，本节使用的是中国工业企业数据库企业数据，衡量的也是环境体制改革对国有和规模以上工

业企业行为的影响。考虑到小微企业进出市场更加灵活，改革对全部企业数量的影响系数可能高于本节估计值。

五、环保管理体制垂直化改革有助于大气污染治理

本节以 $PM_{2.5}$ 治理为例，使用陕西省实行垂直化管理改革的"拟自然实验"，分析了环保管理体制垂直化改革的环境治理效应。实证结果表明，在中国原有的以经济增长为主要指标的官员考核体制下，将环境保护部门从地方政府中独立出来，对其实行垂直化管理制度的政府治理模式有助于改善地方政府环境治理效果。使用双重差分模型结果显示，实行环保管理体制垂直化改革对样本县级行政区 $PM_{2.5}$ 浓度的改善效果在 3.974 微克/米^3 以上。"十一五"规划将主要污染物排放量纳入地方官员考核的约束性指标，这种做法增强了垂直化改革的环境治理效应。

对规模以上企业数量的进一步分析发现，对环保管理体制进行垂直化改革后，地方污染企业相对数量显著下降。分企业规模进行回归，减少的企业主要来自小规模企业。分所有制来看，环保管理体制垂直化改革对国有企业无显著影响，对私有企业数量具有显著负效应。污染行业企业数量的下降解释了空气质量改善的部分原因，也间接印证在当时政府以经济增长为主要目标的背景下，垂直化改革加强了地方环境管制强度，意味着垂直化管理体制改革增强了地方的环境治理效应。以属地管理为主的同时，对海关、税收等少数部门实行垂直化管理体制是中国政治组织结构的重要特点，本节为中国垂直化管理政治组织结构的治理效果提供了实证证据，也为中国正在推行的环保管理体制垂直化改革提供了重要参考。

第二节　长三角城市雾霾治理评价与区域一体化绿色发展

一、如何评价城市雾霾治理效果？

长三角城市群作为中国经济最发达、城镇集聚程度最高的城市化地区，以仅占国土 2.1% 的面积，集中了全国 25% 的经济总量和 25% 以上的工业增加值，人均生产总值超过 1.2 万美元，被视为中国经济发展的重要引擎。但是，长三角城市群也是我国雾霾多发地带，虽经多年的联合治理有所改善，但是在秋冬季节雾霾仍然频繁发生，治霾任务任重道远。2018 年首届中国国际进口博览会上，国家主

席习近平宣布"支持长江三角洲区域一体化发展并上升为国家战略"[①]。显然,雾霾的进一步治理以及一体化绿色发展将是长三角区域一体化发展的重要内容。本节将以长三角城市群雾霾治理为例,探讨如何评价城市的雾霾治理效果以及如何推进区域一体化绿色发展。

雾霾协同治理要考虑到所有利益相关主体。一般来说,雾霾治理的核心利益相关主体包括政府、企业、社会公众、媒体等,它们在雾霾治理中承担不同的职能。政府是雾霾治理的领导者,承担着雾霾治理战略政策制定、政策实施管理、治理成果监测、对管理对象实施奖惩等职能,在雾霾治理中发挥主导作用。企业是污染的排放者和节能减排政策的执行者,是实施雾霾治理的关键。社会公众是雾霾治理的主要受益者,也是雾霾治理的参与者,自身的消费行为也影响雾霾治理绩效。媒体是雾霾治理的监督者和倡导者。利益相关主体在雾霾治理中发挥不同的作用,由于雾霾污染的负外部性,雾霾治理要实现社会公共利益的最大化,因此需要研究建立雾霾治理利益相关主体的合作机制,共同治理。从实践来看,缺乏信息共享与合作治理机制是利益相关主体参与雾霾治理的主要障碍。因此,本书旨在构建一套科学、客观、可操作性强的城市雾霾治理水平指数,对长三角城市的雾霾治理情况进行评价,尝试破解雾霾治理中的信息不对称问题,为利益相关主体共同参与雾霾治理提供信息保障,为城市雾霾治理模式创新带来有益的建议。

二、城市雾霾治理测度指数构建

DPSIR(driving forces-pressure-state-impact-response)模型,即驱动力-压力-状态-影响-响应模型,是由 OECD 于 1993 年提出的环境治理评价框架体系,并为欧洲环境局采用。基于 DPSIR 模型在反映雾霾治理中治理政策、经济活动和环境质量之间因果关系方面的突出优势,本节采用 DPSIR 模型来构建城市雾霾治理指数的测度指标结构体系。雾霾治理 DPSIR 模型中,驱动力-压力-状态-影响-响应构成一个系统的因果关系链。雾霾治理驱动力表现为我国建设资源节约型、环境友好型社会的内在发展要求;压力是雾霾产生的能源消费结构、经济结构等深层次原因和当前主要污染物排放状况;状态指影响空气质量状况的主要污染物浓度;影响表现为雾霾治理对城市经济增长、旅游业收入、居民健康等方面的影响;响应表现为所采取的有利于雾霾治理发展的政策措施。雾霾治理 DPSIR 模型指标结果关系如图 9-2 所示。

---

① 习近平.2018-11-05.共建创新包容的开放型世界经济——在首届中国国际进口博览会开幕式上的主旨演讲.http://www.gov.cn/xinwen/2018-11/05/content_5337572.htm.

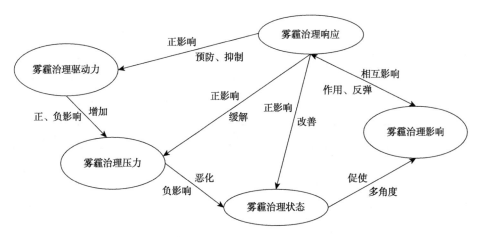

图 9-2　城市雾霾治理 DPSIR 模型关系图

如图 9-2 所示，从雾霾治理角度看，驱动力-压力-状态-影响-响应的因果结构关系为：驱动力是雾霾治理的动力；压力恶化雾霾治理状态，具有消极作用；雾霾治理状态对雾霾治理的影响力是多角度的，既有正向积极影响，又有负向消极影响，会加剧雾霾治理的影响状况；而雾霾治理的影响与响应具有相互作用，影响会引起响应的反弹；响应对驱动力、压力、状态均有正向影响，可以预防、抑制驱动力，缓解压力，改善状态。借鉴相关研究成果，在 DPSIR 模型框架下，按照客观性、导向性、可比性、系统性原则，本书最终确定的测度指标体系如表 9-12 所示。

表 9-12　城市雾霾治理指数测度指标体系

目标层	维度层	指标层	指标单位	指标阈值
城市雾霾治理指数指标体系	驱动力（D）	单位产值能耗（X_1）	吨标准煤/万元	0.2~1.0
		煤炭消费量占能源消费总量比重（X_2）	%	15~90
		空气质量达到二级以上天数占全年比重（X_3）	%	40~100
	压力（P）	第二产业产值占地区生产总值比重（X_4）	%	20~70
		人均机动车拥有量（X_5）	辆/人	0.01~0.35
		单位产值二氧化硫排放量（X_6）	吨/万元	0.0001~0.007
		单位产值烟尘排放量（X_7）	吨/万元	0.0001~0.005
	状态（S）	可吸入颗粒物年均浓度（X_8）	毫克/米³	0.01~0.2
		二氧化氮年均浓度（X_9）	毫克/米³	0.01~0.1
		二氧化硫年均浓度（X_{10}）	毫克/米³	0.01~0.1

目标层	维度层	指标层	指标单位	指标阈值
城市雾霾治理指数指标体系	影响（I）	国内旅游业收入占地区生产总值比重（X_{11}）	%	3~25
		人均地区生产总值（X_{12}）	万元/人	1~15
		新产品产值占地区生产总值比重（X_{13}）	%	0.1~0.5
	响应（R）	环境污染治理投资占地区生产总值比例（X_{14}）	%	0.002~0.05
		人均城市公共交通客运量（X_{15}）	人次	10~300
		建成区绿化覆盖率（X_{16}）	%	30~50
		固体废弃物综合利用率（X_{17}）	%	70~100

由表 9-12 所示，基于 DPSIR 模型，城市雾霾治理指数指标结构包括目标层、维度层和指标层三个层次共 17 个测度指标，反映了雾霾治理绩效及其影响的关键因素。测度指标均采用比值表示，增强了可比性。同时，指标强调城市雾霾产生的深层次因素，如能源消费结构、产业结构等因素，有利于为制定治理措施提供针对性方向。从治理效率、责任分摊及受益性等角度，对测度指标体系反映的利益相关主体治理责任划分如下：煤炭消费量占能源消费总量比重（X_2）、第二产业产值占地区生产总值比重（X_4）、人均地区生产总值（X_{12}）、环境污染治理投资占地区生产总值比例（X_{14}）、建成区绿化覆盖率（X_{16}）五个指标主要反映政府的雾霾治理责任；单位产值能耗（X_1）、单位产值二氧化硫排放量（X_6）、单位产值烟尘排放量（X_7）、新产品产值占地区生产总值比重（X_{13}）、固体废弃物综合利用率（X_{17}）五个指标主要反映企业的雾霾治理责任；人均机动车拥有量（X_5）、国内旅游业收入占地区生产总值比重（X_{11}）、人均城市公共交通客运量（X_{15}）主要反映社会公众的雾霾治理责任；空气质量达到二级以上天数占全年比重（X_3）、可吸入颗粒物年均浓度（X_8）、二氧化氮年均浓度（X_9）、二氧化硫年均浓度（X_{10}）四个指标反映多主体的共同治理绩效，也可以作为媒体监督的工具。测度指标为考查利益相关主体治理绩效提供数据支持。

本书从长三角区域选择了环保部重点监控的上海、南京、无锡、常州、苏州、南通、扬州、镇江、杭州、宁波、绍兴、合肥 12 个城市作为测量样本，对其雾霾治理指数进行实证分析。样本城市的测度指标数据来源于 2008~2017 年的《中国统计年鉴》《中国城市年鉴》和上海、南京、无锡、常州、苏州、南通、扬州、镇江、杭州、宁波、绍兴、合肥相应年份的统计年鉴以及国民经济和社会发展统计公报等。为对城市雾霾治理指数进行测度，首先需要确定各指标的阈值，其确定一方面从我国城市雾霾治理的现状出发，另一方面也需要体现一定的发展前瞻性。根据《中国统计年鉴》《中国城市统计年鉴》《中国能源统计年鉴》等统计数据，借鉴相关国际、国内标准，各指标的阈值设置如表 9-12 所示。

根据测度指数指标与城市雾霾治理发展水平的关系，表 9-12 中的指数测度指标分为正向指标和负向指标两类。正向指标，即指标值越大表示城市雾霾治理水平越高，对城市雾霾治理起促进作用；负向指标，即指标值越大表示城市雾霾治理水平越低，对城市雾霾治理起阻碍作用。表 9-12 中，正向指标包括空气质量达到二级以上天数占全年比重（X_3）、国内旅游业收入占地区生产总值比重（X_{11}）、人均地区生产总值（X_{12}）、新产品产值占地区生产总值比重（X_{13}）、环境污染治理投资占地区生产总值比例（X_{14}）、人均城市公共交通客运量（X_{15}）、建成区绿化覆盖率（X_{16}）、固体废弃物综合利用率（X_{17}），其余为负向指标。为消除测度指标量纲不同和数量级差因素对城市雾霾治理指数的影响，对表 9-12 中的指标数据进行了标准化处理。经过标准化处理后，测度指标数值区间为[0,1]，并使负向指标与城市雾霾治理水平呈正向关系。为检验本节建立的雾霾指数测度指标体系的科学性，我们还对其进行了信度和效度检验。检验结果显示，本节所构建的指标体系中各因子具有较高的信度、良好的内敛效度和明显的差异性。

三、长三角城市雾霾治理测度指数计算结果分析

本节采用几何平均法对雾霾治理指数进行加权计算。指标权重代表不同指标对城市雾霾治理指数的重要性程度。为减少主观因素对雾霾测度结果的影响，本节采用主成分回归法确定各测度指标的权重。各测度指标的主成分回归系数即为该指标的权重。权重大小体现了各指标对城市雾霾治理指数影响的重要性程度。从各指标的权重大小来看，产业结构、能源结构等雾霾治理的深层次因素对雾霾治理指数影响程度最大，单位产值二氧化硫排放量、空气质量达到二级以上天数、人均城市公共交通客运量等因素对雾霾治理指数的影响程度次之，而固体废弃物综合利用率、建成区绿化覆盖率等因素对雾霾指数的影响程度最小。指标权重大小整体上差距不大。从客观现实情况来看，指标权重大小可以反映雾霾治理指数的科学内涵。

（一）长三角样本城市雾霾治理指数测度结果与分析

根据以上方法，本节对上海、南京、无锡、常州、苏州、南通、扬州、镇江、杭州、宁波、绍兴、合肥 12 个样本城市 2007~2016 年的雾霾治理指数进行测度。样本城市的雾霾治理指数及其发展趋势如图 9-3 所示。

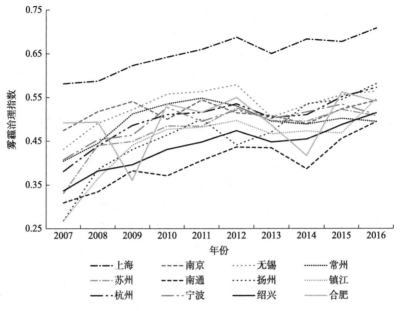

图 9-3　长三角样本城市雾霾治理指数及其发展趋势

为检验雾霾治理测度指数的科学性，选择可吸入颗粒物年均浓度（PM$_{10}$）表现较为稳定的样本城市，作对应年份样本城市雾霾治理指数与该城市可吸入颗粒物年均浓度（PM$_{10}$）的 Pearson 相关性检验，显著性水平为双侧检验结果（表 9-13）。

表 9-13　样本城市雾霾治理指数与可吸入颗粒物年均浓度相关系数

指标	上海	南京	无锡	常州	苏州	南通	扬州	镇江	杭州	宁波	绍兴	合肥
相关系数	−0.848	−0.607	0.009	−0.589	−0.575	−0.304	−0.179	−0.116	−0.841	−0.107	−0.416	−0.402
显著性水平	0.002	0.063	0.980	0.073	0.082	0.393	0.622	0.750	0.002	0.768	0.232	0.249

如表 9-13 所示，样本城市 2007~2016 年的雾霾治理指数与 PM$_{10}$ 浓度呈现强负相关、中等程度负相关或弱负相关。负相关表示，城市雾霾治理指数越高，该城市 PM$_{10}$ 年均浓度越低。以下以上海市和无锡市为例对城市雾霾治理指数和 PM$_{10}$ 年均浓度关系进行说明。首先，以上海市为例，该城市的 PM$_{10}$ 年均浓度从 2007 年的 0.088 毫克/米^3 下降到 2016 年的 0.059 毫克/米^3，PM$_{10}$ 浓度变化除 2013 年有较大反弹外，其他年份表现为稳定下降，雾霾治理指数由 2007 年 0.581 上升到 2016 年的 0.709，因此上海市雾霾治理指数与可吸入颗粒物年均浓度（PM$_{10}$）表现为强负相关，雾霾治理指数与雾霾实际水平相符，且显著性水平（双侧）在

置信度为 0.01 的水平上显著相关。杭州市 PM_{10} 与治理指数关系和上海市相似。其次，从无锡市的情况来看，该市 PM_{10} 年均浓度 2007 年和 2016 年均为 0.083 毫克/米³，期间变化有升有降，不稳定，其中 2013 年、2014 年上升幅度较大，而该市雾霾治理指数变化总体趋势也呈现曲折走势，其中 2013 年、2014 年度有较大程度下降，与 PM_{10} 年均浓度变化类似。其他城市的雾霾治理指数与 PM_{10} 年均浓度关系表现也符合逻辑。因此，本节构建的雾霾治理指数可以科学反映城市雾霾治理水平的高低。

下面根据图 9-3 的测度结果来介绍长三角样本城市的雾霾治理指数情况。根据城市雾霾治理指数反映的城市雾霾治理绩效水平状况，首先将城市雾霾治理指数分为四个等级，指数大于 0.7 表示优，0.6~0.7 表示良，0.5~0.6 表示中，0.4~0.5 表示差，0.4 以下表示极差。从雾霾治理指数发展水平来看，2007~2016 年，上海市的雾霾治理指数最低为 2007 年的 0.581，最高为 2016 年的 0.709，达到了优的水平，在 12 个样本城市中雾霾治理指数最高，且处于稳步增长中，反映出上海市的雾霾治理处于较高的水平。其次，南京、无锡、杭州的雾霾治理指数大部分年份大于 0.5，处于中水平。南通、绍兴的雾霾治理水平在样本城市中相对较差，大部分年份处于差水平。除上海外，大部分样本城市的雾霾治理指数较低，说明有较大的提升空间。从雾霾治理指数的变化趋势来看，12 个样本城市的治理指数变化趋势较为一致，总体上呈现增长趋势，均有不同程度的增长。其中，扬州和镇江增长幅度较大，均超过了 1 倍，合肥和南京的变化幅度较小，2016 年比 2007 年分别增长了 9.97% 和 14.48%，并且合肥市的变化程度比较大，处于不稳定状态。样本城市雾霾治理指数变化趋势的另一个特点是在 2013 年、2014 年有不同程度的下降，与城市空气质量优良率下降、空气中可吸入颗粒物含量上升、二氧化硫和二氧化氮年均浓度提高等雾霾重发因素有关。可见，样本城市雾霾治理指数的变化反映了不同时期长三角样本城市雾霾治理绩效水平。

（二）长三角样本城市雾霾治理指数各维度结果与分析

以上海市为例，对 DPSIR 模型指数各维度的雾霾治理表现进行测度，分析各因素对雾霾治理指数的影响机理。测度结果如图 9-4 所示。

由图 9-4 可以看出，从上海市雾霾治理的驱动力维度（D）来看，指数总体上呈现上升趋势。这是因为上海市的单位产值能耗不断下降，从 2007 年的 0.780 吨标准煤/万元下降到 2016 年的 0.427 吨标准煤/万元，下降了 45.26%，对节能减排目标实现的贡献较大。同时，煤炭消费量占能源消费总量的比重也下降了 7 个百分点，调整能源结构，减少煤炭消费比重，对减少雾霾污染发挥了积极作用。但是上海市空气质量优良率近年来下降幅度较大，从 2007 年的 89.9% 到 2016 年的 75.4%，其中 2013 年一度下降到 66%，拖累了雾霾治理驱动力指数的增长。在

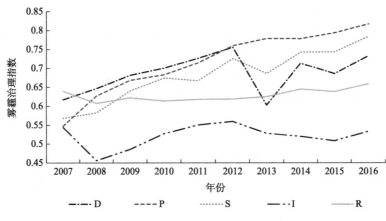

图 9-4　上海市 DPSIR 各维度雾霾治理指数测度结果

三个因素的综合作用下，上海市雾霾治理驱动力维度（D）指数整体上呈现增长
趋势，有效促进了雾霾治理指数的增长。

从上海市雾霾治理的压力维度（P）来看，上海市近年来通过大力发展金融、
贸易和航运业，进行产业结构调整，使第二产业产值占地区生产总值的比重不断
下降，从 2007 年的 44.8%下降到 2016 年的 29.8%，下降了 15 个百分点，单位产
值二氧化硫和烟尘的排放量 2016 年比 2007 年分别下降了 93.3%、66.28%，这些
因素大大降低了雾霾治理的压力，促进了雾霾治理指数的增长。但上海市的人均
机动车拥有量一直保持了较高的水平，尾气排放增长给雾霾治理带来压力，拖累
压力维度指标的上升。在以上四个测度指标因素的综合作用下，上海市雾霾治理
压力维度指数呈现稳步增长趋势，对雾霾治理指数增长的贡献最大。

从上海市雾霾治理状态维度（S）来看，上海市的可吸入颗粒物（PM_{10}）年
均浓度、二氧化硫年均浓度、二氧化氮年均浓度三个指标均有不同程度的下降。
其中，可吸入颗粒物年均浓度从 2006 年的 0.088 毫克/米^{3}下降到 2016 年的 0.059
毫克/米^3，下降了 32.95%，二氧化硫年均浓度下降了 72.73%，二氧化氮的年均浓
度下降了 20.37%，污染物的下降表明上海市的环境质量状况得到了明显改善，直
接体现出了雾霾治理的成效。在三个测度指标的共同作用下，上海市雾霾治理状
态维度（S）呈现上升趋势，提高了雾霾治理指数。

从上海市雾霾治理影响维度（I）来看，国内旅游业收入占地区生产总值比重
除个别年份外，大部分年份在 12%左右，表现较为平稳，2016 年与 2007 年基本
持平，旅游业收入对雾霾治理指数拉动作用非常有限。上海市新产品产值占地区
生产总值的比重下了近 9 个百分点，技术创新速度增长放慢，雾霾天气影响了
科技进步的增长速度，拖累了雾霾治理指数的增长。上海市的人均地区生产总值
保持了平稳增长，表明雾霾治理对上海市经济增长具有正向影响。在三个影响要

素的共同作用下，影响维度拖累了雾霾治理指数的增长，具有消极影响。

从上海市雾霾治理的响应维度（R）来看，上海市环境污染治理投资额占地区生产总值的比重基本处于 3% 的比例，建成区绿化覆盖率和固体废弃物综合利用率约提高了 1 个百分点，这些治理手段对改善污染，提高雾霾治理指数的贡献不大。从人均城市公共交通客运量来看，该指标由年公共交通客运总量与常住人口的比值计算得到，表示城市公共交通的发达程度，反映减少汽车尾气污染对治理雾霾的贡献水平，上海市的人均城市公共交通客运量从 2007 年的 251.34 人次下降到 2016 年的 239.38 人次，略有下降，表明上海市公共交通的发展速度落后于常住人口的增长速度，拖累了雾霾治理指数的提高。上海市对雾霾治理的响应程度有待改进。

（三）利益相关主体雾霾治理指数测度结果与分析

仍以上海市为例，从利益相关主体雾霾治理角度对雾霾治理指数进行测度与分析，以明确利益相关主体的雾霾治理绩效。测度结果如图 9-5 所示。

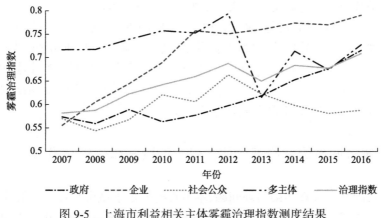

图 9-5　上海市利益相关主体雾霾治理指数测度结果

从利益相关主体治理绩效来看，政府主体的雾霾治理绩效较差，低于上海市的雾霾治理指数，大大拖累了上海市的雾霾治理指数。政府主体在雾霾治理中，降低煤炭消费比重和调整产业结构方面对雾霾治理绩效显著，但环境污染治理投资额度、建成区绿化覆盖率和人均地区生产总值增长指标与其他测度样本城市相比表现相对较差，如建成区绿化覆盖率约 38%，影响了政府主体的治理指数，需要采取针对性的措施，提高治理绩效。

从企业主体的治理绩效来看，整体上高于上海市的雾霾治理指数，保持了较高水平，并呈现稳步增长趋势。这是因为企业主体在降低单位产值能耗、单位产值二氧化硫排放量、单位产值烟尘排放量和提高固体废弃物综合利用率等测度指标方面与其他测度样本城市相比，治理绩效突出。上海市大力发展金融、贸易、航运和服务业，所以新产品产值占地区生产总值的比重较低，从 2007 年的 36.43% 下降到 2016 年的 27.66%，对提高企业主体的治理指数具有较大负面影响。企业在雾霾治理中一方面需要保持、稳步提高优势，同时需要加大产品创新力度，提高雾霾治理指数。

社会公众对雾霾治理的直接表现为采用公共交通的低碳方式出行、减少私家车的拥有和使用、通过旅游消费支出支持环境友好城市建设等方面。从社会公众的直接治理绩效表现来看，与其他样本城市相比，整体上仍处于相对较高水平，但波动幅度较大，2013 年以后呈现下降趋势，低于上海市的治理指数。从测度指标来看，公共交通客运量虽然在增长，但人均公共交通客运量呈现下降趋势，从 2007 年的 1822.8 人次下降到 2016 年的 989.3 人次，下降了 45.73%，人均机动车拥有量从 2008 年的 0.138 辆/人增长到 2016 年的 0.149 辆/人，国内旅游业收入占地区生产总值的比重 2007 年与 2016 年大致相当，因此导致了社会公众治理指数的变化。从治理指数来看，需要进一步在公众中树立低碳生活、低碳消费的思想观念，鼓励公众采用低碳出行方式，以实际行动保护环境。

从多主体的共同治理指数来看，由于上海市可吸入颗粒物年均浓度、二氧化氮年均浓度、二氧化硫年均浓度均有不同程度的下降，与其他测度样本城市相比相对较好，但空气质量达到二级以上天数占全年比重相对较低，尤其是 2013 年来处于 66%~77% 的较低水平。总体来看，在多主体的共同治理下，该治理指数高于上海市治理指数，2013 年以后上升趋势明显。

四、改进城市治霾治理评估，引领区域一体化绿色发展

针对我国城市雾霾污染治理问题，本节首先界定了城市雾霾治理指数的内涵，并基于 DPSIR 模型构建了城市雾霾治理测度指数。在此基础上，选择上海、南京、无锡、杭州等 12 个环保部重点监测的长三角城市为样本，对其 2007~2016 年的雾霾治理指数进行了测度和实证分析。本节所界定的城市雾霾治理指数是按一定原则、方法将影响城市雾霾变化和反映城市雾霾状况的若干因素指标简化成为单一的概念性指数形式，将城市雾霾治理绩效分级表示，在总体上反映城市雾霾治理绩效水平。该评估指数可以反映城市雾霾治理绩效在总体上的水平以及变化方向和程度，并明确各因子对雾霾治理绩效水平的作用方向和作用程度，实现我国城市之间雾霾治理水平的纵向、横向等多角度的比较和相互参考，对雾霾治理趋势进行预测、预警，辅助雾霾治理决策。因此，它不同于空气质量指数和污染指数，不仅可以反映当前的空气质量状况，更能解释雾霾污染的成因，为解决雾霾

污染问题提供针对性参考。基于所估算的长三角城市雾霾治理水平指数及其因子分解和相关利益主体核算，可得到协同雾霾治理促进区域一体化绿色发展的基本建议。

（1）创建雾霾治理指数信息共享平台，提高雾霾治理积极性。长三角样本城市雾霾治理指数测度结果显示，上海市在2016年大于0.7，达到了优等级，南通、绍兴大部分年份低于0.5，处于差的水平，其他样本城市大部分年份在0.5~0.6，处于中等水平，表明长三角城市的雾霾治理绩效水平整体不高，需要提高雾霾治理积极性。针对各城市雾霾治理的现状，构建雾霾治理指数信息共享平台是提高各城市雾霾治理积极性的有效手段。建立雾霾治理指数信息共享平台，定时发布各城市雾霾治理指数信息，可以使雾霾治理指数成为反映各城市雾霾治理绩效状况的晴雨表和对比工具，为进行雾霾治理提供信息透明机制。通过该平台发布的雾霾治理指数信息，从横向上来看，可以帮助相关城市了解本城市雾霾治理绩效的排名位次及其与其他城市的差距大小，对城市提高雾霾治理水平发挥激励作用，也为上级政府对雾霾治理进行奖惩提供依据；从纵向来看，可以帮助城市了解本市雾霾污染变化情况及其规律，并对未来变化进行预测、预警，从而为雾霾治理决策提供数据支持。

（2）建立测度指标影响路径关系图，提高雾霾治理措施针对性。从对上海市DPSIR各维度雾霾治理指数的测度结果来看，雾霾治理的驱动力（D）曲折中加强、压力（P）稳步减轻、状态（S）稳定趋好、影响（I）弱化、响应（R）能力亟待改进，各维度下的测度指标进一步为治理措施制定指明了路径，为制定雾霾治理措施提供有效数据支持。从主要影响因素来看，根据上海市的雾霾治理指数测度结果，影响（I）维度的指数2007~2016年都徘徊在0.45到0.56的水平，大大拖累了上海市的雾霾治理指数，因此上海市主要应采取加大技术创新投入支持力度、发展高新技术产业、积极促进技术创新成果转化等措施来实现产业结构调整目标，促进技术减排，降低雾霾污染。同时，上海市响应（R）维度的指数2016年仅比2007年增长了0.02个百分点，究其原因，上海市还需要从加大建设公共交通体系、倡导公共交通出行来应对日益增长的人口数量带来的交通污染问题。

（3）明确利益相关主体的治理责任，提高雾霾治理效果。从对上海市治理主体的雾霾治理指数测度结果来看，企业主体和政府主体的治理指数2016年分别达到0.7907和0.7156，比2007年分别增长了42.4%和24.8%，均保持了稳定增长，在雾霾治理中发挥了主体作用和领导作用，公众主体的治理指数大部分年份小于0.6，处于低位徘徊，拖累了总体治理指数，多主体的治理指数大部分年份大于0.7，保持在较高水平，但不稳定。利益相关主体的雾霾治理指数为明确利益相关主体的治理责任提供了有效支撑。根据上海市各利益相关主体的治理指数，提高雾霾治理效果的有效途径是对公众在治理中进行教育和引导，引导公众采用低碳的公共交通方式出行，减少高碳的机动车出行，降低污染，在旅游等消费活动中，培养绿色消费习惯，促进环境的美化。同时，对治理主体雾霾治理指数的测度，也有利于确保利益相关主体参与治理的信息知情权、监督权，改善利益相关主体参与治理中的信息不对称、不及时等状况，促进利益相关主体合作参与雾霾治理。

（4）完善雾霾治理指数运用机制，提高雾霾治理的可持续性。从多角度对雾霾治理指数进行测度，测度结果可以应用到社会管理的多方面，发挥雾霾治理指数的应用价值。首先，可以作为中央政府对地方政府的重要考评指标，从而促使地方政府关注雾霾治理指数，积极采取措施，调整产业结构，减少煤炭资源消费比重，发展公共交通，加大环保治理投资，加强对排污行为的监管力度，不为短期经济利益牺牲环境利益，提高雾霾治理绩效水平，促进城市经济与资源环境的协调发展。其次，可以作为对企业污染监管的依据，根据企业排污对雾霾治理指数的影响程度，制定对企业的奖惩标准或者税收依据，提高企业雾霾治理的积极性和主动性。最后，投资者和金融机构可以应用雾霾治理指数信息进行投资决策，社会公众和媒体可以利用该信息更好地发挥监督职能，提高参与治理的积极性。最终，通过雾霾治理指数信息的应用和普及，建立起政府主导、利益相关主体共同参与的雾霾治理模式，在全社会树立起"同呼吸、共治理"的行为准则，改变传统的政府一元治理模式，破解雾霾治理中"市场失灵"和"政府失灵"问题。

第三节　京津冀与长三角区域雾霾治理联防联控机制分析

雾霾污染空间溢出特征决定了治理雾霾污染需要实施区域联防联控政策协同治理。京津冀和长三角是我国雾霾污染和防治的重点区域，近年来已经建立了级别较高、具有影响力的联防联控协作机制，并取得了一定治理成绩，但是仍然面临一些现实困境，特别是两个区域雾霾联防联控治理存在差异化原因，需要实现政策措施差异化。本节以京津冀和长三角作为分析对象，研究如何执行区域差异化的雾霾联防联控优化政策。

一、我国雾霾区域联防联控治理进展

（一）大气污染联防联控治理的国家相关政策

关于大气污染联防联控，我国中央和地方政府都出台了相应的政策措施。在国家层面，2010年国务院办公厅转发《关于推进大气污染联防联控工作改善区域空气质量的指导意见》，正式提出区域联防联控"五个统一"指导思想，并且把京津冀、长三角和珠三角三个区域列为大气污染联防联控重点区域。2013年国务院颁布《大气污染防治行动计划》（"大气十条"），提出京津冀、长三角、珠三角等区域的细颗粒物浓度分别降低 25%、20%、15%左右的目标，明确建立区域大气污染防治协作机制，由区域内省级人民政府以及国务院有关部门共同参加，协调解决区域突出环境问题。2015年8月29日我国修订了《大气污染防治法》，专门设立一章（第五章）"重点区域大气污染联合防治"，这是为了适应点源污染扩展到区域污染的新形势。这些措施对推动我国建立大气污染，特别是雾霾治理的区域联防联控制度，起到了积极的指引作用。

（二）京津冀大气污染区域联防联控治理进展

京津冀区域对大气污染防治的联防联控，近些年也处于不断推进阶段。2013年京津冀区域雾霾联防联控治理顶层设计正式开始。2013年9月环保部等六部门联合印发《京津冀及周边地区落实大气污染防治行动计划实施细则》，这个实施细则明确要建设京津冀及周边地区大气污染防治协作机制。2013年10月，北京、天津、河北、山西、内蒙古、山东与环境保护部、发改委、工信部、财政部、住建部、中国气象局、国家能源局组成的六省区市七部委，宣布启动京津冀及周边地区大气污染防治协作机制，随之提出将致力于强化区域大气污染防治协作力度。2013年10月京津冀及周边区域大气污染防治协作小组正式成立，并明确了协作小组工作的重点；2014年5月京津冀及周边地区大气污染防治协作机制会议正式召开，印发当年重点工作，并提出建立区域大气污染防治专家委员会；2014年8月天津与河北签订《加强生态环境建设合作框架协议》，北京与天津签订《关于进一步加强环境保护合作的协议》；2014年10月《京津冀水污染突发事件联防联控机制合作协议》正式签署；2014年12月北京、天津、河北、山西、山东和内蒙古六省区市联合成立机动车排放控制工作协调小组。2015年5月《京津冀及周边地区大气污染联防联控2015年重点工作》正式印发，提出建立结对合作机制，编制大气污染防治中长期规划，建设区域大气污染防治信息共享平台；11月"京津冀环境执法联动工作机制"即探索建立定期会商和联动执法制度正式启动；12月正式签署《京津冀区域环境保护率先突破合作框架协议》，规定三地对大气、水、土进行统筹治理。2016年2月京津冀及周边地区大气污染防治联防联控信息共享平台正式上线运行，7月环保部和京津冀三地联合发布《京津冀大气污染防治强化措施（2016—2017年）》。2017年2月环保部、发改委、财政部、能源局与北京、天津、河北、山西、山东、河南联合发布《京津冀及周边地区2017年大气污染防治工作方案》，3月京津冀及周边地区大气污染防治协作小组第九次会议做出贯彻落实中央领导同志关于加快推进京津冀区域大气污染防治工作的重要指示（杜雯翠和夏永妹，2018）。

（三）长三角大气污染区域联防联控治理进展

长三角区域对大气污染联防联控治理可以分为两个阶段。第一个阶段是2013年"大气十条"颁布之前，这是长三角区域雾霾联防联控探索阶段。2008年《长江三角洲地区环境保护工作合作协议（2009—2010年）》正式签订，协议明确了加强区域大气污染控制，大力削减SO_2排放量，而且规范了机动车尾气排放标准，要选择部分城市进行雾霾天气监测试点，同时要做到"健全区域环境监管与应急联动机制"以及"完善区域环境信息共享与发布制度"。第二个阶段是2013年"大气十条"颁布之后的联防联控推进阶段。2013年12月30日安徽颁布《安徽省大气污染防治行动计划实施方案》，2014年初江苏、浙江先后颁布《江苏省大气污染防治行动计划实施方案》和《浙江省大气污染防治行动计划（2013—2017年）》，上海在2014年10月实施了《上海市大气污染防治条例》，这些条例和方案等是针对"大气十条"制定的地方实施细则，为推动长三角地区大气污染联防联控治理奠定了基础。其间，2014年1月长三角三省一市与国家八部委组成的长三角区域大气污染防治协作机制在上海召开了第一次会议，这次会议明确了协商统筹、责任共担、信息共享、联防联控的协作原则，并正式吸纳安徽省成为成员；之后每年制定公布长三角区域大气污染防治协作工作重点，对落实区域协作和联合行动、提高联防联控和环境监管能力，起到了积极作用。之后的时间，长三角各省市针对协作治理要求还采取了多项整治措施，比如江苏省2015年2月出台《江苏省大气污染防治条例》，在全省范围内立案查处近万家违规企业，提出坚守生态红线措施，还配套出台监管考核细则与生态补偿办法。浙江省在2015年初政府问政于民的网络投票中雾霾治理成为百姓最关注问题，雾霾治理连续多年列为政府工作报告首位，各个城市积极整治重污染企业、黄标车和餐饮企业油烟净化等。上海市在2013年10月出台《上海市清洁空气行动计划（2013—2017）》，制定5年行动计划，2015年发布《上海市挥发性有机物排污收费试点实施办法》，实施差别化排污收费政策，各地区不断完善《上海市空气重污染专项应急预案》，力争降低启动门槛。

二、京津冀和长三角雾霾联防联控治理的现实困境

（一）缺乏利益平衡机制，区域内部协作动力有待提高

大气污染治理的本质是如何处理公共物品问题，大气作为一种特殊公共物品，具有非竞争性和非排他性，需要依靠不同地方政府协同治理，京津冀和长三角区域都已经建立了联防联控机制，但是在实际运行中无法避免受到主客观原因影响，无法真正达到"损益者受偿、受益者补偿"的利益平衡机制而减弱协同治理效果。实践中，京津冀和长三角区域都还没有确定公开的一致性协议，就地区各地来看也没有出台相应制度，比如北京在 2018 年 5 月 30 日发布《北京市人民政府办公厅关于健全生态保护补偿机制的实施意见》提出建立空气质量生态保护补偿机制，但尚未落实与周边地区形成联动。上海和周边地区共同消除雾霾没有建立法定的针对性的利益补偿机制。

进一步分析，雾霾联防联控治理机制下各个地方政府基本上都是在现实环境压力和国家强制性规定下执行协议，但协作治理雾霾的原动力来自政府间的共同利益，区域内各地区参与协同治理的意愿及治理深度一定程度上取决于经济发展水平、资源禀赋特点等，但是当前联防联控治理雾霾的内生动力还不充足。京津冀和长三角区域的不同省市之间的经济发展水平存在较大差距，历史排污程度和当前发展需求也存在较大差异，不同地区、不同省市雾霾联防联控治理中付出程度（一定程度上就是治污成本）也就难免有所不同；长期以来官员绩效考核重 GDP等经济指标而轻环境指标，也导致地方政府重视抓经济增长、忽视大气协作治理。如果地方政府治理雾霾基于本地区经济利益或者短期利益，那就会缺乏做好联防联控治理雾霾的内生动力，空气质量取得暂时的阶段性好转后，地方政府可能重视短期利益而忽视和违反原有协议。

（二）缺乏信息共享平台，联防联控法律制度有待完善

京津冀和长三角区域在国家规定下致力于构建联防联控雾霾治理机制，需要进一步完善联防联控法律制度，构建信息共享平台。从前述公布的法律法规可见，主要强调信息公开和共享的要求，并没有出台实质性的制度措施，比如 2014 年 1 月长三角区域大气污染防治协作机制会议明确协商统筹、责任共担、信息共享、联防联控的协作原则，2016 年 2 月京津冀及周边地区大气污染防治联防联控信息共享平台正式上线运行。雾霾信息对于联防联控治理雾霾具有关键作用，雾霾信息共享机制的不健全和平台功能丧失，可能会导致防治措施协同作用的脱节，而这足以影响方案制订以及民众对有关信息的判断。因此，打破地区"行政管辖"、

利益保护等壁垒，完善联防联控有关法律制度是亟待解决的问题。

京津冀和长三角区域构建雾霾治理联防联控机制取得了一定成果，但是由于时间尚短，而且地区差异化因素影响较大，各地区协调制度标准和统一行动要求还存在较多不完善之处。以长三角为例，上海关于雾霾治理的要求和所提标准相对于周边地区要高，其重点治理对象为 PM$_{2.5}$，而安徽情况则相反，其治理重点仅仅确定为 PM$_{10}$，显然联防联控治理区域的不同地区存在差异化标准，这会影响区域整体治理结果。不同地方政府提高环境规制强度过程中，考虑到自身经济社会发展实际情况设置不同规制强度。比如第七章讨论的新开征环境税额的制定，江苏确定南京大气污染物适用环境税额为每污染当量 8.4 元，无锡、常州、苏州、镇江的环境税额标准为每污染当量 6 元，徐州、南通、连云港等地的环境税额标准为每污染当量 4.8 元，而北京大气污染物适用环境税额为每污染当量 12 元。企业根据各地环境规制强度和自身治污成本做出利益驱动下的理性选择，结果是污染企业可能从环境规制强度较高地区转移至环境规制强度较低地区，曾出现化工企业从苏南地区迁移至苏北地区，造成雾霾等大气污染扩界转移，出现"污染天堂"现象。因此，北京和上海执行的现行空气污染排放标准，有可能在边缘污染传输影响下抵消雾霾治理效果，削弱京津冀和长三角区域联防联控治理雾霾整体效应。

（三）缺乏内部责任主体，区域管理系统规划有待加强

当前京津冀和长三角雾霾联防联控治理的协商途径，主要依靠大气污染防治协作机制工作会议，按照"大气十条"所建立的这种机制一般都有高级别领导参与，基本形成了集联合执法机制、环评会商机制、应急联动机制为一体的工作机制，对于加强区域间雾霾治理协作起到积极作用，但也需要认识到这种机制在实际运行中存在缺乏顶层设计、责任主体不明等问题（燕丽等，2016）。雾霾区域联防联控治理机制超越了以行政区划为基础的属地治理模式，通过各区域内部各级政府主体和部门密切合作，共同出台细化政策并紧抓落实。但当前区域雾霾联防联控法律机制缺少了常态化的负责机构，《大气污染防治法》仅规定了重点区域大气污染联防联控由地方政府牵头，但不具有行政管理权，区域设立的环保督察中心没有权利制定污染排放标准等，显然责任主体缺位无法真正落实区域行政协议制定、减排任务监测等任务，而且地区结构性差异还可能导致不同地区对环境质量的诉求存在差异，容易产生地方保护主义和搭便车动机。

环保相关领域和行业涉及面非常广泛，大气污染治理联防联控需要区域内各级政府、整体规划与区域内部规划的环境目标和不同措施达到纵向和横向合理衔接，但是区域内不同地区经济基础、产业结构、环保意识、法律执行力以及大气污染构成等都存在较大差异，有些地方政府基于本地利益视角呈现复杂多变的参

与意向和参与程度。在"大气十条"的区域大气污染治理目标下，作为理性个体，某些地方政府会倾向于选择消极参与的搭便车行为，而这种行为可能造成集体非理性，陷入集体行动困境，很难实现区域内不同地区环境目标以及环境政策的有效衔接，而且"大气十条"所设置目标主要为阶段性目标，没有统筹考虑长期与近期、经济系统与子系统的有效衔接，因此，区域大气污染联防联控管理系统规划也存在缺失。在区域内部责任主体不明确、区域管理系统规划缺失的情况下，京津冀和长三角等地区雾霾治理联防联控对于解决地区雾霾治理差异化问题，存在极大的不确定性。

三、京津冀和长三角区域雾霾差异化成因分析

前述内容分析了京津冀和长三角区域联防联控治理雾霾面临的实际困境，毫无疑问在完善联防联控机制中，需要针对雾霾共性问题进一步优化治理方案，同时需要考虑区域雾霾联防联控治理新阶段的更高要求，这是由区域雾霾联防联控治理深层次差异化原因所决定的。

（一）雾霾成因存在差异，优化方案需要体现治理政策针对性

第二章讨论了雾霾污染的形成原因，大部分研究认为 $PM_{2.5}$ 是形成雾霾的主要原因。具体分析各个地区雾霾的成因可以发现，京津冀和长三角区域不同地区存在差异，相关研究解析京津冀污染源后，认为北京、天津、河北 $PM_{2.5}$ 的首要来源并不相同，比如河北的保定、廊坊、沧州等地的首要来源主要是燃煤，而北京的首要来源是机动车排放，而扬尘污染对天津地区造成较大影响。

就北京 $PM_{2.5}$ 污染源的贡献因子分解来看，当地污染源排放贡献占 64%~72%，主要来源中，机动车占 31.1%、燃煤占 22.4%、工业生产占 18.1%、扬尘占 14.3%（刘婧，2016）。机动车尾气排放已经超过了工业污染排放，成为特大型城市雾霾形成的首要来源，据交管部门统计，截至 2017 年 6 月底，全国机动车保有量达 3.04 亿辆，其中汽车 2.05 亿辆，汽车数量仅次于美国。车辆激增使道路出现拥挤，行车速度减慢，容易排放形成雾霾的物质。我国各地雾霾成因具有共性，京津冀、长三角等地雾霾形成都受到产业结构、能源消耗、机动车排放等因素影响，但是不同因素影响作用相对而言有所区别，特别是各地经济和产业发展进程、环境污染治理力度及政策针对性迥异，加上大气污染具有较强的空间传输性和溢出效应，京津冀、长三角区域以及区域内部雾霾成因及作用存在差异，所以相应治理方案优化需要体现针对性。

（二）能源结构存在差异，优化方案需要注重技术创新作用

如第二章所述，我国空气污染问题与我国以煤炭为主的能源消费结构密切相关，伴随着我国经济快速增长，高碳能源消耗快速增长导致了我国大气污染排放的快速增加。我国一次能源消耗中，煤炭占比达到 2/3 左右，2003 年为 72.2%，之后略有下降但没有发生根本变化，2016 年煤炭占比仍然高达 62%，而且具有相对较强污染控制力的电力行业燃煤仅占燃煤总量的 50% 左右，远低于国外甚至是世界平均水平。我国以煤为主的高碳能源消耗结构是由我国"富煤、贫油、少气"的能源结构特点决定的，短期内还无法改变，以煤炭为主的能源消费结构成为我国各地区雾霾形成的重要来源。

长期以来，我国能源特点决定了产业布局、基础设施建设、生活能源消费等都围绕煤炭展开，对高碳能源的依赖性影响了我国大气污染治理进程，而且在不同地区呈现不同特点。图 9-6 显示的是 1997 年到 2016 年北京、天津、河北煤炭消耗量占京津冀煤炭消耗总量的比重，从变化情况可见北京下降趋势明显，而河北则处于不断攀升状态。图 9-7 显示的是 1997 年到 2016 年上海、江苏、浙江和安徽的煤炭消耗量占长三角煤炭消耗总量的比重，上海用煤量占比呈现持续下降趋势，江苏煤炭消耗量占比总体看有所增大，而浙江和安徽的情况则是在 2007 年左右出现较大波动且方向相反，总体看变化不大。从我国能源结构中占比最大的、也是对雾霾影响最大的煤炭消耗量变化情况看，京津冀、长三角各地区具有不同的能源消耗结构变化，也反映了各地区治理雾霾和未来政策针对重点的差异。有效解决能源结构的高碳性，关键是提升生产工艺技术和能源消耗技术，同时也需要开展新能源技术创新。

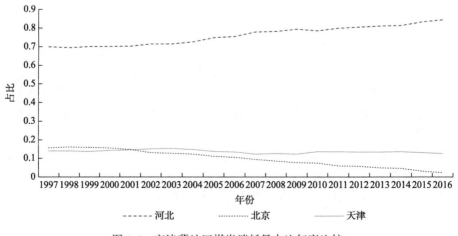

图 9-6　京津冀地区煤炭消耗量占比年度比较

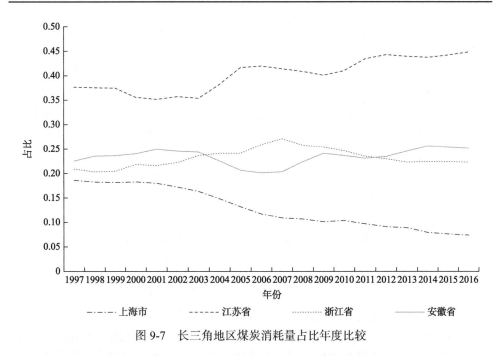

图 9-7　长三角地区煤炭消耗量占比年度比较

（三）产业结构存在差异，优化方案需要重视产业转移路径

　　产业结构与大气污染之间的关联得到许多研究的验证，淘汰落后的高污染高耗能产业、支持发展新兴产业，成为治理雾霾的重要路径。产业发展对区域经济和社会就业等都具有深刻影响，产业结构发展在很大程度上受到地区资源禀赋差异和历史发展条件影响，京津冀、长三角等不同区域以及区域内不同地区的产业发展具有不同特点。以京津冀三个地区对比为例，北京 2016 年一二三产业占比分别为 0.51%、19.26%和 80.23%，服务业为主的第三产业已经占据主导地位；天津一二三产业占比结构分别为 1.2%、44.8%和 54.0%，总体来看工业发展在经济发展中起主导作用；河北一二三产业占比结构分别为 10.89%、47.57%和 41.54%，经济发展水平总体上处于相对落后水平，而且河北省对传统工业，比如钢铁、水泥等高能耗产业依赖过高，导致其能源消耗和污染排放巨大，成为京津冀雾霾治理的重点对象。长三角区域的上海、江苏、浙江和安徽不同省市的三次产业结构也呈现不同特点，与京津冀地区类似。

　　一般来说，第三产业相比第二产业所带来的大气污染要少得多，重工业的单位产出能耗和由此带来的空气污染是服务业的 9 倍（马骏等，2013）。我国产业发展整体看都处于工业化阶段，京津冀许多地区还是以重工业作为支柱产业，申万宏源研究报告[①]显示京津冀及周边 6 个省市耗煤量占全国 33%，钢铁产量占到了全国的

----

① 申万宏源，环保政策专题研究报告之九：京津冀大气污染防治大限已定 非电领域爆发进入倒计时，2017 年 6 月 5 日。

43%，焦炭占到了全国的47%，电解铝占到了全国的38%。这也成为京津冀地区雾霾频发、影响治理的重要根源。进一步分析，京津冀地区的河北、长三角地区的安徽的产业结构相对更为落后，所以在环境污染治理、产业结构调整过程中，有些地区比如北京、上海、苏南地区通过关停并转等淘汰转移工作，大量高污染、高排放行业被信息技术等高端制造业和服务业所替代，然而河北、安徽以及苏北等地区承接大量被淘汰的传统钢铁、水泥和重化产业，产业结构升级相对缓慢，经济增长对工业发展依赖性极高。在雾霾治理过程中，产业转移路径选择是影响京津冀、长三角等不同区域雾霾联防联控治理的重要影响因素。深入分析地区产业结构差异有助于更好地通过产业结构优化升级实现大气污染防治。

四、京津冀和长三角区域雾霾联防联控治理的政策优化

（一）发挥政策措施差异化作用，设计制度创新优化方案

京津冀、长三角的雾霾联防联控治理强调了大气污染防治的共同责任，但实际上共同的责任也存在差异之处，各区域以及区域内不同地区的雾霾成因、产业结构、能源消耗等都存在差异，那么对主体责任而言，污染排放较大的区域或行业部门理应承担主要治理责任，而这也是联防联控机制发挥协调作用的体现，因此需要遵循"共同有区别"的指导思想来明确治理雾霾主次责任和更好地发挥联防联控的协同作用（余懿臻，2017）。"共同有区别"责任是全球应对气候变化进程中《里约宣言》正式提出的，《京都议定书》对此责任原则进行了拓展。我国京津冀、长三角区域雾霾治理"共同有区别"责任具有两层含义，一是各地区需要共同承担责任治理雾霾，大气污染联防联控不仅是排污企业的责任，各行业、各区域和公众都要参与，二是各地区根据实际差异化情况承担区别责任，而实施路径是进行制度创新设计。

根据"共同有区别"指导思想，设计制度创新优化方案需要做到以下几点：一是以明确责任主体为目标完善顶层设计，细化区域内部各级政府和部门的主体责任，建立区域大气污染联防联控管理系统规划，合理有效衔接区域内各级政府、整体规划与区域内部规划的环境目标和不同措施，消除地方保护主义和搭便车动机，规避集体行动的困境；二是建立法定的具有针对性的利益补偿机制，利用生态系统服务功能价值法、机会成本法等确定补偿标准，激发各级政府联防联控治理雾霾的内生动力，重点落实本区域内经济较为发达的地区承担生态补偿责任，关注经济欠发达且在对空气改善上做了较多贡献的地区，京津冀地区北京和天津可以为河北提供资金和技术支持，包括援建工厂技改、提升落后地区科技研发能力；三是提升京津冀、长三角等区域联防联控机制及其运行相关法律法规的约束

力和强制力，借鉴欧盟制定的区域大气污染协同治理制度，依据《欧洲联盟条约》授权，对其各个成员国产生效力且高于成员国国内法效力，京津冀、长三角出台的大气污染协同治理法律法规需要具有较强的体系性；四是制定国家、区域和地方各级政府的权力清单，保障地方政府在治理雾霾的权力清单范围内拥有充分的经济、社会、环境资源调配权，根据实际变化情况因地制宜构筑雾霾治理特色措施的应对方案。

（二）实现能源结构低碳化转型，设计科技创新优化方案

以煤炭为主的能源消费结构是我国各个地区产生雾霾的重要原因，因此推动实现能源低碳化对于提高雾霾联防联控治理效果具有关键作用。首先，制定能源结构调整政策，限制高碳能源使用，推动非碳能源发展。京津冀、长三角不同地区实现煤炭消费减少可以存在进程差异，北京和上海煤炭消费比率已经快速下降，因此政策重点是河北、江苏等地区。严格限制区域的高碳能源的消费总量，在以电代煤、以电代油基础上推进低碳和非碳能源产业的规模化发展，进一步提升非化石能源的战略地位，实现从补充地位提升至替代乃至主导地位目标，从而使京津冀、长三角地区能源生产及利用方式彻底更新。其次，通过创新市场化机制体制，促进能源价格市场化和能源体制的改革。比如，要打破现有的能源价格管制约束，构建反映市场价格、资源稀缺性、环境规制成本的能源价格形成机制，提供有利条件吸引民营资本进入能源领域，实现能源投资主体的多元化。

实现能源结构低碳化转型，关键是提升生产工艺技术和能源消耗技术，同时也需要发展新能源技术创新。现阶段京津冀、长三角大部分地区能源消费结构还是以煤炭为主，考虑到在短期内清洁能源无法大幅度代替常规能源，提高生产工艺技术和能源消耗技术是解决雾霾来源的有效途径。河北、安徽等煤炭占比较高地区是二氧化硫、氮氧化物污染集中区，需要重点大力应用脱硫脱硝等清洁技术。京津冀地区还需要努力解决集中供暖的推广应用，而上海、北京等大城市则需要着力提高汽车油料质量。技术进步是实现雾霾治理的长期决定因素，京津冀、长三角实施雾霾联防联控治理，需要协调配合推动能源低碳化的技术研发，如分布式能源、能源互联网、储能技术等，通过低碳能源技术来引领能源革命，从中远期看，能源技术变革将会走向电气化、网络化和智能化。特别是我国长久以来煤炭为主的能源消耗结构阻碍了能源行业的优化转型，在很大程度上挤占了新能源技术的应用空间。京津冀、长三角地区应该加强新能源技术开发与利用，积极发展天然气、风能、核能发电以替代区域内火力发电。我国提出了2020年和2030年非化石能源达到总能源消费15%和20%的能源改进目标，京津冀、长三角可以利用新能源减轻对煤炭能源的过度依赖，发挥统一新能源供应体系支撑区域经济发展作用，构建清洁低碳、安全高效的能源体系。

（三）实现经济模式绿色化创新，设计产业结构优化方案

以绿色发展为目标改变经济发展模式，是京津冀、长三角和珠三角等各地实现可持续发展的重要内容，也是我国有效治理雾霾等大气污染问题的必由之路，其核心就是设计和优化产业结构体系。我国长期以来以重工业为主的出口导向型经济增长模式，不仅消耗大量资源能源，而且造成严重的环境污染，目前我国大气污染已经覆盖全国大部分地区，而且城镇化和工业化进程还将是未来很长一段时期经济社会发展重要组成内容。目前河北、安徽以及苏北等地区承接大量被淘汰的传统钢铁、水泥和重化工产业，与北京、上海等地相比产业结构升级相对缓慢。因此，地区差异化治理雾霾需要设计产业结构优化方案和创新绿色经济发展模式。

需要在雾霾联防联控治理框架下制定京津冀和长三角的长期产业结构调整规划，逐步推进产业结构优化升级。京津冀和长三角地区提高污染产业准入门槛，河北和安徽等相对落后地区可以集中建立工业园区，提高污染排放和管理的可控性，培育世界级先进制造业集群；通过技术创新改造污染产业，修订钢铁、水泥、石化、有色金属等大气污染重点行业的准入条件，通过发展绿色金融，壮大节能环保产业、清洁能源产业。北京和上海已经具有较为优越的技术环境和资金环境，发挥其对周边地区的带动作用，大力发展低能耗、低污染、高产出值的高端制造业，特别需要注意跨地区产业转移路径选择对雾霾联防联控治理的影响，通过政策引导产业结构在区域内部与区域之间平衡调整，通过质量追赶、结构优化、创新驱动实现区域经济一体化高质量发展。

（四）实现治理机制长效化导向，设计协调机制优化方案

我国雾霾污染是经济快速发展过程中透支环境而出现的非可持续发展问题，虽然我国京津冀、长三角地区的经济增长取得长足进步，但是地区经济发展不平衡，对部分地区来说，工业化、城镇化还将是未来很长时期的主要任务，在此情况下雾霾等大气污染问题诱因，比如工业能源消耗增加、城市汽车保有量及汽车尾气排放增长等还将持续存在，甚至更加严重，暂时的治理措施无法真正实现治理雾霾目标。2014 年 7~8 月南京为青年奥林匹克运动会实行严格的管控措施，南京市内千余施工工地全部停工，298 家工业企业被要求限产和停产，环绕南京周边城市大量工业企业被要求限产停产，然而青年奥林匹克运动会结束雾霾污染就接踵而来，因此京津冀、长三角地区的雾霾联防联控治理需要以治理机制长效化作为目标，而且需要在对区域发展进行充分调查和分析基础上，结合经济、科技、环境、生态发展目标的前瞻性预测，制定雾霾联防联控治理的协调机制。

以治理机制长效化为目标优化协调机制，可以从以下几方面着手。一是着力推动区域内部各地区在节能减排措施、污染排放标准、产业准入和淘汰要求等方

面与国家政策以及区域专有制度相对接，科学制定实施规则，实现区域内部标准的统一化和差异化。二是建立保证区域内各方利益平衡的生态补偿制度、实现合作协议有效执行的约束制度，关键是建立利益协调机制，通过规范的利益转移来建立平等、公平、互利的合作平台，防止在治理成本高于收益时合作终止。三是考虑设置专门的常态管理机构，协调对拉闸限电等行政主导化政策以及环境税制改革、排污权交易等市场主导化政策的实施，帮助解决区域内地方政府因联防联控产生的纠纷，推动建立良好的府际信任关系，防范出现集体行动困境和引发公地悲剧，实现区域雾霾协同治理优化目标。四是落实构建雾霾信息共享平台计划，以实现区域内和区域间雾霾信息达到联防联控要求为基准，搭建专门网络平台发布空气质量信息、重点企业排放信息以及雾霾治理信息，明确信息发布要求、标准、时效和程序的规范性，通过社会监督来实现最佳协同治理方案公开透明，同时信息共享平台在实现气象、环境观测数据共享基础上，支持进行空气质量变化趋势联合研究，完善空气污染预测预警方案。

第十章 污染减排与经济发展双赢之路

　　本书主要研究大气污染防治与经济高质量发展主题。高质量的经济发展意味着要素资源的高效率配置和生产技术的不断提高，这需要充分的市场竞争和宽松的市场环境，只有这样，市场价格才能够准确地反映市场供求，从而不断推动帕累托改进和社会福利优化。但是，市场失灵经常存在，阻碍了资源的最优配置和经济的高质量发展。比如我们讨论的大气污染就是市场失灵的一个重要产物，究其原因在于环境外部性的存在。大气污染作为生产或者消费等市场行为之外的副产品，很难通过市场机制给其定价，这种负外部性使得企业生产的个别成本小于社会成本，也必然低于帕累托最优的均衡收益点，造成污染物过度排放。市场失灵仅仅靠市场自身的力量难以克服，需要借助市场以外的力量来干预和限制，比如发挥政府的作用，运用行政手段和经济措施来限制大气污染的排放。但是，政府的经济举措或政策也会产生负外部性，比如唯 GDP 的考核目标和区域发展政策造成的市场分割、重复建设和污染溢出，特定的产业政策带来的垄断、对民营企业的挤出和不充分的市场竞争环境等，所有这些都会引起资源的无效率配置，不利于环境保护与经济的高质量发展。因此，在大气污染防治和经济高质量发展这个问题上，关键仍然在于如何发挥好市场在资源配置中的决定性作用、如何发挥好政府对污染负外部性的干预作用以及对自身政策的不断调整优化，通过政府和市场"自上而下"和"自下而上"的双向促进作用来引导投入要素向低排放、高效率的地区和产业流动，促成环境高品质和经济高质量的双赢发展，这对于未来我国实现碳达峰、碳中和以及经济现代化建设的伟大目标具有十分重要的战略意义。本书始终围绕这条线索来展开研究，下面将从六个方面进行总结性评价。

一、行政命令式的政府治污行为也许能取得短期成效，但难抵地方经济增长冲动，不具备经济可持续性

在传统属地化行政管理模式下，地方政府处于中央政府与企业和居民之间，中央政府制定的环境保护政策主要由地方政府来具体执行，但是在长期唯 GDP 政绩考核指挥棒下，某些地方政府和官员具有和当地企业合谋以牺牲环境纵容排污来促进当地经济增长的冲动。经济增长的冲动是长期的，但在某些特殊敏感时期，政府官员也有积极性去加大污染防治力度，通过企业停限产、工地停工、汽车限行等手段达到临时性的空气污染改善，但是敏感时期过后，污染又恢复常态，甚至更加恶化。可见，环境污染的背后还是这种唯 GDP 的粗放式增长方式问题。从"十一五"规划开始，政府制定 SO_2 和化学需氧量等污染物约束性指标，明确提出实行问责制和"一票否决"制，环境保护表现正式进入地方政府官员考核指标体系。但往往纳入考核目标且公众关注的污染物治理效果较好，而关注度低或未纳入考核的污染指标往往不被重视。为了进一步监督地方政府，中央政府从2014 年开始建立环保部"约谈"制度。"十三五"规划提出要开展环保督察巡视，这是对目前环境污染属地化治理的一种矫正。但是研究发现，约谈也只有短期治污效果，约谈什么就响应什么，关注什么就治理什么，其他的污染问题则不被重视。2015 年山东临沂环保约谈和治污整改虽然在环境质量改善上有所成效，但却造成资金链和产业链断裂和相关的债务金融风险，并进而影响到当地的失业和社会治安。总体上，行政命令式的环境政策较少考虑污染个体情况差异，因此会施加一刀切的减排义务，造成效率损失和新的资源错配和价格信号扭曲，在经济上往往无效。污染个体缺乏在规定的减排标准之外进一步减排的激励，因而它在环境上通常也是无效率的。行政命令式的环境政策还会增加政策执行成本甚至造成对环境政策的抵制，由此衍生出诸多次生社会问题。因此，政府的环境政策需要更为精准的顶层设计。

二、纵向的环保垂直化管理改革可助力政府在污染治理中更好地发挥作用

垂直化改革将原本属于地方政府的管理权限划归到上级政府或主管部门，是我国行政体制改革的重要内容。自 20 世纪 90 年代以来，在对海关、国税等部门实行中央垂直化管理改革后，我国陆续对工商、质检、食品药品监督、环保等部门实行省以下垂直管理。2016 年 9 月，中央办公厅、国务院办公厅印发《关于省

以下环保机构监测监察执法垂直管理制度改革试点工作的指导意见》，提出在 12个省或直辖市进行环保管理体制垂直化管理改革试点，标志着我国开始打破环境保护属地化管理体制，在环保部门推进垂直化管理改革。实行垂直化管理后，原本实行属地化管理的环保部门从地方政府中独立出来，直接由上一级或中央主管部门统筹管理，其人事和财务等权限也相应上移。从环保系统内部看，垂直管理使得内部组织结构层级数减少，信息在内部流动更快，累积信息损失也将有所减少。同时，由上级部门统一管理环保工作，可以减少地方政府对环保部门运行的干预，有助于协调解决跨界污染问题。当然，管理范围扩大对信息处理、舆情处理的能力提出了更高要求，也增加了环保部门和地方政府进行协作沟通的难度。陕西省自 2003 年起已经在全省范围内推行了环保垂直化管理改革，这是研究环保垂直化管理改革效果的很好案例。考虑到陕西垂直化改革是由旬阳县水污染事件引起，改革后地表水质量变化可能来自水污染事件本身整改措施所产生的效应，因此使用水污染指标来衡量垂直化管理效应具有较大内生性。事实上，环保垂直化管理改革之后，环保部门有条件更加独立地开展环保执法和督察工作，不仅对废水排放企业，对废气、固废等污染排放企业的监管强度都将发生变化，对后者来说，这种环保管理体制的改革类似于一种外生冲击导致的"拟自然实验"。研究发现，陕西省环保管理体制垂直化改革对空气质量具有显著的改善作用，可见，即使在当时政府以经济增长为主要目标的背景下，垂直化改革也加强了地方环境管制强度，这为我国正在推行的环保管理体制垂直化改革提供了重要参考。

三、横向看，大气污染防治还需要不断完善区域联防联控顶层设计，这本身就是区域经济高水平协作和高质量发展的重要内容

京津冀协调发展与长三角区域一体化发展是我国区域协调发展的两个重要国家战略，这两大区域也被视为中国未来经济高质量发展的重要引擎。然而，这也是我国大气污染高发的两个地区，大气污染的空间溢出特征决定了大气污染防治必须实施区域联防联控协同治理政策。近年来这些地区都已经建立了级别较高、具有影响力的联防联控协作机制，并取得了一定治理成绩，但仍然存在严重不足。由于区域内不同省市经济基础、产业结构、资源禀赋、环保意识、政策执行力等都存在较大差异，各省市政府的理性选择是制定特色战略和优先追求地方发展，这无可厚非，但却往往导致区域协作领域污染治理动力不足，甚至会倾向于选择消极参与的搭便车行为，造成集体非理性或陷入集体行动困境。因此，区域污染协作治理必须针对这种情况进行顶层设计。比如，明确区域内各省市主要领导在大气污染联防联控和区域协调发展上的共同责任，制定区域治污和发展共同目标，

服务区域协调发展或者一体化发展大局。某一个地方做得不好，某一个指标出现严重问题，区域各地方必须共担责任。为了克服各地方搭便车行为，必须在各区域层面成立超越各省市环保部门层级的区域污染治理办公室，赋予该机构在区域全域的环保管理权限，对区域各地方与环保执法相关的部门都有约束力，这样一个权责利明确的超级行政机构可能仅仅称为污染治理办公室还不够，更应该是区域层面的综合治理办公室，把污染防治作为事关区域协调发展大局的重要工作来抓。现有的区域各省市联席会议或联合办公室并无明确责权，常常沦为务虚或争执的场所。区域污染协作治理既有共同任务，也要对区域内各地方执行差异化政策。比如根据"损益者受偿、受益者补偿"的原则建立针对性的生态保护利益补偿机制，激发各级政府大气污染联防联控的内生动力，区域内经济较为发达的地区多承担生态补偿责任，对经济欠发达且在空气改善上做了较多贡献的地区提供资金和技术支持等。目前这种生态补偿机制在各地区都没有得到切实的落实。

四、为了消除引致严重大气污染背后的能源和经济根源，有必要不断调整和优化产业、财税、投融资等政府宏观经济政策

21世纪初以来的再次重工业化进程推动我国从世界第六大经济体成为仅次于美国的第二大经济体，与此同时，我国也于2009年成为世界上最大的能源消耗国，于2013年成为世界上雾霾污染最严重的地区。可以说，资本在重工行业的高度集聚以及重工业化进程中的化石燃料燃烧及建筑扬尘、传统的煤炭消费偏高的能源结构都是我国大气污染背后的深层次资源禀赋和经济原因。有必要通过宏观经济政策来改变这种投资和能源驱动型的传统经济增长模式，不断升级经济结构。大量的投资造成地方经济增长和重工业行业对投资的进一步依赖，不仅导致重复建设和产能过剩，而且较低的环境标准不可避免导致环境恶化，因此，必须执行更为合理的产业政策和绿色投融资政策，引领资本要素配置到先进制造业、节能环保产业和高端服务业领域，不断降低重工行业的投资比重，严控"两高一资"行业新增产能，加快淘汰落后产能，压缩过剩产能，不断优化投资结构和产业结构。减少煤炭消耗也是降低大气污染浓度的重要手段，然而，又不能简单地减少煤炭消耗，以免对基于煤炭主导的我国能源驱动式粗放经济增长带来较大影响，而是必须在降低煤炭消耗的同时发展新能源来填补因减煤所造成的保持经济稳定增长的能源缺口。具体手段包括煤改气、煤改电，提高洁净煤使用技术，加强供电供热燃煤的集中高效使用，严控散煤燃烧，同时发展以风能、太阳能为代表的可再生能源，不断优化能源结构。由于煤炭价格最为低廉，这种能源结构升级不会自行发生，需要政府财政补贴和银行信贷，也需要绿色金融政策来引入民间资

本和社会资本。

五、发展能源要素市场和节能减排技术，不断提升能源效率和环境全要素生产率，构建促进污染治理和经济发展的新型政府考核指标体系

大气污染背后的根本原因在于化石能源生产与消费效率的低下，这客观上也拖累了我国全要素配置效率的改善，不利于经济的高质量发展。研究表明，能源要素扭曲对我国资源配置扭曲的相对贡献率一直在提高，目前已经超过了资本要素成为首位贡献者，这充分说明，我国提升全要素配置效率首先要矫正能源要素配置扭曲。这需要改革能源价格形成机制，发展能源要素市场，提高能源使用效率。经济发展过于依赖化石能源消耗的背后，是能源价格体制的长期扭曲，因此需要加快仍然没有放开或理顺的能源产品价格改革，合理征收能源税或资源税，让能源要素市场真正发挥调节配置资源的功能，逼迫高耗能企业通过技术改造等手段节能降耗，提高能源效率。要提升全要素生产率，除了提升能源配置效率外，还必须发展废气废水等污染物的减排技术，尽可能减少环境污染排放。研究揭示，在考虑了能源重置和污染减排后，我国的环境全要素生产率增长要低于不考虑能源和环境约束的估计值，但这却是一个更能够反映经济发展质量的生产率指标。为此，我们利用环境全要素生产率对经济产出的贡献度构建了一个新的考核经济向高质量转型的评估指标。根据这个新考核指标的构成，如果环境全要素生产率增长偏低，经济增长率也不宜过快，短期压力和阵痛在长期将有助于经济运行质量的提升。我们期待经济能够较快增长，而环境全要素生产率由于要素重置和节能减排技术的大力发展增长更快，这是我们追求的环境保护与经济高质量发展之路。以前那种以廉价消耗资源破坏环境等的初级方式来追求简单 GDP 的落后观念必须彻底根除，唯 GDP 的考核标准应该让位于新型评估指标。笔者基于环境全要素生产率所构建的经济高质量发展评估指标只涉及经济单位主要的投入产出变量，计算简单，而且可以形象地让干部感知经济增长质量和速度之间的辩证关系，是理想的 GDP 替代考核指标。

六、完善大气污染定价机制，改进环境税制和排污权交易政策设计，让市场有效地发挥污染防治与经济发展的双重作用

长期以来经济学家一直坚持环境政策的设计必须更紧密地依赖市场机制，这样才可以把污染的环境成本清楚地引入经济分析中，对污染企业施加持续不断的价格压力以促其节能减排，进而减缓环境污染的负外部性。这种基于市场机制和

经济激励的环境政策主要以环境税和污染排放权交易为代表，它们分别以庇古税和科斯定理作为其政策的理论基础。但是由于没有环境污染的交易市场，不可能直接观察到污染的市场价格，因此在很长一段时期内，很多与之相关的分析难以进行，而影子价格的估算则可以解决环境污染定价难题，所估算的环境污染影子价格可以为环境税税率和污染排放权交易价格的确定提供参考。我国于1982年开始征收的排污费，由于不能反映污染处理的实际成本，环保效果有限，目前已经被2018年新开征的环境税所代替。环境税使得企业能够以最经济的方式对市场信号做出反应，企业可以根据自身污染物的边际成本大小，在交税和减排之间进行选择，并始终保持着进一步提高污染减排能力的动力。根据我们所估算的大气污染影子价格来看，目前我国各省（区、市）公布的环境税额仍存在较大的优化空间。理论上，有效的环境税额标准应不低于污染的边际成本，否则企业将选择继续生产而排放污染物，目前各省（区、市）的环境税额标准总体偏低，需要适度提高。各省（区、市）以及不同的城市还必须根据与边际成本匹配的原则执行差异化的环境税税率，目前各地区的环境税额差异度显然不够。由于当前污染具有显著的空间关联效应，有效的环境税方案还应体现区域间协同治理精神，通过税收转移等形式对相对欠发达地区给予一定经济补偿。排污权交易相对于环境税在控制排放总量上更为有效。我国正在加快建设二氧化碳排放交易全国统一市场，相比碳排放权交易，二氧化硫排放权交易政策已经在我国试点十几年。在控制二氧化硫排放总量的情况下，通过允许各企业自由交易二氧化硫排放权，有效配置排放权，从而实现企业潜在总产出最大化。研究表明，我国二氧化硫排放权交易试点制度的促减排稳增长效果一般。究其原因，一方面，当前排放权分配方法不健全，监测能力不足，过大的交易成本使企业缺乏减排的内在动力；另一方面，缺乏严厉的环境法规威慑，企业缺失减排的外在压力。这些都使得二氧化硫排放权交易试点政策在中国形同虚设，亟待重新重视与完善机制设计。

　　由于大气污染和经济政策的外部性，除了政府和市场之外，与大气污染防治和经济高质量发展相关的利益主体，如企业（含金融企业）、居民、媒体、科研院所等第三方机构都应参与其中，在全社会树立起"同呼吸、共治理"的行为准则，破解污染治理中"市场失灵"和"政府失灵"问题，以实现社会福利最大化。这需要继续加大可持续发展理念的宣传力度，让"绿水青山就是金山银山"深入人心。十九大明确全面深化改革总目标之一就是要不断"推进国家治理体系和治理能力现代化"[①]，其中包括生态环境治理以及大气污染防治体系和能力的现代化。

---

　　① 习近平.2017-10-18.决胜全面建成小康社会 夺取新时代中国特色社会主义伟大胜利——在中国共产党第十九次全国代表大会上的报告.http://www.gov.cn/zhuanti/2017-10/27/content_5234876.htm.

党和政府已经将生态环境治理工作提升到了前所未有的高度，明确中国特色社会主义事业的总体布局是包括生态文明建设在内的"五位一体"，要把生态文明建设贯穿于经济、政治、文化、社会建设之中，而且明确提出了碳达峰和碳中和的约束性目标。研究揭示，大气污染排放加剧会降低中国经济发展的质量水平，而合理有效的政府环境治理则能够降低大气污染排放从而促进经济发展质量水平的提升。从实践来看，环保信息的透明和及时发布对大气污染防治至关重要，因此，打造环保信息共享与合作平台也是未来多主体参与以及区域联防联控治理大气污染的重要内容。

参 考 文 献

安静宇. 2015. 长三角地区冬季大气细颗粒物来源追踪模拟研究. 上海：东华大学.

包群, 彭水军. 2006. 经济增长与环境污染：基于面板数据的联立方程估计. 世界经济, 29(11)：48-58.

包群, 邵敏, 杨大利. 2013. 环境管制抑制了污染排放吗？. 经济研究, 48(12)：42-54.

蔡昉. 2007. 中国经济面临的转折及其对发展和改革的挑战. 中国社会科学, (3)：4-12, 203.

陈刚, 李树. 2012. 官员交流、任期与反腐败. 世界经济, 35(2)：120-142.

陈仁杰, 阚海东. 2013. 雾霾污染与人体健康. 自然杂志, 35(5)：342-344.

陈诗一. 2009. 能源消耗、二氧化碳排放与中国工业的可持续发展. 经济研究, 44(4)：41-55.

陈诗一. 2010a. 工业二氧化碳的影子价格：参数化和非参数化方法. 世界经济, 33(8)：93-111.

陈诗一. 2010b. 节能减排与中国工业的双赢发展：2009—2049. 经济研究, 45(3)：129-143.

陈诗一. 2010c. 中国的绿色工业革命：基于环境全要素生产率视角的解释（1980—2008）. 经济研究, 45(11)：21-34, 58.

陈诗一. 2011a. 边际减排成本与中国环境税改革. 中国社会科学, (3)：85-100, 222.

陈诗一. 2011b. 中国工业分行业统计数据估算：1980—2008. 经济学（季刊）, 10(3)：735-776.

陈诗一. 2012. 中国各地区低碳经济转型进程评估. 经济研究, 47(8)：32-44.

陈诗一. 2016a-04-01. 能源环境对国家战略的重要性. 中国社会科学报, (005).

陈诗一. 2016b-11-16. 通过供给侧改革推动雾霾治理. 光明日报, (015).

陈诗一. 2018a. 提升经济发展质量必须减少雾霾污染. 解放日报, 2018-10-23.

陈诗一. 2018b-11-02. 优化环保税制方案, 加强雾霾有效治理. 中国社会科学报, (005).

陈诗一, 陈登科. 2016. 能源结构、雾霾治理与可持续增长. 环境经济研究, (1)：59-75.

陈诗一, 陈登科. 2017. 中国资源配置效率动态演化——纳入能源要素的新视角. 中国社会科学, (4)：67-83, 206.

陈诗一, 陈登科. 2018. 雾霾污染、政府治理与经济高质量发展. 经济研究, 53(2)：20-34.

陈诗一, 程时雄. 2018. 雾霾污染与城市经济绿色转型评估：2004—2016. 复旦学报（社会科学版）, 60(6)：122-134.

陈诗一, 王建民. 2018. 中国城市雾霾治理评价与政策路径研究：以长三角为例. 中国人口·资源与环境，28（10）：71-80.

陈诗一，武英涛. 2018. 环保税制改革与雾霾协同治理——基于治理边际成本的视角. 学术月刊，50（10）：39-57，117.

陈诗一，谢振. 2015. 经济发展与环境保护双赢政策初探——从临沂治污事件谈起. 中国环境管理，7（4）：14-20，33.

陈诗一，张云，武英涛. 2018. 区域雾霾联防联控治理的现实困境与政策优化——雾霾差异化成因视角下的方案改进. 中共中央党校学报，22（6）：109-118.

杜雯翠，夏永妹. 2018. 京津冀区域雾霾协同治理措施奏效了吗？——基于双重差分模型的分析. 当代经济管理，40（9）：53-59.

范子英，赵仁杰. 2019. 法治强化能够促进污染治理吗?——来自环保法庭设立的证据. 经济研究，54（3）：21-37.

封艺，刘红年，孙凯. 2016. 长三角城市群污染输送相互影响的敏感性试验. 环境监控与预警，8（1）：5-12.

冯之浚，周荣. 2010. 低碳经济：中国实现绿色发展的根本途径. 中国人口·资源与环境，20（4）：1-7.

盖庆恩，朱喜，程名望，等. 2015. 要素市场扭曲、垄断势力与全要素生产率. 经济研究，50（5）：61-75.

甘犁，尹志超，贾男，等. 2013. 中国家庭资产状况及住房需求分析. 金融研究，（4）：1-14.

葛察忠，翁智雄，李红祥，等. 2015. 环保督政约谈机制分析：以安阳市为例. 中国环境管理，7（4）：56-60，55.

龚关，胡关亮. 2013. 中国制造业资源配置效率与全要素生产率. 经济研究，48（4）：4-15，29.

郭峰，石庆玲. 2017. 官员更替、合谋震慑与空气质量的临时性改善. 经济研究，52（7）：155-168.

郭俊华，刘奕玮. 2014. 我国城市雾霾天气治理的产业结构调整. 西北大学学报（哲学社会科学版），44（2）：85-89.

郭庆旺，贾俊雪. 2005. 中国全要素生产率的估算：1979—2004. 经济研究，40（6）：51-60.

韩超，刘鑫颖，王海. 2016. 规制官员激励与行为偏好——独立性缺失下环境规制失效新解. 管理世界，（2）：82-94.

郝新东，刘菲. 2013. 我国 $PM_{2.5}$ 污染与煤炭消费关系的面板数据分析. 生产力研究，（2）：118-119，127.

何枫，马栋栋. 2015. 雾霾与工业化发展的关联研究——中国 74 个城市的实证研究. 软科学，29（6）：110-114.

胡鞍钢，周绍杰. 2014. 绿色发展：功能界定、机制分析与发展战略. 中国人口·资源与环境，24（1）：14-20.

胡明. 2015. 论行政约谈——以政府对市场的干预为视角. 现代法学，37（1）：24-31.

黄寿峰. 2017. 财政分权对中国雾霾影响的研究. 世界经济, 40 (2): 127-152.

柯善咨, 向娟. 2012. 1996—2009 年中国城市固定资本存量估算. 统计研究, 29 (7): 19-24.

黎文靖, 郑曼妮. 2016. 空气污染的治理机制及其作用效果——来自地级市的经验数据. 中国工业经济, (4): 93-109.

李红, 曾凡刚, 邵龙义, 等. 2002. 可吸入颗粒物对人体健康危害的研究进展. 环境与健康杂志, 19 (1): 85-87.

李金华. 2009. 中国环境经济核算体系范式的设计与阐释. 中国社会科学, (1): 84-98, 206.

李明, 张亦然. 2019. 空气污染的移民效应——基于来华留学生高校-城市选择的研究. 经济研究, 54 (6): 168-182.

李树, 陈刚. 2013. 环境管制与生产率增长——以 APPCL2000 的修订为例. 经济研究, 48 (1): 17-31.

李小平, 卢现祥, 陶小琴. 2012. 环境规制强度是否影响了中国工业行业的贸易比较优势. 世界经济, 35 (4): 62-78.

李勇, 李振宇, 江玉林, 等. 2014. 借鉴国际经验 探讨城市交通治污减霾策略. 环境保护, 42 (Z1): 75-77.

李永友, 沈坤荣. 2008. 我国污染控制政策的减排效果——基于省际工业污染数据的实证分析. 管理世界, (7): 7-17.

练宏. 2016. 弱排名激励的社会学分析——以环保部门为例. 中国社会科学, (1): 82-99, 205.

梁平汉, 高楠. 2014. 人事变更、法制环境和地方环境污染. 管理世界, (6): 65-78.

林伯强, 蒋竺均. 2009. 中国二氧化碳的环境库兹涅茨曲线预测及影响因素分析. 管理世界, (4): 27-36.

刘海猛, 方创琳, 黄解军, 等. 2018. 京津冀城市群大气污染的时空特征与影响因素解析. 地理学报, 73 (1): 177-191.

刘婧. 2016. 基于 3EDSS 的京津冀雾霾形成机理及节能减排决策研究. 北京: 华北电力大学.

刘伟. 2010. 实现经济发展战略目标关键在于转变发展方式. 经济研究, (12): 14-16.

龙硕, 胡军. 2014. 政企合谋视角下的环境污染: 理论与实证研究. 财经研究, 40 (10): 131-144.

陆铭, 欧海军, 陈斌开. 2014. 理性还是泡沫: 对城市化、移民和房价的经验研究. 世界经济, 37 (1): 30-54.

吕效谱, 成海容, 王祖武, 等. 2013. 中国大范围雾霾期间大气污染特征分析. 湖南科技大学学报 (自然科学版), 28 (3): 104-110.

马骏, 李治国. 2014. PM2.5 减排的经济政策. 北京: 中国经济出版社.

马骏, 施娱, 佟江桥. 2013. 政策要大变, 才能将 PM2.5 降到 30. 中国经济观察, (4): 1-71.

马丽梅, 张晓. 2014. 中国雾霾污染的空间效应及经济、能源结构影响. 中国工业经济, (4): 19-31.

苗艳青, 陈文晶. 2010. 空气污染和健康需求: Grossan 模型的应用. 世界经济, 33 (6): 140-160.

聂辉华, 江艇, 杨汝岱. 2012. 中国工业企业数据库的使用现状和潜在问题. 世界经济, 35 (5): 142-158.

聂辉华, 李金波. 2007. 政企合谋与经济发展. 经济学 (季刊), 6 (1): 75-90.

皮建才, 赵润之. 2017. 京津冀协同发展中的环境治理: 单边治理与共同治理的比较. 经济评论, (5): 40-50.

齐园, 张永安. 2015. 北京三次产业演变与 $PM_{2.5}$ 排放的动态关系研究. 中国人口·资源与环境, 25 (7): 15-23.

祁毓, 卢洪友. 2015. 污染、健康与不平等——跨越 "环境健康贫困" 陷阱. 管理世界, (9): 32-51.

钱颖一, 许成钢, 董彦彬. 1993. 中国的经济改革为什么与众不同: M 型的层级制和非国有部门的进入与扩张. 经济社会体制比较, (1): 29-40.

秦昌波, 王金南, 葛察忠, 等. 2015. 征收环境税对经济和污染排放的影响. 中国人口·资源与环境, 25 (1): 17-23.

单豪杰. 2008. 中国资本存量 K 的再估算: 1952—2006 年. 数量经济技术经济研究, 25 (10): 17-31.

邵帅, 李欣, 曹建华, 等. 2016. 中国雾霾污染治理的经济政策选择——基于空间溢出效应的视角. 经济研究, 51 (9): 73-88.

邵帅, 李欣, 曹建华. 2019. 中国的城市化推进与雾霾治理. 经济研究, 54 (2): 148-165.

沈坤荣, 金刚, 方娴. 2017. 环境规制引起了污染就近转移吗？. 经济研究, 52 (5): 44-59.

盛斌, 吕越. 2012. 外国直接投资对中国环境的影响——来自工业行业面板数据的实证研究. 中国社会科学, (5): 54-75, 205.

石庆玲, 陈诗一, 郭峰. 2017. 环保部约谈与环境治理: 以空气污染为例. 统计研究, 34 (10): 88-97.

石庆玲, 郭峰, 陈诗一. 2016. 雾霾治理中的 "政治性蓝天": 来自中国地方 "两会" 的证据. 中国工业经济, (5): 40-56.

孙传旺, 罗源, 姚昕. 2019. 交通基础设施与城市空气污染——来自中国的经验证据. 经济研究, 54 (8): 136-151.

孙元元, 张建清. 2015. 中国制造业省际间资源配置效率演化: 二元边际的视角. 经济研究, 50 (10): 89-103.

涂正革. 2008. 环境、资源与工业增长的协调性. 经济研究, 43 (2): 93-105.

涂正革. 2010. 工业二氧化硫排放的影子价格: 一个新的分析框架. 经济学 (季刊), 9 (1): 259-282.

涂正革, 谌仁俊. 2015. 排污权交易机制在中国能否实现波特效应？. 经济研究, 50 (7): 160-173.

涂正革, 王秋皓. 2018. 中国工业绿色发展的评价及动力研究——基于地级以上城市数据门限回归的证据. 中国地质大学学报 (社会科学版), 18 (1): 47-56.

王兵, 吴延瑞, 颜鹏飞. 2010. 中国区域环境效率与环境全要素生产率增长. 经济研究, 45（5）: 95-109.

王春梅, 叶春明. 2016. 长三角地区重雾霾污染的溢出效应. 城市环境与城市生态, 29（4）: 7-11.

王建军, 吴志强. 2007. 1950年后世界主要国家城镇化发展——轨迹分析与类型分组. 城市规划学刊, （6）: 47-53.

王金南, 葛察忠, 高树婷, 等. 2009. 中国独立型环境税方案设计研究. 中国人口·资源与环境, 19（2）: 69-72.

王利. 2014. 我国环保行政执法约谈制度探析. 河南大学学报（社会科学版）, 54（5）: 62-69.

王敏, 黄滢. 2015. 中国的环境污染与经济增长. 经济学（季刊）, 14（2）: 557-578.

王赛德, 潘瑞姣. 2010. 中国式分权与政府机构垂直化管理——一个基于任务冲突的多任务委托—代理框架. 世界经济文汇, （1）: 92-101.

魏楚. 2014. 中国城市 CO_2 边际减排成本及其影响因素. 世界经济, 37（7）: 115-141.

魏巍贤, 马喜立. 2015. 能源结构调整与雾霾治理的最优政策选择. 中国人口·资源与环境, 25（7）: 6-14.

吴国雄, 李占清, 符淙斌, 等. 2015. 气溶胶与东亚季风相互影响的研究进展. 中国科学: 地球科学, 45（11）: 1609-1627.

吴延瑞. 2008. 生产率对中国经济增长的贡献: 新的估计. 经济学（季刊）, 7（3）: 827-842.

谢元博, 陈娟, 李巍. 2014. 雾霾重污染期间北京居民对高浓度 $PM_{2.5}$ 持续暴露的健康风险及其损害价值评估. 环境科学, 35（1）: 1-8.

许和连, 邓玉萍. 2012. 外商直接投资导致了中国的环境污染吗?——基于中国省际面板数据的空间计量研究. 管理世界, （2）: 30-43.

许宪春, 贾海, 李皎, 等. 2015. 房地产经济对中国国民经济增长的作用研究. 中国社会科学, （1）: 84-101, 204.

燕丽, 贺晋瑜, 汪旭颖, 等. 2016. 区域大气污染联防联控协作机制探讨. 环境与可持续发展, 41（5）: 30-32.

尹振东. 2011. 垂直管理与属地管理: 行政管理体制的选择. 经济研究, 46（4）: 41-54.

余懿臻. 2017. 雾霾联防联控机制的完善——以长三角为例. 中国环境管理干部学院学报, 27（1）: 11-13, 28.

张军, 吴桂英, 张吉鹏. 2004. 中国省际物质资本存量估算: 1952—2000. 经济研究, 39（10）: 35-44.

张可, 豆建民. 2015. 集聚与环境污染——基于中国287个地级市的经验分析. 金融研究, （12）: 32-45.

张人禾, 李强, 张若楠. 2014. 2013年1月中国东部持续性强雾霾天气产生的气象条件分析. 中国科学: 地球科学, 44（1）: 27-36.

张小曳, 孙俊英, 王亚强, 等. 2013. 我国雾-霾成因及其治理的思考. 科学通报, 58（13）:

1178-1187.

赵琳，唐珏，陈诗一. 2019. 环保管理体制垂直化改革的环境治理效应. 世界经济文汇，（2）：100-120.

朱彤，尚静，赵德峰. 2010. 大气复合污染及灰霾形成中非均相化学过程的作用. 中国科学：化学，40（12）：1731-1740.

Adamopoulos T，Brandt L，Leight J，et al. 2017. Misallocation，selection and productivity：a quantitative analysis with panel data from China. NBER Working Paper，No. 23039.

Andrews-Speed P. 2009. China's ongoing energy efficiency drive：origins，progress and prospects. Energy Policy，37（4）：1331-1344.

Andrews S Q. 2008. Inconsistencies in air quality metrics：'Blue Sky' days and PM_{10} concentrations in Beijing. Environmental Research Letters，3（3）：1-14.

Arya S P. 1999. Air Pollution Meteorology and Dispersion. New York：Oxford University Press.

Au C C，Henderson J V. 2006. Are Chinese cities too small?. The Review of Economic Studies，73（3）：549-576.

Bailey I. 2002. European environmental taxes and charges：economic theory and policy practice. Applied Geography，22（3）：235-251.

Barrett S. 1994. Strategic environmental policy and international trade. Journal of Public Economics，54（3）：325-338.

Barro R J. 2001. Human capital and growth. American Economic Review，91（2）：12-17.

Bartik T J. 1991. Boon or boondoggle? The debate over state and local economic development policies. Who Benefits from State and Local Economic Development Policies? Kalamazoo：W.E. Upjohn Institute for Employment Research：1-16.

Beck T，Levine R，Levkov A. 2010. Big bad banks? The winners and losers from bank deregulation in the United States. The Journal of Finance，65（5）：1637-1667.

Bharadwaj P，Gibson M，Zivin J G，et al. 2017. Gray matters：fetal pollution exposure and human capital formation. Journal of the Association of Environmental and Resource Economists，4（2）：505-542.

Bilal M，Nichol J E，Spak S N. 2017. A new approach for estimation of fine particulate concentrations using satellite aerosol optical depth and binning of meteorological variables. Aerosol and Air Quality Research，17（2）：356-367.

Bombardini M，Li B. 2016. Trade，pollution and mortality in China. NBER Working Paper，No. 22804.

Brandt L，Tombe T，Zhu X D. 2013. Factor market distortions across time，space and sectors in China. Review of Economic Dynamics，16（1）：39-58.

Brandt L，van Biesebroeck J，Zhang Y F. 2012. Creative accounting or creative destruction?

Firm-level productivity growth in Chinese manufacturing. Journal of Development Economics, 97 (2): 339-351.

Brännlund R, Chung Y, Färe R, et al. 1998. Emissions trading and profitability: the Swedish pulp and paper industry. Environmental and Resource Economics, 12 (3): 345-356.

Brock W A, Taylor M S. 2005. Economic growth and the environment: a review of theory and empirics. Handbook of Economic Growth, 1: 1749-1821.

Broner F, Bustos P, Carvalho V M. 2012. Sources of comparative advantage in polluting industries. NBER Working Paper, No. 18337.

Brook R D, Rajagopalan S, Pope Ⅲ C A, et al. 2010. Particulate matter air pollution and cardiovascular disease: an update to the scientific statement from the American Heart Association. Circulation, 121 (21): 2331-2378.

Cai H B, Liu Q. 2009. Competition and corporate tax avoidance: evidence from Chinese industrial firms. The Economic Journal, 119 (537): 764-795.

Chang T Y, Graff Zivin J, Gross T, et al. 2016. Particulate pollution and the productivity of pear packers. American Economic Journal: Economic Policy, 8 (3): 141-169.

Chang T Y, Graff Zivin J, Gross T, et al. 2019. The effect of pollution on worker productivity: evidence from call center workers in China. American Economic Journal: Applied Economics, 11 (1): 151-172.

Chay K Y, Greenstone M. 2005. Does air quality matter? Evidence from the housing market. Journal of Political Economy, 113 (2): 376-424.

Chen B, Zhang C. 2016. Human capital and housing prices in Chinese cities. Social Sciences in China, 5: 44-65.

Chen D K, Chen S Y. 2017. Particulate air pollution and real estate valuation: evidence from 286 Chinese prefecture-level cities over 2004—2013. Energy Policy, 109: 884-897.

Chen S Y, Jin H. 2019. Pricing for the clean air: evidence from Chinese housing market. Journal of Cleaner Production, 206: 297-306.

Chen S, Oliva P, Zhang P. 2017a. The effect of air pollution on migration: evidence from China. NEBR Working Paper, No. 24036.

Chen X, Zhang X, Zhang X. 2017b. Smog in our brains: Gender differences in the impact of exposure to air pollution on cognitive performance in China. International Food Policy Research Institute (IFPRI) Discussion Papers 1619.

Chen Y, Ebenstein A, Greenstone M, et al. 2013. Evidence on the impact of sustained exposure to air pollution on life expectancy from China's Huai River policy. Proceedings of the National Academy of Sciences, 110 (32): 12936-12941.

Chen Y J, Li P, Lu Y. 2018a. Career concerns and multitasking local bureaucrats: evidence of a target-based performance evaluation system in China. Journal of Development Economics, 133: 84-101.

Chen Z, Kahn M E, Liu Y, et al. 2018b. The consequences of spatially differentiated water pollution regulation in China. Journal of Environmental Economics and Management, 88: 468-485.

Cheng G, Qian Z. 2011. An epsilon-based measure of efficiency in DEA-An alternative method for the affinity index. MPRA Paper.

Cherniwchan J, Copeland B R, Taylor M S. 2017. Trade and the environment: new methods, measurements, and results. Annual Review of Economics, 9 (1): 59-85.

Coase R H. 1960. The problem of social cost. The Journal of Law and Economics, 3: 1-44.

Copeland B R, Taylor M S. 2004. Trade, growth, and the environment. Journal of Economic Literature, 42 (1): 7-71.

Crocker T. 1966. The Structuring of Air Pollution Control Systems. New York: W. W. Norton.

Cuesta R A, Lovell C A K, Zofío J L. 2009. Environmental efficiency measurement with translog distance functions: a parametric approach. Ecological Economics, 68 (8/9): 2232-2242.

Currie J, Davis L, Greenstone M, et al. 2015. Environmental health risks and housing values: evidence from 1, 600 toxic plant openings and closings. American Economic Review, 105(2): 678-709.

Dales J H. 1968. Pollution Property & Prices: An Essay in Policy-Making and Economics. Toronto: University of Toronto Press.

Davis L W. 2008. The effect of driving restrictions on air quality in Mexico city. Journal of Political Economy, 116 (1): 38-81.

Degen K, Fischer A M. 2017. Immigration and Swiss house prices. Swiss Journal of Economics and Statistics, 153 (1): 15-36.

Ebenstein A, Fan M Y, Greenstone M, et al. 2015. Growth, pollution, and life expectancy: China from 1991—2012. American Economic Review, 105 (5): 226-231.

Ebenstein A, Lavy V, Roth S. 2016. The long-run economic consequences of high-stakes examinations: evidence from transitory variation in pollution. American Economic Journal: Applied Economics, 8 (4): 36-65.

Fang H M, Gu Q L, Xiong W, et al. 2016. Demystifying the Chinese housing boom. NBER Macroeconomics Annual, 30 (1): 105-166.

Färe R, Grosskopf S, Pasurka Jr C A. 2013. Tradable permits and unrealized gains from trade. Energy Economics, 40: 416-424.

Färe R, Grosskopf S, Pasurka Jr C A. 2014. Potential gains from trading bad outputs: the case of US electric power plants. Resource and Energy Economics, 36 (1): 99-112.

Färe R, Martins-Filho C, Vardanyan M. 2010. On functional form representation of multi-output production technologies. Journal of Productivity Analysis, 33（2）: 81-96.

Fu S H, Viard V B, Zhang P. 2017. air pollution and manufacturing firm productivity: nationwide estimates for China. MPRA Paper, No. 78914.

Gao J J, Tian H Z, Cheng K, et al. 2015. The variation of chemical characteristics of $PM_{2.5}$ and PM_{10} and formation causes during two haze pollution events in urban Beijing, China. Atmospheric Environment, 107: 1-8.

Ghanem D, Zhang J J. 2014. 'Effortless perfection: ' do Chinese cities manipulate air pollution data?. Journal of Environmental Economics and Management, 68（2）: 203-225.

Gonzalez L, Ortega F. 2013. Immigration and housing booms: evidence from Spain. Journal of Regional Science, 53（1）: 37-59.

Greenstone M, Hanna R M. 2014. Environmental regulations, air and water pollution, and infant mortality in India. American Economic Review, 104（10）: 3038-3072.

Grossman G M, Krueger A B. 1991. Environmental impacts of a North American free trade agreement. NBER Working Paper, No. 3914.

Grossman G M, Krueger A B. 1995. Economic growth and the environment. The Quarterly Journal of Economics, 110（2）: 353-377.

Grossman M. 1972. On the concept of health capital and the demand for health. Journal of Political Economy, 80（2）: 223-255.

Guo S, Hu M, Zamora M L, et al. 2014. Elucidating severe urban haze formation in China. Proceedings of the National Academy of Sciences of the United States of America, 111（49）: 17373-17378.

Gyourko J, Tracy J. 1991. The structure of local public finance and the quality of life. Journal of Political Economy, 99（4）: 774-806.

Ham J C, Zweig J S, Avol E. 2014. Pollution, test scores and the distribution of academic achievement: evidence from California schools 2002–2008. Available at https://economics.smu.edu.sg/sites/default/files/economics/shea2014/presentation/pollution_talk_april_2014_ham2.pdf.

Han L J, Zhou W Q, Li W F, et al. 2014. Impact of urbanization level on urban air quality: a case of fine particles（$PM_{2.5}$）in Chinese cities. Environmental Pollution, 194: 163-170.

Han T T, Liu X G, Zhang Y H, et al. 2015. Role of secondary aerosols in haze formation in summer in the Megacity Beijing. Journal of Environmental Sciences, 31: 51-60.

Hanlon W W. 2016. Coal smoke and the costs of the industrial revolution. NBER Working Paper, No. 22921.

Hanna R M, Oliva P. 2015. The effect of pollution on labor supply: evidence from a natural experiment in Mexico City. Journal of Public Economics, 122: 68-79.

He J X, Liu H M, Salvo A. 2019. Severe air pollution and labor productivity: evidence from industrial towns in China. American Economic Journal: Applied Economics, 11（1）: 173-201.

He Q Q, Zhang M, Huang B. 2016. Spatio-temporal variation and impact factors analysis of satellite-based aerosol optical depth over China from 2002 to 2015. Atmospheric Environment, 129: 79-90.

Henderson D J, Millimet D L. 2007. Pollution abatement costs and foreign direct investment inflows to US states: a nonparametric reassessment. The Review of Economics and Statistics, 89（1）: 178-183.

Hering L, Poncet S. 2014. Environmental policy and exports: evidence from Chinese cities. Journal of Environmental Economics and Management, 68（2）: 296-318.

Heyes A, Neidell M, Saberian S. 2016. The effect of air pollution on investor behavior: evidence from the S&P 500. NBER Working Paper, No. 22753.

Hsieh C T, Klenow P J. 2009. Misallocation and manufacturing TFP in China and India. The Quarterly Journal of Economics, 124（4）: 1403-1448.

Huang K, Zhuang G, Lin Y, et al. 2012. Typical types and formation mechanisms of haze in an Eastern Asia megacity, Shanghai. Atmospheric Chemistry and Physics, 12（1）: 105-124.

Hueting R. 1992. Correcting national income for environmental losses: a practical solution for a theoretical dilemma//National Income and Nature: Externalities, Growth and Steady State. Dordrecht: Springer: 23-47.

Jefferson G H, Tanaka S, Yin W. 2013. Environmental regulation and industrial performance: evidence from unexpected externalities in China.Available at SSRN: http://dx.doi.org/10.2139/ssrn.2216220.

Kahn M E, Li P, Zhao D X. 2015. Water pollution progress at borders: the role of changes in China's political promotion incentives. American Economic Journal: Economic Policy, 7（4）: 223-242.

Kahn M E, Walsh R. 2015. Cities and the environment//Handbook of Regional and Urban Economics. Amsterdam: Elsevier: 405-465.

Keller W, Levinson A. 2002. Pollution abatement costs and foreign direct investment inflows to US states. Review of Economics and Statistics, 84（4）: 691-703.

Kuosmanen T, Kortelainen M. 2007. Valuing environmental factors in cost-benefit analysis using data envelopment analysis. Ecological Economics, 62（1）: 56-65.

Kuznets S. 1979. Growth and structural shifts//Galenson W. Economic Growth and Structural Change in Taiwan. London: Cornell University Press: 15-131.

Lee D S, Lemieux T. 2010. Regression discontinuity designs in economics. Journal of Economic Literature, 48: 281-355.

Levinson A. 1999. An industry-adjusted index of state environmental compliance costs. NBER Working Paper, No. 7297.

Lewis W A. 1954. Economic development with unlimited supplies of labour. The Manchester School, 22（2）: 139-191.

Li P F, Yan R C, Yu S C, et al. 2015. Reinstate regional transport of $PM_{2.5}$ as a major cause of severe haze in Beijing. Proceedings of the National Academy of Sciences of the United States of America, 112（21）: E2739-E2740.

Liang J Q, Langbein L. 2015. Performance management, high-powered incentives, and environmental policies in China. International Public Management Journal, 18（3）: 346-385.

Liu X G, Li J, Qu Y, et al. 2013. Formation and evolution mechanism of regional haze: a case study in the megacity Beijing, China. Atmospheric Chemistry and Physics, 13（9）: 4501-4514.

Liu Z, Wu L Y, Wang T H, et al. 2012. Uptake of methacrolein into aqueous solutions of sulfuric acid and hydrogen peroxide. The Journal of Physical Chemistry A, 116（1）: 437-442.

Lo K. 2015. How authoritarian is the environmental governance of China. Environmental Science & Policy, 54: 152-159.

Ma Z W, Hu X F, Sayer A M, et al. 2016. Satellite-based spatiotemporal trends in $PM_{2.5}$ concentrations: China, 2004—2013. Environmental Health Perspectives, 124（2）: 184-192.

Marklund P O, Samakovlis E. 2007. What is driving the EU burden-sharing agreement: efficiency or equity?. Journal of Environmental Management, 85（2）: 317-329.

Maskin E, Qian Y Y, Xu C G. 2000. Incentives, information, and organizational form. The Review of Economic Studies, 67（2）: 359-378.

Montero J P. 1998. Marketable pollution permits with uncertainty and transaction costs. Resource and Energy Economics, 20（1）: 27-50.

Montgomery W D. 1972. Markets in licenses and efficient pollution control programs. Journal of Economic Theory, 5（3）: 395-418.

Neidell M. 2009. Information, avoidance behavior, and health: the effect of ozone on asthma hospitalizations. Journal of Human Resources, 44（2）: 450-478.

Nie H H, Jiang M J, Wang X H. 2013. The impact of political cycle: evidence from coalmine accidents in China. Journal of Comparative Economics, 41（4）: 995-1011.

Nunally J C. 1978. Psychometric Theory. 2nd ed. New York: McGraw-Hill.

Omri A. 2013. CO_2 emissions, energy consumption and economic growth nexus in MENA countries: evidence from simultaneous equations models. Energy Economics, 40: 657-664.

Patacconi A. 2009. Coordination and delay in hierarchies. The RAND Journal of Economics, 40（1）: 190-208.

Patuelli R, Nijkamp P, Pels E. 2005. Environmental tax reform and the double dividend: a meta-analytical performance assessment. Ecological Economics, 55（4）: 564-583.

Perkins D H, Rawski T G. 2008. Forecasting China's economic growth to 2025//Brandt L, Rawski T

G. China's Great Economic Transformation. Cambridge: Cambridge University Press: 829-886.

Petter S, Straub D, Rai A. 2007. Specifying formative constructs in information systems research. MIS Quarterly, 31 (4): 623-656.

Pönkä A. 1990. Absenteeism and respiratory disease among children and adults in Helsinki in relation to low-level air pollution and temperature. Environmental Research, 52 (1): 34-46.

Quan J, Zhang Q, He H, et al. 2011. Analysis of the formation of fog and haze in North China Plain (ncp). Atmospheric Chemistry and Physics, 11 (15): 8205-8214.

Rajan R G, Zingales L. 2001. The firm as a dedicated hierarchy: a theory of the origins and growth of firms. The Quarterly Journal of Economics, 116 (3): 805-851.

Rauscher M. 1994. On ecological dumping. Oxford Economic Papers, 46 (Supplement 1): 822-840.

Reddy B S, Assenza G B. 2009. The great climate debate. Energy Policy, 37 (8): 2997-3008.

Rosen S. 2002. Markets and diversity. American Economic Review, 92 (1): 1-15.

Selden T M, Song D Q. 1995. Neoclassical growth, the J curve for abatement, and the inverted U curve for pollution. Journal of Environmental Economics and Management, 29 (2): 162-168.

Shen J Y. 2006. A simultaneous estimation of environmental Kuznets curve: evidence from China. China Economic Review, 17 (4): 383-394.

Solow R M. 1956. A contribution to the theory of economic growth. The Quarterly Journal of Economics, 70 (1): 65-94.

Stavins R N. 1995. Transaction costs and tradeable permits. Journal of Environmental Economics and Management, 29 (2): 133-148.

Stoerk T. 2016. Statistical corruption in Beijing's air quality data has likely ended in 2012. Atmospheric Environment, 127: 365-371.

Tanaka S. 2015. Environmental regulations on air pollution in China and their impact on infant mortality. Journal of Health Economics, 42: 90-103.

Tao M H, Chen L F, Xiong X Z, et al. 2014. Formation process of the widespread extreme haze pollution over northern China in January 2013: implications for regional air quality and climate. Atmospheric Environment, 98: 417-425.

Tone K. 2002. A slacks-based measure of super-efficiency in data envelopment analysis. European Journal of Operational Research, 143 (1): 32-41.

Tone K, Tsutsui M. 2010. An epsilon-based measure of efficiency in DEA-a third pole of technical efficiency. European Journal of Operational Research, 207 (3): 1554-1563.

Turner M C, Krewski D, Pope Ⅲ C A, et al. 2011. Long-term ambient fine particulate matter air pollution and lung cancer in a large cohort of never-smokers. American Journal of Respiratory and Critical Care Medicine, 184 (12): 1374-1381.

van Donkelaar A, Martin R V, Brauer M, et al. 2014. Use of satellite observations for long-term exposure assessment of global concentrations of fine particulate matter. Environmental Health Perspectives, 123 (2): 135-143.

Viard V B, Fu S H. 2015. The effect of Beijing's driving restrictions on pollution and economic activity. Journal of Public Economics, 125: 98-115.

Wang H, Mamingi N, Laplante B, et al. 2003. Incomplete enforcement of pollution regulation: bargaining power of Chinese factories. Environmental and Resource Economics, 24 (3): 245-262.

Wang Y N, Jia C H, Tao J, et al. 2016. Chemical characterization and source apportionment of $PM_{2.5}$ in a semi-arid and petrochemical-industrialized city, Northwest China. Science of the Total Environment, 573: 1031-1040.

Wang Y S, Yao L, Wang L L, et al. 2014a. Mechanism for the formation of the January 2013 heavy haze pollution episode over central and eastern China. Science China Earth Sciences, 57 (1): 14-25.

Wang Y X, Zhang Q Q, Jiang J K, et al. 2014b. Enhanced sulfate formation during China's severe winter haze episode in January 2013 missing from current models. Journal of Geophysical Research: Atmospheres, 119 (17): 10425-10440.

Wang Y, Zhuang G S, Sun Y L, et al. 2006. The variation of characteristics and formation mechanisms of aerosols in dust, haze, and clear days in Beijing. Atmospheric Environment, 40 (34): 6579-6591.

Williamson O E. 1975. Markets and Hierarchies: Analysis and Antitrust Implications. New York: Free Press.

Wu J, Deng Y H, Huang J, et al. 2013. Incentives and outcomes: China's environmental policy. NBER Working Paper, No. 18754.

Yu L D, Wang G F, Zhang R J, et al. 2013. Characterization and source apportionment of PM2.5 in an urban environment in Beijing. Aerosol and Air Quality Research, 13 (2): 574-583.

Zhang R, Wang L, Khalizov A F, et al. 2009a. Formation of nanoparticles of blue haze enhanced by anthropogenic pollution. Proceedings of the National Academy of Sciences of the United States of America, 106 (42): 17650-17654.

Zhang X Y, Wang Y Q, Lin W L, et al. 2009b. Changes of atmospheric composition and optical properties over Beijing—2008 Olympic monitoring campaign. Bulletin of the American Meteorological Society, 90 (11): 1633-1652.

Zhang X Y, Wang Y Q, Niu T, et al. 2012. Atmospheric aerosol compositions in China: spatial/temporal variability, chemical signature, regional haze distribution and comparisons with global aerosols. Atmospheric Chemistry and Physics, 12 (2): 779-799.

Zhang X, Chen X, Zhang X B. 2018. The impact of exposure to air pollution on cognitive performance. Proceedings of the National Academy of Sciences, 115（37）: 9193-9197.

Zhang Z X. 2004. Meeting the Kyoto targets: the importance of developing country participation. Journal of Policy Modeling, 26（1）: 3-19.

Zhao X J, Zhao P S, Xu J, et al. 2013. Analysis of a winter regional haze event and its formation mechanism in the North China Plain. Atmospheric Chemistry and Physics, 13（11）: 5685-5696.

Zhao Z Y, Chang R D, Zillante G. 2014. Challenges for China's energy conservation and emission reduction. Energy Policy, 74: 709-713.

Zheng J H, Bigsten A, Hu A G. 2009. Can China's growth be sustained? A productivity perspective. World Development, 37（4）: 874-888.

Zheng S Q, Cao J, Kahn M E, et al. 2014. Real estate valuation and cross-boundary air pollution externalities: evidence from Chinese cities. The Journal of Real Estate Finance and Economics, 48（3）: 398-414.

Zheng S Q, Kahn M E. 2013. Understanding China's urban pollution dynamics. Journal of Economic Literature, 51（3）: 731-772.

Zheng S Q, Kahn M E. 2017. A new era of pollution progress in urban China?. Journal of Economic Perspectives, 31（1）: 71-92.

Zheng S Q, Kahn M E, Liu H Y. 2010. Towards a system of open cities in China: home prices, FDI flows and air quality in 35 major cities. Regional Science and Urban Economics, 40（1）: 1-10.

Zheng S Q, Kahn M E, Sun W Z, et al. 2013. Incentivizing China's urban mayors to mitigate pollution externalities: the role of the central government and public environmentalism. NBER Working Paper, No. 18872.

Zivin J G, Neidell M. 2012. The impact of pollution on worker productivity. American Economic Review, 102（7）: 3652-3673.

Zivin J G, Neidell M. 2013. Environment, health, and human capital. Journal of Economic Literature, 51（3）: 689-730.